東アジアの繊維・アパレル産業研究

康上 賢淑

日本僑報社

目次

序章 **方法と課題**————————————————————7
  Ⅰ．研究の視点————————————————————11
  Ⅱ．本書の意義————————————————————19
  Ⅲ．本書の構成————————————————————22

第1章 **戦後日本のアパレル産業の構造分析**———————26
  Ⅰ．アパレル産業の成立————————————————27
  Ⅱ．アパレル産業の再編制————————————————36

第2章 **日本アパレル上位企業の支配**—————————48
  Ⅰ．企業のブランド統合と連動————————————48
  Ⅱ．連動プロセスの創成————————————————51
  Ⅲ．資本の統合による連動————————————————64

第3章 **韓国と台湾のアパレル産業**——————————70
  Ⅰ．初期条件としての紡織産業————————————72
  Ⅱ．日本の資本と技術————————————————83
  Ⅲ．アパレル貿易の動向と特徴————————————91

第4章 **香港のアパレル産業**————————————98
  Ⅰ．香港における紡績産業の成立————————————98
  Ⅱ．日本の資本と技術————————————————103
  Ⅲ．中国の浮上とNIEsとの競合————————————114

第5章 **中国アパレル産業の周辺的展開**———————118
  Ⅰ．初期条件としての紡織産業————————————118
  Ⅱ．産業発展の諸段階————————————————122
  Ⅲ．アパレル産業政策の立遅れ————————————128

第6章 中国アパレル産業における技術移転 —————— 138
　Ⅰ．中国のアパレル産業の輸出 ————————— 141
　Ⅱ．求められる直接投資 ——————————————— 143
　Ⅲ．日本の人的資源の移動 ————————————— 150
　Ⅳ．中国アパレル産業の追い上げ ———————— 156

第7章 中国アパレル産業における企業集団化 —————— 164
　Ⅰ．産業政策と企業集団 ——————————————— 165
　Ⅱ．日本のアパレル企業による直接投資 ———— 171
　Ⅲ．企業集団化と輸出産業化 ——————————— 175

第8章 中国アパレル産業集積の高度化分析 ———————— 189
　Ⅰ．産業クラスターの研究方法 ——————————— 189
　Ⅱ．アパレル産業の実態 ——————————————— 191
　Ⅲ．アパレル産業の集積の特徴 ——————————— 195

第9章 中国アパレル産業の競争力 ————————————— 206
　Ⅰ．連動の諸条件 ————————————————————— 208
　Ⅱ．連動の形態 —————————————————————— 212
　Ⅲ．連動の経路 —————————————————————— 214
　Ⅳ．連動の担い手 ———————————————————— 216

第10章 日本のミシン企業の中国における事業展開 ———— 225
　Ⅰ．ブラザー ——————————————————————— 228
　Ⅱ．JUKI ————————————————————————— 232
　Ⅲ．特徴 —————————————————————————— 236

第11章 日本におけるミシン産業とアパレル産業の関連性——241

Ⅰ．国産ミシンの誕生とアパレル産業との連関性————241
Ⅱ．アパレル企業の海外投資と工業用ミシン輸出との連関性——246
Ⅲ．両産業間における特殊性————256

第12章 日本ミシン企業の国際競争力の形成————259

Ⅰ．国際競争力形成の諸段階————260
Ⅱ．国際競争力形成の要因（一）：産業構成の特殊性————263
Ⅲ．国際競争力形成の要因（二）：
　　支配的企業の誕生と「市場情報の共有システム」の形成——266
Ⅳ．国際競争力形成の要因（三）：
　　支配的企業の経営者とその背後————269

終章 総括————277

Ⅰ．産業再編成の意義————277
Ⅱ．産業再編成の特徴————282
Ⅲ．東アジアのアパレル産業の発展————286
Ⅳ．産業再編成の課題————290

付記————294

序章
方法と課題[1]

　東アジア奇跡の形成起点は、日本の明治維新であり、世界経済の秩序を再編成させるまでに至った。1917 年日本繊維企業の成長によって日本の綿布の輸出が綿糸を凌駕し、「糸から布」への転換を達成した。日本の繊維産業の発展はこのような市場競争のなかで達成したが、そこには無数の企業の脱落も伴っていた。しかし、1930 年から 40 年代繊維企業の植民地への企業経営と資本投資・技術移転は、同時代の世界レベルからみると、もともとプラス・マイナスそれぞれ評価すべきところもあったが、軍事と政治の歪みはその側面を覆ってしまい、特に冷戦時代には「影」しか捉えていなかった。それゆえ、日本企業の戦後 NIES への直接投資においても、「搾取」や「皺寄せ」などという用語が出ており、同様の見解は今も依然として根強く残っている。それゆえ、1997 年から数年にわたり、より正確な実態を把握するために、延べ数百企業を対象とする訪問調査を行い、それぞれの国あるいは地域の統計資料を併用し、東アジアにおけるアパレル産業の発展及び特徴の抽出に研究の焦点をおいてきた。

　1990 年代、政府の「調整」機能よりも、市場友好的見解（market-friendly view）、政府政策の適切な介入を主張したのは、1994 年に発表された世界

1　経済学は社会科学の範疇に属するため、自然科学とは異なる点が多い。たとえば、企業の経営活動では「1 ＋ 1」が必ずしも「2」にはならない。ある時にはゼロやマイナスに、ある時には 10 にも 100 にもなり得る。このように一見すると非規則的に生産・販売・消費する経済現象を、A・スミス（Smith, Adam, 1723 ～ 90 年）は分業論と労働価値説を用いて総括的に分析し、重商主義を批判する経済学の土台を構築した（Smith, Adam, The Wealth of Nations, Vol. I, 106 ～ 116, 133 ～ 140 頁）。そこから古典派・正統派（classical school, 1760 ～ 1830 年代）が成立し、資本主義経済を自律的な再生産の体系と捉え、経済現象の相関性を統一的に説明する原理が確立された。このようにして、学問としての経済学が誕生したのである。しかし、A・スミスをはじめとする古典派の理論は、経済におけるその他の要素（人為的要素、市場の不完全性、政府政策などによる影響など）について、絶えず批判や議論の対象となってきた。マルクス（Marx, Karl Heinrich, 1818 ～ 1883 年）は『資本論』において、A・スミスの分業論や労働価値説、リカドの資本と貨幣説をもとに、資本運動の諸形態を商品価値法則に基づいて解明した。資本蓄積論（『資本論』第 1 巻 2, 735 ～ 931 頁）、剰余価値論（同第 1 巻 1, 233 ～ 410 頁）、資本循環論（同第 2 巻 1, 35 ～ 182 頁）、利潤率均等化（同第 3 巻 1, 181 ～ 264 頁）などに関する理論は、経済学史に大きく貢献している。マルクス『資本論』大内兵衛・細川嘉六監訳、大月書店、1978 年。

銀行のレポート『東アジアの奇跡』であった[2]。同レポートでは、1965年から1990年までの東アジアの持続的な高度経済成長を東南アジアと比較し、北東アジアの経済発展の前提条件として、「第1に、北東アジアの政府は、選択的介入のためのパフォーマンスの基準と、そのモニタリングが可能となるような制度上のメカニズムを開発し」、「第2に、介入コストは顕在的にも潜在的にも過大にはならなかった」と分析した[3]。日本や韓国、マレーシアなどは「選択的介入」を実行したため、「価格の歪みも他の途上国より極端なものではなかった」が、その後まもなく訪れた「アジア金融危機」は、それを再検討すべきものとした、と述べている[4]。

序-図1は、東アジア（韓国・台湾・香港・中国）と東南アジア（フィリピン・マレーシア・タイ）地域における対ドルの為替レートの推移を比較したものである。1997年におけるドルに対する通貨の下落は、中国と香港を除き、ほとんどの地域で観察できる。植草一秀は、基軸通貨国のアメリカでは、1980年代半ばから輸出不振とともに保護主義が台頭し、「為替政策が非介入主義から、為替レートコントロールへの強いコミットメントを常に意識する立場に」転じたと言う[5]。この見解に立つと、為替レートの変化はアメリカの自己中心的な発想による側面があり、途上国へのクォータ制も、アメリカ政府が途上国の発展のために自国の市場を提供したものではなかったことが見て取れる。図の為替レートの変化は、一国あるいは複数国の政策要素だけが原因となっているわけではなく、他にもっと重要な要素が絡んでいるのではないかと考える。

『東アジアの奇跡』ではさらに、HPAEs地域の基礎的条件整備を適正に行ったことが、高度成長を達成した主因であると分析している[6]。基礎的条件整備とは、財政政策による「低インフレと競争的為替レートの確保」、初期段階で普通初等教育を実現するための「人的資本の構築」、金融部門政策としての「効果的かつ安全な金融制度の構築」、「価格の歪みの抑制」、

2　世界銀行著・白鳥正喜監訳『東アジアの奇跡』東洋経済新報社、1994年。

3　前掲書、6〜8頁。

4　前掲書、6〜7頁。同書が出版された年、市場友好的見解を批判的に捉え、政府の役割の再認識（政府の役割についての理解を深める）を目的とした、青木昌彦を代表とする研究プロジェクトが成立。1997年には、青木昌彦・金瀅基・奥野（藤原）正寛編『東アジアの経済発展と政府の役割』（日本経済新聞社、1997年）が出版された。

5　植草一秀『金利・為替・株価の政治経済学』岩波書店、1992年、152頁。

6　HPAEsとは、High-Performing Asian Economiesの略語で、「日本をリーダーとする高いパフォーマンスを示している東アジア経済（ないし国・地域）は輸出の急成長など、共通の特徴を持つ国々である」と定義している。前掲『東アジアの奇跡』vii頁、331〜336頁。

序 - 図 1　東アジア・東南アジアにおける為替レートの推移

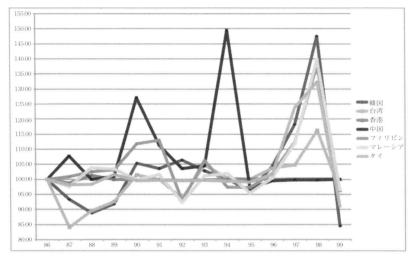

注) 1 ドル対各国あるいは地域の貨幣金額で計算したので、% が高ければ高いほど同地域の為替レートは低い（1986 年 = 100）。
出所) 経済企画庁調査局海外調査課編『海外経済データ』平成 12 年 2 月、130 ページ。

「海外技術の吸収」、「農業に対するバイアスの抑制」などを指す。しかしながら、財政政策と金融部門の政策については、1990 年代後半の日本における金融機関の相次ぐ破綻、さらに、韓国・マレーシア・フィリピン・タイなどの為替レート下落など、同レポートの限界を物語る事例が起こっている。

　これに対し、青木昌彦をはじめとした研究プロジェクトは、『東アジアの奇跡』を超えて、つまり、市場友好的見解と政府介入を主張する開発指向国家的見解を乗り越えた「市場拡張的見解（market-enhancing view）」を呈示し、「政府の政策が発動されるメカニズムに力点を置」いた。東アジアの輸出戦略に関しては、「日本において経済発展の諸段階の主な輸出産業（戦前および 1950 年代の繊維、衣類産業……）は必ずしも政府の産業政策によって育成されたものであったとは言えない」と批判している[7]。同研究ではそうした批判に沿って、韓国・台湾などの地域における部分的な研究がなされているが、残念ながら、繊維・アパレルなどのような特定

7　「『東アジアの奇跡』を超えて」（前掲『東アジアの経済発展と政府の役割』収録）46 頁。

産業業種の研究までは展開されていない。

Ⅰ．研究の視点

次に、東アジアの経済発展をどのようにみるべきかという問題意識から、同地域における先行研究を考察し、より具体的な議論を行いたい。

1．「雁行形態」論

産業資本の輸出を生産過程の国際化として位置づけたのがヒルファディング（Hilferding, Rudolf）であった。それに対し、ハイマ（Hymer, Stephen Herbert）の直接投資論と比較しながら、関税と世界市場の面から直接投資による競争力を主張し、プロダクト・サイクル・モデルを提示したのがヴァーノン（Vernon, Raymond）である[8]。しかし、同モデルの基本的見解は、欧米先進国「中心」説であり、東アジアの特徴を正確に把握しているとは必ずしも言えない。他方、産業の発展過程は製品の輸入急増から始まり、自国内での生産開始に伴う輸入品との代替過程を経て、輸出指向産業へ展開していくという赤松要の「雁行形態」論は[9]、その後、小島清、松浦茂治などにより解釈、整理、発展していった。とくに松浦は、繊維産業を事例に日本繊維産業の発展分析を試み、ヴァーノンのプロダクト・サイクル論で産業・貿易のパターンを説明するには限界があると指摘しつつ、「世界経済、巨大企業による限定された産業部門におけるシステム化進展の中で、雁行形態論的行動モデルが展開されることになろう」と推定している[10]。なお、最近では、この「雁行形態的発展」を産業あるいは製造が低い水準から高度化することで、日本・NIEs（台湾・韓国・香港・シンガポール）[11]・中国・ベトナムという順に、まるで雁が飛んで行くよう

---

8 森田桐郎著・室井義雄編集『世界経済論の構図』有斐閣、1997 年、176 ～ 193 頁。

9 この理論に関しては、後発国による先進国型「国民経済」へのキャッチアップ・モデルであると理解する学者もいる。その後、小島清は赤松要の雁行形態論に新たな評価を求めている。「東アジア経済の再出発」『世界評論』1998 年 1 号、16 頁。同 1999 年 4 号、50 頁。その他、竹内文英、平川均などの雁行形態論への批判がある。参考文献を参照されたい。赤松要「我国羊毛工業品の貿易趨勢」名高商『商業経済論集』第 13 巻上巻、1935 年。松浦茂治『日本繊維産業の発展分析と展望』至誠堂、1975 年、2 ～ 29 頁。

10 前掲『日本繊維産業の発展分析と展望』、2 ～ 29 頁。

11 新興工業経済地域（Newly Industrializing Economies ＝ NIEs）は、1988 年 6 月の先進国首脳会議（トロント・サミット）でこれまでの新興工業諸国・地域（Newly Industrializing Countries ＝ NIEs）を改称したものである。涂照彦『東洋資本主義』講談社現代新書、1990 年、22 頁。アジア NIEs は、

に展開していくと解釈する学者が増えている。[12]藤井光男も、日本のアパレル産業の展開について、「東アジアの最先発工業としての日本と、これに続くアジア NIEs、そしてより後発の ASEAN 諸国に至るまで」同モデルの発展状況を呈してきた、と主張している。[13]

一方で、赤松要の「雁行形態」論に対しては「日本経済の分析から発案されたというより、リスト（List,Friedrich）の発案を、日本の経済発展に当てはめたものなのであるまいか」という強烈な批判もある。[14]筆者は、発展途上国の繊維機械産業が輸入・自国生産・輸出という発展過程を経て、輸出産業として成長していくとする赤松要の議論には、ある程度説得力があると考えている。ただし、中兼和津次の中国に関する研究で一部明らかになったように、業種によってかなり異なった様相を呈している。[15]たとえば、時計産業の場合は典型的な雁行形態モデルで説明できるが、化学肥料産業の場合は、輸出がなされていない。一国の中で見てもこのように差異があるので、アジア地域ともなると、さらに多様な形態が存在している。したがって、再検討すべき点は第 1 に、東アジア・東南アジアにおいて、アパレル産業が国や地域によって同じプロセスを踏んできたかどうかである。技術導入や直接投資の諸様相は個別企業あるいは経営環境、歴史的条件あるいはその初期条件、受け入れ側の受容能力などによって大きく規定され、そこで、第 2 に、生産と輸出の構造変化を投資と受け入れ側の両方からみたミクロ分析の必要性は遺されていた。

2. NIEs 論

NIEs は、経済協力開発機構（OECD）による 1979 年の「NICs レポート」で初めて定義され、1988 年カナダのトロント・サミット（主要先進国首脳会議）によって変更された概念だという。[16]NIEs に関する研究は、その

通常、香港・台湾・韓国・シンガポールを指すが、本章ではアジア NIEs の代表的な国・地域である前三者を事例の対象とした。

12 金泳鎬『東アジア資本主義の構造』京都大学経済学会、1994 年、126 頁〜。丸屋富二郎「中国へ進出した日系進出企業の現状と問題点」第 70 回 CIAC フォーラム、1995 年 3 月等。

13 島田克美・藤井光男・小林英夫編著『現代アジアの産業発展と国際分業』ミネルヴァ書房、1997 年、91 〜 128 頁。

14 ユスロン・イーザー（Yusron Ihza）「雁行モデルの終焉」（進藤栄一編『アジア経済危機を読み解く』日本経済評論社、1999 年収録）23 頁。

15 中兼和津次『中国経済発展論』有斐閣、1999 年、291 〜 295 頁。

16 涂照彦『東洋資本主義』講談社現代新書、1990 年、22 〜 23 頁。平川均・朴一編『アジア NIEs』世界思想社、1994 年、3 頁。

時から盛んに行われてきた。主なアプローチとして、「世界システム論」「技術ギャップ論」「政府と市場」の3点が挙げられる。

NIEs 論争の主軸である「市場か国家か」という問題を巡っては、新古典派による理論、近代化論、従属論、文化論、歴史論、企業論、新国際分業論、世界システム論など多様なアプローチが提起されているという。[17] ただし、分析の対象は、電子・自動車・コンピュータ・通信・金融などの先端産業に偏っており、東アジア経済において最も長い歴史を持ち、かつ輸出産業として成長してきた繊維・アパレル産業は、一国経済の資本蓄積に大きく寄与していたにもかかわらず見落とされている。とくに、東アジア・東南アジア地域における繊維・アパレル産業に関する専門研究はきわめて少ない。[18]

1) 世界システム論

新古典派経済学の誕生は、[19]1979 年の OECD の報告書『新興工業諸国の衝撃』において取り上げられた NIEs の成功が契機となっている。[20]それ以来、NIEs に関する研究が続々と登場してきた。[21]日本における種々のア

17　平川均『NIEs 世界システムと開発』同文館、1992 年、9 ～ 24 頁。

18　これらの地域における繊維の研究者としては、藤井光男、藤本昭、辻美代、劉徳強他、大垣千恵子等が挙げられるが、一国あるいはある特定地域に限定した研究が多い。

19　新古典派（Neo-classical school）は、もともとケンブリッジ派を指す名称であるが、現在では一般に、ジェヴォンズやエッジワースら限界主義に立つイギリスの経済学者までを含む意味で用いられ、その後はミクロ的価格理論を中心に経済理論を構築した諸学派である。ケインズ（Keynes, John Maynard、1852 ～ 1949 年）は、アルフレッド・マーシャルの線に沿った研究を続けていたが、新古典派のセイの法則を問題点として挙げ、『雇用・利子および貨幣の一般理論』(1936 年）を著した。その他の著作に『貨幣論』(1930 年）がある。前著では、雇用や産出高水準の決定理論を提示した。当時支配的だったミクロ的価格分析に対し、国民経済全体の動きを問題にするマクロ分析を復活させたものであった。一方、1960 年代に新古典派の歴史を無視した見解を痛烈に批判したのが J. ロビンソンである。また、彼女はポスト・ケインジアンとして、『経済学の考え方』ではかなりの個所でケインズに批判を加えている。たとえば、『一般理論』における歴史と理論の関係の解明に関し、「ケインズ自身、かならずしもしっかり両足でたっていたわけではなかった。時間を含まない乗数(timeless multiplier)に関する彼の見解は大いに疑わしいもの」であり、「歴史分析の要請をきわめて不快なものと思い知らされるのである」。また、「経済学を学ぶ目的は、経済問題について一連のでき合いの答えを得るためではなく、いかに経済学者に騙されないようにするかを習得するためである」という有名な一句を提示し、以降の研究に大きな示唆を与えている。彼女は同書で、ケインズの投資政策や雇用政策への気まぐれや、相容れない見解を容赦なく風刺してもいた。J. ロビンソン著・宮崎義一訳『経済学の考え方』岩波書店、1966 年、126 ～ 129、243、214 頁。

20　宋立水『アジア NIEs の工業化過程』日本経済評論社、1999 年、3 頁。

21　L.E. ウェストファル（Westphal、1978 年、357 頁）を代表とする新古典派の自由貿易の強調、渡辺利夫の不利益になる内生的要因を強調する「後発性優位論」、B・ウォレン（Warren、1980 年、241 ～ 244、197 頁)や中村哲などの国民経済の形成を主張する「資本の文明化作用論」、R・ホフハインツと K・E・カルダー（Hofheinz and Calder、182、41 ～ 43、62 ～ 65 頁）などの儒教文化を強調した文化論等のアプローチが登場してきた。

プローチの中では、平川均の研究が世界システム論の代表のひとつと言える。[22] 平川は、世界システム論の創始者ウォーラーステイン（Wallerstain, Immanuel）の三層（中心、半周辺、周辺）からなるヒエラルキー構造を研究の起点とし、新古典派経済学に有力な批判を加えてきたが、その内容は、ウォーラーステインがNIEs29か国の中に、中国と北朝鮮を入れているにも関わらず、アジアNIEsは一国も入っていないと指摘していた。[23] しかも、NIEsの成長要因は内生的には国家の役割、外生的には市場、資本、技術、頭脳労働力にあると主張している。

しかし、平川の論点は、NIEsを世界システムという外部の視点が強いために、東アジアという地域レベルにおける内部の視角が欠如している。とくに、NIEsが世界システムへ接近していくミクロレベルの実証分析に新たな課題を提出している。

さらに、世界システム論を主張している「断絶」論は、東アジア地域の経済発展の特徴をどこまで正確に抽出できているかも疑問である。一国の経済発展は、その初期条件とも関連するが、経済が立ちあがるときに、どの産業が資本集積に大きく寄与していたかが非常に重要である。この視点で見ると、繊維産業の発達の程度がアジア、特に東アジア・東南アジアの「離陸」における大きな要素として考えられる。つまり、戦前における産業の条件が、その後の発展を決定する要因となっているのである。これを論証するため、筆者は韓国・香港・中国に絞ってインタビューと資料収集を行ってきた。そこから明らかになったのは、これらの国の戦後の高度成長はゼロから実現したのではなく、戦前の紡織産業の発展と直接あるいは間接的に、深い関連性を持っていたことである。第3章でこの点を詳しく検証したい。

２）技術ギャップ論

台湾と韓国の比較研究における主要な論点は、依然としてNIEs以前の時期との「断絶」あるいは「連続」であり、学者の多くは、韓国を「断絶」型とみている。[24] しかし、これに関する理論的な測定基準はいまだに

---

22 平川は、NIEsの概念形成から諸理論への多様なアプローチを丁寧に整理し、その上で、自身の視座からNIEsの分析を行っている。前掲『NIEs 世界システムと開発』。

23 それ以外の批判は、本多健吉と山本啓などの見解を借用していた。同上、25 ～ 30 頁。

24 渡辺利夫と金泳鎬等は、おおむね同じ論点を持っている。つまり、台湾は「連続」型で、韓国は「断続」型であるということである。金泳鎬『東アジア工業化と世界資本主義』東洋経済新報社、1988 年、117 ～ 119 頁。

統一されておらず、今後の研究課題として残されている。韓国の代表的な研究者である金泳鎬は、NIEs 化を第 4 世代資本主義の一類型であるとしており、台湾と韓国を比較しながら技術ギャップ論を提示し、断続論（discontinuity）を主張している。金の見解は、「借りものの技術は先進国の一般的水準より低くて遅れた技術であって、低賃金と結合しなければ価格競争が生じない、そして、後発国では熟練労働者が著しく少ないゆえに、むしろ相対的に高賃金になるから、そのしわよせが非熟練労働者に行ってしまい、結果的には賃金の不平等が拡大される。開発独裁の国際的条件（平川均）にあたいする」というものである。金と平川は開発独裁の国際的条件について、ほぼ同じ見解を持っている。しかし、両者ともに経済発展の初期条件であり、とくに民間レベルでの技術移転がかなりの程度進んでいた繊維産業およびアパレル産業に関する実証研究が欠如している。一国の国民経済を形成するにあたって、外貨資本の蓄積に最も寄与した産業の解明こそ、なによりも重要だと言えよう。

　本書のもうひとつの課題は、台湾と韓国のアパレル産業の成長要因を、その前提条件とともに明らかにすることである。その実証のためには、台湾と韓国の繊維・アパレル産業を、日本の資本投資や技術移転、および中国の市場開放と関連して検討しなければならない。つまり、NIEs（以下、東アジア NIEs を NIEs と略称）の世界システムにおける位置づけは、日本の繊維・アパレル産業の海外展開と、中国の市場閉鎖から開放への転換を抜きにしては、分析できない。

25　韓国における戦前の熟練労働の育成に関しては、朴一の研究をここで取り上げる。彼の論文では、カーター・エッカートの研究を引用している。エッカートは、日本の使用者が民族的偏見と差別によって、朝鮮人労働者を職場で未熟練労働にとどまる傾向があったという韓国の学者達の通説的見解を批判し、実際には 1940 年代から 44 年までの 4 年間に「朝鮮人の 3 級技術者が 9,000 人余りから 2 万 8,000 人近くまで増加していた」事実を挙げている。筆者は、これらの熟練労働者が戦後どのような役割を果たしたかに非常に興味を持っており、今後の研究課題のひとつとしている。朴一「植民地工業化を見る眼」（板谷茂、朴一、平野健一郎、柳町功、木村光彦、中島航一篇『アジア発展のカオス』勁草書房、1997 年収録）126 ～ 127 頁。

26　「第 4 世代工業化」論とは、第 1 世代工業化を 18 世紀末から 19 世紀初めに産業革命が興ったイギリス、第 2 世代を 19 世紀中葉にイギリスの影響のもとで工業化を達成したフランス・ドイツ、第 3 世代を 19 世紀末から 20 世紀初めのイタリア・ロシア・日本、第 4 世代を植民地・半植民地状態から独立し、20 世紀後半に新しい工業化を達成しようと腐心するアジア NIEs や ASEAN 諸国・メキシコ・ブラジル・ラテンアメリカ・ユーゴスラビア・中国とするもの。前掲『東アジア工業化と世界資本主義』（17 ～ 21 頁）や金泳鎬『東アジア資本主義の構造』（京都大学経済学会、1994 年、126 頁）を参照されたい。

3）政府と市場

発展途上国の経済開発論に関して、渡辺利夫は構造転換連鎖論と自己循環論（あるいは自立化 self-sustaining）を提示している。渡辺は、貿易の寄与率による分析を行い、アジア太平洋諸国・地域において、最大のアブソーバーが NIEs であり、中国と ASEAN 諸国を加えた東アジア開発途上国が、過去4年間でアジア太平洋地域における輸入増加額の7割弱を占めており、域内需要が急増していることから自己循環論を主張し、これに貢献した国家の役割あるいは政府の介入政策を強調してきた。[27]

しかし、渡辺の「強い政府」論の延長線上にある諸主張には、いくつかの問題が残されている。[28] まず、貿易統計上では構造転換のマクロの部分は明らかになっているものの、ミクロレベルでの妥当性は充分明らかにはされていない。さらに、自己循環が一部の分野と階層あるいは産業で達成されているにしても、そうでない領域でどのような関係が成立しているかについての考察はなされていない。また、NIEs 諸国の経済が立ちあがる際、外貨稼ぎで重要なポジションを占めていたアパレル産業など業種別の分析もほぼ欠落している。東アジア経済の発展、特に NIEs の工業化の初期段階では、アパレル産業の輸出による急速な発展が、中国経済に最も好都合な離陸条件を与えることになった。[29] しかも、中国アパレル産業の追い上げにより、東アジアの輸出入構造は大きく再編された（第3章と第6章参照）。それゆえ、中国アパレル産業の発展における前提条件とプロセスの解明、およびその変化要因の分析は、「東アジアの奇跡」解明の重要な事例研究となり得る。

3.「中心」と「周辺」論への批判的検討

東アジアの経済成長に関する上述の議論は、涂照彦のトライアングルおよびその複層化論によって、新たな展開をみせている。涂は、アメリカの市場を基軸、日本の技術を中間、生産の NIEs を周辺地位と位置づけたかつてのトライアングルは、1990 年代に入って変容し始めたと主張

27　渡辺利夫『開発経済学』日本評論社、1997年、253～263頁。渡辺は、「東アジアの国際分業の再編制」（財団法人国際東アジア研究センター編『北九州発アジア情報』1997年、9月号、3～16頁）でも同様の主張をしている。

28　渡辺利夫『開発経済学』日本評論社、1985年、175～202頁。

29　康上賢淑「新興興業経済群（NIEs）の媒体的役割」アジア政経学会全国大会発表（1999年10月30日）。

している[30]。中国と香港の経済関係の実態を、輸出入貿易・直接投資・金融調達という三つの側面から分析し、a）日本－香港・台湾－中国、b）米国－香港・台湾－中国からなる二つのトライアングルの重層構造が日中・米中貿易均衡に大きく寄与しており、NIEs は中間媒体としての地位を占めているとした[31]。「ラテンアメリカと南ヨーロッパの旧 NICs が NIEs 化の過程から落ちこぼれた原因のひとつは、この中間的地位（日本）の欠如であったと見て良い」[32]。東アジアにおける発展を NIEs という中間的な役割から考察した見方は、ウォーラーステインの「半周辺」論や東アジア NIEs の欠落した議論への批判でもあった。また、かつて植民地・半植民地であった NIEs や中国が工業化を急速に進めているアジアの現実は、「半周辺」論を批判的に再構築していくための重要な議論を提供している。

　涂の議論は、東アジアの成長を「中心」と「周辺」の関係のみに見るのではなく[33]、資本主義と社会主義の対立を背景とし、中間的媒体作用の重要性を強調したことに大きな意義がある。ただし、それはあくまでもマクロと公表データによる分析であって、産業ごとの具体的な実証分析とミクロ次元での分析は課題として残されてきた。

　以上のような問題意識から、本書では東アジア・東南アジアにおける輸出産業としてのアパレル産業の急成長およびその形成過程を、第一に、外部要因である日本・NIEs（香港・台湾・韓国）の直接投資、とくに日本企業の人的資本移動による技術移転に焦点をあて、中国アパレル製品の輸出競争力を明らかにする[34]。第二に、外部の技術を受け入れる受容能力に関する現地調査に基づいて、内部要因の検討を行う。日本の技術を中心に、それと提携した製品の生産能力から人材の育成や供給方法までを考察した。第三に、アパレル産業における一般的な特性を産業論的見地からまとめ、そのうえで中国のアパレル産業が輸出産業として急速に発展してき

30　涂照彦は世界で初めて「東洋資本主義」の概念を提起した。涂照彦『東洋資本主義』講談社現代新書、1990 年、25 〜 28 頁。
31　この論文は香港返還を中心に書かれているため、韓国とシンガポールは省略されている。涂照彦「アジア経済圏はどう変化するのか」（日本評論社『経済セミナー』第 510 号、1997 年掲載）26 頁〜。
32　前掲『東洋資本主義』26 頁。
33　R. プレビッシュ（Prebisch,Raul）、シンガー（Singer, Hans W.）などが「中心」「周辺」論の代表的な論者である。また、ウォーラーステインは世界システム論の視点から半周辺（準周辺 semi-periphery）論を主張したが、その半周辺からアジア NIEs は見事に外れている。
34　筆者は、現地の研究所や大学機構の協力を得て、個別企業の実態調査・資料収集を行ってきた。詳しくは第 6 章を参照されたい。

たNIEsの中間的役割を検討することとする。

4．工業化論

　中村哲は、東アジアの工業化に関して、最近、「新しい理論的枠組みを提起しつつある点で画期的である」と指摘していた。[35] 中村は歴史的視点から分析を行い、「自立し、安定的な経営を行う小農が、社会的・一般的に形成された」のは、「世界のなかでも十五・十六世紀の東アジアと西ヨーロッパであり、その他の地域では自立的、安定的小農の形成はもっと遅れるか、あるいは形成されなかった」と述べている。[36] また、19世紀後半の東アジアの工業化は欧米の工業化と大きく異なっているため、後発性からだけでは説明できず、むしろその要因が、初期資本主義（農村工業の発達）の特色、つまり、東アジアにおける小農経営の発達や兼業化・複合経営の発達にあったと述べ、「中国、朝鮮、台湾も日本ほどではないが、農村工業の発達があり、そのあり方は日本と同じ農家兼業型で」あったことを解明している。[37] 端的に言えば、中村は小農社会論を基礎に、新しい理論的枠組みを取り入れながら、東アジア史像の新たな提案を試みていたのである。

　同時期の日本、すなわち明治期から両大戦間期までの農村工業と言えば、日本アパレル産業の揺籃でもあるメリヤス工業である。その研究の重要性については、竹内常善の研究によっても強調されている。[38] 竹内は、その発展過程について実証分析の手法をとり、[39] 阿部武司のマニュファクチュア先行論とはやや対照的に、大正期以降のメリヤス生産組織の形成を、日本資本主義の特殊な蓄積構造の中で問屋資本に支配されながら輸出産業として成長していった過程として捉え、[41] しかもそれは、都会（たとえば

35　東アジア経済史研究の新潮流の主要なものとしては、1）アジア域内ネットワーク論（杉原薫のアジア間貿易論）、2）植民地資本主義論（中村哲、堀和生）、3）小農社会論（中村哲）、4）市場・通貨システム類型論（黒田明伸）、5）前近代専制国家論（足立啓二・渡辺信一郎）、6）日本資本主義の複線的形成論などがある。中村哲『近代東アジア史像の再構成』桜井書店、2000年、15 〜 18頁。

36　同上、18 〜 19頁。

37　同上、23頁。

38　竹内常善「都市型中小工業の問屋制的再編成について（1）〜（3）」『政経論叢』第25巻第1号（1975年）、第25巻第2号（1975年）、第26巻第1号（1976年）。

39　前掲「都市型中小工業の問屋制的再編成について（1）」53頁。

40　日本資本主義論争の一環には、マニュファクチュア論争であるが、それは、問屋制家内工業とマニュファクチュアのいずれが支配的な経営形態だったかを争点とした。西川俊作・阿部武司編『産業化の時代・上』岩波書店、1990年収録、193 〜 198頁

41　メリヤスの輸出額を見ると、明治20年は1万円しかなかったが、大正6年には2600万円以上にまで達し、「飛躍的」に成長した。前掲「都市型中小工業の問屋制的再編成について（1）」63頁。

大阪）を中心とした中小零細企業の群生によるもので、それが農村にまで広がっていったと分析している。「下職労働者は家内副業に対する外延的支配が飛躍的に深化した」こともあり、工場では動力機を採用し、「裁縫、起毛、晒白、染色、仕上げ、包装の一貫生産が進められ、昭和に入ってから天津に分工場を創ったりして、『業界第一』と目されていた」企業もあったという。その後まもなく、三井・岩井商店・鐘紡もメリヤス生産に乗り出し、海外でも展開していたことが判明している。同業に参入し、今日まで生き残っている企業は、大手では三井物産・東洋紡績・富田、中堅企業では丸松など、その数は決して少なくない。ここで筆者は、明治期以降における日本のメリヤスなどの企業経営による蓄積が、戦後の東アジア・東南アジアにいかなる影響を与えたかという点を、ひとつの問題提起としておきたい。

　東南アジア地域における農業の資本主義化に関して、北原淳の研究は「自主的に変化することはなく、外部の資本主義や市場に巻き込まれた小商品的農業が受身の形で商品化の深化をとげてきた」とされている。同研究は、中村哲の東アジアの農業資本主義化は特殊である点と合致している。時間的に大きな違いはあるが、日本・NIEsと比較分析した場合、稲作を主とした家族経営が支配的となり、それが「後発資本主義国にとって、資本主義的蓄積に適合的で、それと接合しうる商品的農業の形成がポイントで」あることが共通点として挙げられ、それは「農業の資本主義化」という用語で概括された。東南アジアでも一部（たとえばジャワ）の村では、1960年代には地場需要に依存した競争力のない零細な「伝統的」織物業が育っていたが、1970年代に入り、外国資本や華僑資本の導入・活用策によって廃業あるいは織布卸売業者に転じたことで新しい織布業者層が形

42　昭和15年、大阪「市内の内職業種のトップは『メリヤス製品』であり、次いで『服装雑貨』『洋服』『裁縫』といった関連業種が並んでいた」という。前掲「都市型中小工業の問屋制的再編成について（1）」68頁。同（2）48頁。

43　ここから、昭和に入り、日本のメリヤス資本はすでに中国に進出していたことが分かる。前掲「都市型中小工業の問屋制的再編成について（1）」74頁。

44　同上、78頁。

45　明治期の綿織物問屋はメリヤスと異なり、農村部、特に産地を中心に展開されていた。これに関しては、阿部武司の研究を参照されたい。阿部武司「綿工業」（西川俊作・阿部武司編『産業化の時代』岩波書店、1990年収録）193～198頁。

46　ここでの東南アジアは、タイ・インドネシア・マレーシア・フィリピンの4ヵ国に限定している。北原淳「東南アジアの農業と農村」（北原淳・西口清勝・藤田和子・米倉昭夫編著『東南アジアの経済』世界思想社、2000年4月掲載）166頁。

47　同上、168頁。

成され、農業以外に重点を置き、繊維で儲けて土地を買う例もあったとい
う。[48] 東南アジアでは農業だけではなく、工業もまた外部に依存して発展
した。東南アジアでも、華僑による紡織産業が部分的にはあったとしても、
外国資本の影響が強かったとみられる。この点は将来の研究課題にしたい。

II　本書の意義

上述のように、東アジアの経済発展を論じるには、工業化理論が不可避
の論題となっている。ただし、多様な成長パターンを持つ同地域の経済成
長をひとつのモデル、あるいは一義的に概括することは非常に難しい。し
かしながら、工業化の離陸段階における基軸産業に論点を絞って分析する
ことは重要である。そこで、まずはそのキーワードである初期条件の概念
について説明する。

1．初期条件の概念[49]

中兼和津次は中国を事例に、[50]歴史的遺産がその後の社会にどう働いた
かを、主に政策・国際環境・人材という三つの側面から考察し、「工業化、
一定程度の資本形成、市場化、およびそれに対応した多くの人材を残した
ことは、積極的初期条件として評価されなければならない」と見ている。
中村哲は、東アジアにおける初期条件の研究を行い、同地域の農村工業の
発展に焦点をあてて分析している。1920 年代末から、日本では移植型大
工業と在来の中小工業・零細工業が結びつき始め、そのひとつのあり方と
して下請け制が発達したとし、中国・朝鮮（韓国を含む）・台湾などでも
多少時間のずれはあるが、これは共通していると捉えている。[51][52]
筆者は、初期条件に関するこれらの先行研究を利用しながら、第一に、
台湾・韓国・香港・中国のアパレル産業が、工業化の過程でいかなる発展

48　同上、194 ～ 199 頁。
49　初期条件（initial condition）とは「一般的には、時間パラメーターを含む動学的体系の初期値を指す」。
　　さらに、「経済モデルの分析では、安定性などの経済体系の性質が初期条件に依存するか否か、初
　　期条件によって均衡値が変化するか、どう変化するか、などが問われる」。一国あるいは地域における
　　経済発展のメカニズム解明において、初期条件の分析は不可欠になっている。深谷庄一『経済辞典』
　　講談社学術文庫、1985 年、614 頁。
50　中兼和津次『中国経済発展論』（有斐閣、1999 年）第 1 章を参照されたい。
51　前掲『近代東アジア史像の再構成』18 ～ 25 頁。
52　これについては、東南アジアにおいても代表的な研究がなされている。前掲「東南アジアの農業と農村」
　　166 ～ 208 頁。

を遂げたかを、その初期条件である紡織産業を前提に検討する。そして第二に、これらの地域におけるアパレル産業の初期条件に関して、1）戦前における紡織産業の有無、2）資本・生産・設備と技術状況、3）経営者の経歴と企業間の取引関係、4）政府の政策、5）海外市場との関連などに焦点をあて、各章で詳細な比較検討を行う。

2．三つの解明

東アジア・東南アジア経済において最も長い歴史を持ち、輸出指向型産業として成長してきたアパレル産業は、一国の経済の外貨蓄積に大きく寄与し、世界の6割から7割の製品を提供している[53]。にもかかわらず、それに関する研究は、一国や一産業レベルでのものが部分的にあるのみで、東アジア・東南アジア地域圏全体を包括した専門研究は少ない。筆者は、はたして「工業化は国民的屈辱に対する反動として始まる」のかという疑問を持ちつつ[54]、一国の経済が工業化に乗り出す諸要因の追求に研究の起点を置きたい[55]。その全体像の解明には、日本の急速な資本主義化とNIEsの台頭、および中国の市場開放等の諸側面を統合し、総合的に理解することが必須である。

ここで、アパレル産業を論じる意義を以下の3点にまとめてみる。

1）産業発展の初期条件の解明

東アジア・東南アジアの新興工業経済地域における工業化過程の分析において、電機や自動車等の業種だけでは説明しきれない部分を、アパレル産業の実証分析を通じて明らかにする。とくに、東アジア工業化の初期段階における電機等の業種の輸出産業としての起動は、繊維・アパレル産業と時間的なズレが発生しているのだが、その要因を明らかにしてみたい。これによって、初期条件に関してより正確な分析を行いたい。

2）輸出の主導産業の解明

工業化の初期条件となった紡績産業を基盤にして成長したアパレル産業

---

53 中国は1993年に香港を追い抜き、アパレル製品における世界最大の輸出国となっている。1994年には、中国の工業製品総輸出におけるシェアは26%、世界のアパレル輸出市場の16.7%を占めるようになった。

54 ここでの一地域あるいは一産業は、研究対象を指している。

55 前掲『経済学の考え方』176頁。原資料は、W.W.Rostow,The Stages of Economic Growth, 9~26頁。

は、輸出産業へ成長し、しかも繊維産業をリードしてきたという特徴を持っている。また、両産業は、戦前から戦後にまたがって発展してきた伝統的産業であったため、その分析は、東アジアの成長要因の解明に重要な意義を持つと考えられる。

3）輸出主要産業政策と担い手の解明

工業化の初期段階において外貨稼ぎに重要な役割を果たしてきた繊維・アパレル産業の分析は、NIEs 経済を考える上で不可欠である。アパレルの輸出産業への転換は、繊維産業と比較すると、政策的保護が希薄な領域で行われた。この点で、民間企業の役割を再認識する必要があるだろう。

東アジアの「工業化」と繊維・アパレル産業の輸出産業化は密接な関連性を持っている。その意味で、アパレル産業を対象として、日本と台湾・韓国における企業間の資本および技術移動を糸口に事例研究を行うことは、東アジアにおける資本蓄積の特徴を検討することにも貢献するだろう。

3．研究方法

日本における近代的産業の成立は、明治維新時期の産業革命が起点となっている。製糸業はその代表的な産業とも言える。しかし、当時の工業化に関する研究については、使用する資料や手法により、相反する結論が導かれる危険性を西川俊作が指摘している。たとえば、1909 年の在来・近代生産の分析において、水車から蒸気機関へシフトした時の議論の焦点は、水車・蒸気併用の場合にはその生産性の記入はあったが、問題は蒸気による生産性と水車による生産性のそれぞれの明記はなかった。[56] また、1909 年の『県統計書』の「工場」表（後に「蚕糸及真綿製造戸数」とその「産額」表を掲げている）は『工業統計表』の調査個票であった。規模 5 人以上の工場だけを見ると、産出高と金額がともに過小になっている。つまり、近代的設備を備えたはずの企業の生産性が低いことを意味しているのであ

---

[56]　さらに、1885 年の工場別データを見た場合、『第二次農商務統計表』（農商務通信規則による調査結果、1883 年）と『日本統計発達史』では食い違いがあった。これに対し、相原茂・鮫島竜行らは、前者の資料は「信頼し難い」と批判したが、西川は前者の資料を使用する理由を以下のように述べた。「（前者の資料は）労働投入量について年末のオフ・シーズンを考えるとストック量よりフロー量が望ましい計数であるが、その数字は正確なものでなければならない」。そこで西川は、西山梨が「大規模」、東山梨が「小規模」という従来の見解への疑問を呈している。西川俊作「在来産業と近代産業」（西川俊作・阿部武司編『産業化の時代・上』岩波書店、1990 年収録）92 ～ 93 頁。

る。そこで、「近代的製糸業の産額としては『工場』表集計値、在来生産としては『産額』表の計数を採り、両者の比を取る」と、在来と近代の比率はそれぞれ14％、86％になり、1879年の比率である55％、45％とは大幅な逆転が生じたという。本書ではより正確な実態を把握するため、企業への訪問調査とそれぞれの国あるいは地域の統計資料を併用し、東アジアにおけるアパレル産業発展の特徴を考察したい。

Ⅲ　本書の構成

　本研究は、東アジアのアパレル産業を対象にし、実証的アプローチに依拠しながら、政府の政策要因よりも経済的要因である企業および産業側に着眼している。また、同地域のアパレル産業の初期条件と経済発展との関連を分析し、通俗的なイメージやモデルの妥当性を再検討した上で、より正確な解明と結論の提示を行っている。さらに、戦後のアパレル産業の成長と再編成の要因解明を通じて、アパレル産業が地域の工業化にいかなる影響を与えたかを考察し、地域の経済発展の特徴を検討しながら、東アジアのアパレル産業の初期条件と資本集積構造の解明、輸出産業への転換プロセス、政府・市場・企業間の関係の解明を試みている。

　本書は、これまで公表した論文をまとめ、構成したものである。

　第1章「戦後日本のアパレル産業の構造分析」は、3年にわたる企業の訪問調査を通じて、戦後日本のアパレル産業の企業間取引関係を検討した。ここでは、産業構造の変化が企業の企画・製造・販売の連動プロセス創生といかに密接に関連しているか、企業間の取引関係の変化が同産業構造の変化にいかなるインパクトを与えたかを解明している。

　第2章「日本アパレル上位企業の支配」は、アパレル産業を独自の構造と特性を持った産業として見るべきであるという論点を提示し、日本の

57　西川俊作は、在来産業は農業と絹織生産を指し、近代産業は製糸とそのなかの一部の在来生産を指すとした。阿部武司は、在来産業は徳川時代の農村工業の系譜上に位置づけられる産地綿織物業であり、「綿工業は明治期に定着した近代的紡績（兼営織布）業」だと規定している。さらに、中村隆英は、力織機工場化によって在来産業であった産地綿織物が「新」在来産業となり、それが近代産業に転身していったと見ている。それぞれの見方によって、同じ用語でも定義がやや異なっていることが分かる。前掲「在来産業と近代産業」82頁、164～165頁。

58　前掲「在来産業と近代産業」100～102頁。

59　京都大学経済学会『経済論叢』第161巻第1・2号、1998年4月。

60　同上、第162巻第3号、1998年9月。

アパレル産業は、既存の繊維産業とは違った特徴を持っており、機能や規模の面などから見ても独立した産業であるということを実証し、従来のアパレル産業の概念について、新たな定義を試みている。

第3章「韓国と台湾のアパレル産業」と第4章の「香港のアパレル産業」[61]は、韓国と台湾のアパレル産業と日本のアパレル産業との関連性を分析し、香港のアパレル産業の特徴を明らかにしている。

第5章「中国アパレル産業の周辺的展開」[62]は、筆者の博士論文の第5章として書かれたものであり、東アジアのアパレル産業が、中国の市場開放と冷戦時代の終焉という環境のもとでいかに再編成されていったかを基本視座としている。ここではまず、中国アパレル産業の初期条件である紡織産業を検討し、次にアパレル産業の時期区分を試み、中国政府の政策と外資による直接投資の役割を解明する。

第6章「中国アパレル産業における技術移転」[63]では、中国のアパレル産業の発展を見た場合、一国内の自生的発展はその内部だけではなく、日本・NIEs 等の外部からの直接投資と技術移転という国際的連関が大きく係わっていることに着目し、両者のダイナミックな相互規定的発展過程を「スパイラル的展開」という概念で捉えている。ここでは、中国のアパレル産業がふたつの要因の相互関連的な発展であったことを解明している。

第7章「中国アパレル産業における企業集団化」[64]では、中国アパレル製品の輸出の成長とともに急速に進んだ国有企業と郷鎮企業の集団化・グループ化に着目し、中国アパレル産業の急速な発展要因を、政府の政策と絡み合った企業集団化の性格や企業集団の結合のあり方に求めている。本章では、国有企業と郷鎮企業との比較分析を通じ、日本企業の直接投資と輸出との相関性を明らかにしようとした。中国の上位アパレル企業集団の裏には、多くの日本の上位アパレル企業・有力な素材企業・商社が存在しており、とくに大きく成長した郷鎮企業集団が特徴的である。

第8章「中国アパレル産業集積における高度化」[65]は、小島衣料の現地経営を事例にしつつ、日系企業の直接投資と中国アパレル産業の高度化にはどのような関連性があるかを分析し、中国の産業集積の特徴を検討した。

61　名古屋大学・東アジア工業化叢書II、日本学術振興会、基盤研究（A）（課題番号 13303004）。
62　康上賢淑『初期条件と経済発展』名古屋大学経済学博士学位論文、2001年3月。
63　名古屋大学経済学会『経済科学』第49号第1号、2001年6月。
64　同上、第49号第2号、2001年9月。
65　平川均など編著『東アジア新産業集積』学術出版社出版、2010年。

第9章「東アジアにおける中国アパレル産業の競争力」[66]では、中国アパレル産業の内部において、国際競争をまったく経験していない無数の私営企業と、そうでない外資系企業との間で、企業組織の自律機能を持つには相当の時間が必要であったことを明らかにし、さらに東アジアの三資系企業はいかに輸出を主軸にながらこの20年間大きく成長し、輸出主導のエンジンを担っていたのかを解明した。

第10章「日系ミシン企業の中国における事業展開」[67]は、日本のミシン上位企業ブラザーとJUKIを事例に、対中国進出の競争優位と役割、および問題を検討している。第11章「日本におけるミシン産業とアパレル産業の関連性」[68]では、日本のアパレル産業の発展とミシン企業との繋がりを分析し、ミシン企業の役割を明らかにしている。第12章「日本ミシン企業における国際競争力の形成」[69]は、日本のミシン産業の形成期から成熟期までを総合的にまとめ、国際競争力の形成過程をその人脈と情報共有システムに焦点をあて、いかにして競争力強化が実現できたかを明らかにしている。

筆者は、1990年代から2000年代初期までの日本のアパレル産業と企業の発展を、繊維産業とミシン産業の歴史的発展も視野に入れながら、アパレル産業・企業がアジアでの海外投資を通じ、どのような展開を行い、それが周辺国家と地域にどのようなインパクトを与えたか実証分析を行った。現地のインタビューや訪問調査を経てすでに15年が経過した今日、当時の企業、特に中国の大手企業のなかには空前の成長を果たし、想像もできなかった巨大企業に成長したものもあれば、他産業への参入によって事業転換を行い、原型が見えなくなってしまった企業もある。今日、東アジアのアパレル産業が世界のアパレル製品の7割以上を提供するようになり、しかも最大の市場にまで成長してきた。その時代の流れ中で、日本のアパレル産業・企業は、従来の先駆者としての役割からの転換を余儀なくされている。

本書で残された課題としては、当時、台湾研究の実態調査が難航したた

---

66 鹿児島国際大学附置地域総合研究所『地域総合研究』第31巻2号、2004年。
67 中村哲編著『東アジア近代経済の形成と発展 東アジア資本主義形成史Ⅰ』日本評論社出版、2005年。
68 中村哲編著『1930年代東アジア経済 東アジア資本主義形成史Ⅱ』日本評論社出版、2006年。
69 中村哲編著『近代東アジア経済の史的構造 東アジア資本主義形成史Ⅲ』日本評論社出版、2007年。

め、台湾の事例研究が十分できておらず、研究上の大きな限界となっていることがまず挙げられる。第二に、過剰生産の要因解明が不十分なことである。これは、日本をはじめとする東アジア共通の課題となっているが、市場の管理や流通における規制緩和など、依然さまざまな問題が残されており、緻密な検討が必要である。第三に、アパレル産業の底辺部の研究が貧弱であったことである。日本・中国・韓国のインタビューは上位企業を中心としており、中小企業におけるインタビューや具体的な分析は少ない。第四に、アパレル産業の国家間貿易・生産・技術移転を中心に検討したため、それに関わる金融・雇用等などの研究は完全に欠落していることである。以上の点については、今後、さらに研究を深めていきたい。

第1章
戦後日本のアパレル産業の構造分析

　1994年、通産省は『繊維産業構造改善臨時措置法』において、従来の生産を重視した「繊維工業」の概念を改訂し、販売事業分野をも含めた「繊維産業」として提起した[1]。これに対し、アパレル産業は、その一部が縫製工業に含まれるものの、多くの企業は商業に分類されたままである。そのゆえ、アパレル産業を統計的にひとつの部門として追求することには、困難がつきまとう。

　上述の分類方法に従い、まず繊維とアパレル産業の対製造業に占める比率を4人以上の事業所に絞って見てみると、従業員数では1988年にアパレルが5.2%を占めるのに対して繊維は5.1%、事業所数では1990年時点でそれぞれ7.3%と7.0%となっており、アパレルが繊維を上回っている[2]。現実には、アパレルに携わっている人や企業は上記の数字以上になるが、残念なことに、現在の統計では、正確なデータは提示されていない。出荷額を長期的に見た場合、1979年以降、アパレルが堅調に推移しているのに対し、繊維は下がる一方である[3]。国際的なレベルで見ても、1991年の世界売上高ランキング上位20社のアパレル企業に日本企業は7社もランクインしており、かなりの国際競争力を持っている[4]。アパレル産業の小売販売額は、1988年時点で約16兆6,000億円（1991年は23兆9,000億円）で、同年の国内自動車販売額の約1.3倍に達している。日本のアパレル産業は、その規模と産業界における役割から、今日きわめて注目すべき存在となっている[5]。

　本章では、アパレル産業が繊維産業とは違った特徴を持ち、固有のメカニズムを有していることに主眼をおいて分析を行う。上述のような有力な

1　通商産業省生活産業局編『繊維産業構造改善臨時措置法』初版、1994年12月、49頁。ここではまず、統計上、企業の形態変化に合致しない商業と工業の分類方法の問題を指摘したい。
2　繊維ファッション情報センター『アパレル・ハンドブック』1995年版、16〜23頁。このデータのもとは、通産省編『工業統計表・産業編』である。
3　同上書、各年版による。
4　通商産業省生活産業局編『新繊維ビジョン』ぎょうせい、初版1995年3月、214頁。
5　1990年の小売販売額は約19兆円であった（『商業統計表・品目編』各年版を参考）。

20 社の台頭は、1970 年代から 1980 年代に上位企業が非常な高収益を上げ、当該産業の構造が大きく変わってきたことと関連している。では、産業内部のいかなる要因が特定企業の急成長をもたらし、さらに、その利潤率格差が当該産業の構造をどのように規定したのだろうか。ここでは、単にアパレル企業だけではなく、それと密接に関連する産業部門をも含めて、アパレル部門の構造変化の過程を明らかにしていきたい。

Ⅰ　アパレル産業の成立

1．アパレル産業
　この節では、アパレル産業を構成する要素、すなわち製品構成や企業形態を明らかにすることによって、その産業概念に迫りたい。

1）製品構成
　アパレル製品は、第一に、産業・業種・作業内容別に細分される「産業用」と、性別・年齢・季節・民族・階層別に多様な内容を持つ「消費者用」に大きく分類できる。また、既製服から身の回り製品までを取り扱う狭義の分類をする場合と、寝具・足袋・タオルなどの二次製品までを含む広義の分類をする場合がある。
　第二に、アパレル製品は各企業がそれぞれの文化や審美・価値観および実形などに基づいて企画・製造したものである。そのため、アイテム数がきわめて多い。通商産業調査会の 1992 年の統計によれば、外衣は約 6 億点、下着・補整着は約 4 億点、寝着は約 3,000 万点、靴下は約 14 億点、手袋は約 5,000 万点、乳児用衣服は約 1 万点にも分類されており[6]、さらに素材・柄・色・サイズなどを加えると、数えきれないほどの分類になる。
　第三に、製品には大量生産品がある一方、知識集約型製品や労働集約型製品も広範に含まれている。たとえば、ワコールのファッション商品の中には、デザインから縫製まで CAD ／ CAM（コンピュータ支援設計・製造）を使った知識集約型生産によるものもあるが、いまだに機械では代替できない、人間の長い経験による感性的な判断しか許さない高級品も一定の割合で存在している[7]。

6　通商産業調査会『我が国産業の現状』1992 年版、96 頁。
7　同社でのインタビューによる。

第四に、以上の要因は、アパレル製品販売上の特性を導くことになる。ただ一枚のシャツを売るために、店頭には素材からサイズ・柄まで、少なくとも 150 枚程度のシャツを備えなければならない。アパレル市場は、きわめて高度な多様性と不確実性をもつ市場であり、爆発的な市場性を持ちうる反面、容易に在庫化する側面を持っている。

要するにアパレル製品とは、身にまとうあらゆる製品を包摂しているため、変幻自在な形態・価格・特性を有しており、その管理が容易ではない製品だと言えよう。そして、この製品特質が、産業のあり方を規定することになるのである。

2）企業形態

従来、日本のアパレル産業においては、企業はその業態によって、製造卸・問屋・アパレルメーカーなどと呼ばれてきた。アパレル企業の形成過程という視点から見る限りにおいて、企業の起点は確かにそのように把握しうるであろう。とくに、製造卸はその中核的な役割を果たしてきた。しかし、後述するように、1980 年代以降の産業の成熟段階においては、業界で「総合メーカー」と呼ばれる企業の多くは、旧来の形態から脱皮し、総合性を備えた業態に転身している。それらの企業を旧来通りの問屋・製造卸とか、アパレルメーカーなどと呼ぶのは妥当ではないと筆者は考える。本章では、純卸型・買い取り型から純製造型・直販型までの多様な形態の各企業を、すべて「アパレル企業」と総称する。そして、生産過程と流通過程における業態内容を指標として、それらのアパレル企業を表 1-1 のように分類しておきたい。

生産面においては海外生産を含む外製比率を、流通面においては製品の所有権が小売へ移転される比率を基本的な尺度とする。生産の機能をまったく持たない企業は「純卸型」とし、企画だけを行う企業は「企画卸型」とする。ただし、生産機能を有する企業のうち、外製比率が 5 割以上 10 割未満の企業は「製造卸型」、5 割未満の企業は「製造型」、外製比率がゼ

---

8 筆者は、1995 年 10 月に旭化成工業㈱ FB 人材開発部長・尾原蓉子氏の紹介により、IFI（財団法人ファッション産業人材育成機構）特別セミナーに参加した。これは、全米小売協会副会長 J. シーゲル（Siegel,Joseph）氏の公開講義からの引用である。

9 これら大手企業の多くが製造卸型であるのは確かである。しかし、事業内容から見ても、すでに初期段階の製造卸とは異なっており、区別されるべきであろう。今日、国際的な多国籍企業となっている大手企業や総合アパレル企業は、特にそうである。

表1-1　日本のアパレル企業の類型

流通 ＼ 類型	純卸型	企画卸型	製造卸型	製造型	純製造型
自家工場生産率	0%③	0% 企画のみ持つ	0％から50％未満	50％から100％未満	100%
買取型 製品の所有権小売に移転① 買取が50%以上を占める企業を指す	地方卸・問屋	キムラタン ダイイチ イトコー AP ジャヴァ	ワールド・20% ミズノ ルシアン 神戸生絲20% ロンシャン 藤井 デサント	グンゼ・70% サンリット	下請縫製企業
委託販売型 製品の所有権小売に移転無し。委託販売が50％以上を占める企業			樫山・30% イトキン・20% 小杉産業 三陽商・20% ダーバン レナウンルック・20%	ワコール・80% レナウン・70% 東京スタイル・60% ナイガイ・80% 内外・50%	
直販型 製品の所有権買手に移転② 直販が50%以上を占める企業			青山商事 ＊製造小売型	エフワン	

注1）①小売は、百貨店・専門店・量販店・直営店・現金問屋などを指す。
　　　②買手とは、主に消費者を指している。
　　　③純卸型には、その成立期に貿易・商事等の流通機能を持っていたものも含む。
　2）生産と流通の分類基準は、企業の事業内容に基づいており、その比率は1990年代前の時点での生産割合の数字である。なお、表示された比率は、すべて四捨五入した数字である。
　3）1980年代の半ばの、生産過程と流通過程を組み合わせた企業業態の分類である。これ以降の時期においては、他業種から多くの参入が起こっていた。それについては、図1-1「アパレル産業概念図」を参照されたい。
　4）＊SPA型とも言うが、このタイプはアパレル企業だけではなく、他業種からも多くの企業が参入を始めたため把握が難しく、具体的な企業名はこの図では省略している。
出所）筆者の各社へのインタビューやアンケート調査結果、および各社の『有価証券報告書』各年版から筆者が作成。

ロの企業は「純製造型」（主に下請縫製企業がこれにあたる）と分類する。また、製品の所有権を小売に5割以上移転する企業（たとえば、買取中心の専門店等への販売を行うワールドがこれに該当する）を「買取型」とし、移転が5割未満の企業（オンワード樫山のような、デパート等への委託販売が中心の企業が該当する）を「委託販売型」、製品の所有権を直接に買手（主に消費者）に5割以上移転する企業（たとえばエフワンや青山商事等）を「直販型」に分類する。

3）産業の概念
a）構成

少なからぬアパレル企業が、純卸業からスタートして製造分野に参入し、生産と販売を社内・社外の両方に配し、主に後者の系列組織化を進めながら規模を拡大してきた。もともと、アパレル産業においては、圧倒的に中小企業が多かったが、1970年代後半から1980年代初頭にかけて、大手企業が大量に出現した。その成長は、後述のように素材企業だけではなく、商社や小売企業の参入を惹起しながら展開していった。表1-2を見ればわかるように、大手素材企業のアパレル製品売上比率は、1980年代半ばから確実に増大している。また、繊維素材企業や商社によるアパレルへの参入形態は、子会社という形だけでなく、本社内に国内外の工場をコントロールするアパレル事業部を設立するケースも一部で見られた。

産業分析にあたって、堀江英一は、「企業構造」の類型分析から「産業構造」を理解すべきことを提起した。堀江は繊維産業を例に挙げ、その内部構造を掘り下げるにあたり、工場レベル・企業レベル・産業レベルという順序で、システム論的に展開する方法を提唱している[10]。しかし、現実のアパレル産業を分析するには、上述の三つのレベルのみでは限界があると筆者は考える。繊維素材大手や商社などのアパレルへの参入は、後述する鐘紡の例のように、その事業部のみの実績が、他の大手アパレル企業と匹敵することもあるからである。

そのような実態を考慮し、アパレル産業については、工場や企業レベルだけではなく、商品の市場条件や事業レベルをも含めてその産業を捉える

---

10 堀江英一「Ⅰ．産業と企業」（名城大学商学会『名城商学』第31巻第3・4合弁号、1982年3月掲載）と、同「繊維工場の構造分析」（名城大学商学会『名城商学』第28巻第2・3・4合弁号、1979年2月掲載）85～86頁。

表 1-2 素材企業のアパレル製品売上の比率（単位：%、億円）

社名 年	東洋紡績	鐘紡	倉紡	富士紡績	大東紡績	片倉工業	敷島紡績	大和紡績	トスコ
1975	—	—	10	6	39	21	26	4	—
1980	—	不明	8	11	50	28	22	8	—
1983	—	不明	9	15	66	27	22	12	—
1986	8	12	10	21	56	29	22	11	9
1989	10	14	10	21	55	28	27	9	14
1991	10	17	9.3	23	56	28	26	9	18
1992	10	17	9.4	24	61	27	26	13	19
1993	10	16	9.4	26	63	26	27	16	21
1994	10	16	11.3	26	66	不明	29	17	23
1994年全社総売上（億円）	3,002	4,189	1,348	705	232	435	590	568	148
二次製品売上額（億円）	313	666	152	184	153	113	172	98	33

注）アパレル製品売上構成は、各社の総売上高に占める比率である。
出所）『ダイヤモンド会社要覧』および『会社年鑑』の各年版より筆者が作成。

べきではないかと筆者は考えている。研究史上の中心課題であった基幹産業の場合と異なり、戦後の大衆文化状況と直接的に係わる産業部門については、各々追加的な要因を分析する必要があるように思われる。企業の事業部レベルを含めたアパレル産業全体を俯瞰するなら、図 1-1 の太線内のようになる。

　b）性格
　アパレル産業は、衣服類などの企画・製造・販売を包括する産業である。
　それは、人々の生活における最も基礎的な要素として、国・地域による多文化性・多民族性と、個人・個性による多様性、季節・時間による多変性、生活による不可欠性・耐久性等、さまざまな特性を持つ産業である。そのうえ、現在では商品ライフサイクルがきわめて短く、素材は柔軟で多

図1-1　アパレル産業の概念図

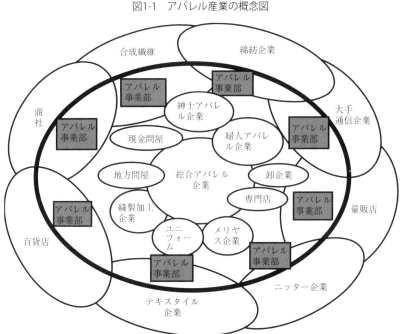

注）1980年代の後半から、他産業の大手企業が事業レベルでアパレルに本格参入を始めた。この図は、そうした動きも含めて作成したものである。表1-1を参照されたい。
出所）筆者の各社でのインタビュー（1995～96年）により作成。

様、さらに製造過程における全自動化が困難といった複雑な性格を持っている。

　最も重要なことは、アパレル産業は繊維産業と違い、川上の素材製品でなく、主に川下の最終製品を生産することによって成長してきた産業だということである。そして、流行を伴う消費市場の情報という決定的条件に規定されつつも、アイデアで高付加価値を創出する産業、つまり、企業はデザイナーによってそのアイデアを新しい個性的製品として生み出し、それを生産・流通させ、消費者の購買意欲を得て初めて価値を生み出す産業なのである。これは、大型機械装置を必要とする、いわゆる規模の経済性を求める繊維産業とは、大きく異なったものだといえよう。

2．ダイレクト・チェーン（Direct chain）式の成立

「アパレル産業」という言葉が広く使用され始めたのは、1970 年代の前半であった。その産業発達史の時期区分について、上田達三は「昭和 40 年代初めにようやく産業として形成されてきた」と述べている。また、富沢このみは 1985 年の論文で、日本の「アパレル産業の歴史はわずか 10 年」と言い切っている。[11]実際には、既製服の歴史は江戸時代にまで辿れるが、本章では、今日のアパレル企業・産業の形成過程を分析するため、戦後を中心に見ていきたい。当該部門の本格的な展開は、特殊な領域を除き、1970 年代末には完了する。その過程を主に以下のふたつの段階に分けてみる。

1）市場の生成と産業の形成（1950 年頃〜 1960 年代初頭）

この時期を形成期とみなす主な理由は、以下の 3 つの側面からまとめられる。

まず、当時の洋裁学校の勃興が、洋装化の基盤となったこと。終戦直後、「更生服」と既製服が流行し、浴衣からドレスへと洋装文化が浸透し始めた。この洋装ブームは終戦直後から始まり、1955 年あたりまで続いた。戦前の洋裁学校数のピークは 50 校ほどであったが、1955 年には 2,700 校、生徒数は 50 万人にも達した。これは当時、女性のファッション意識が大きく変化し、洋服スタイル志向が確実に進行していたことを物語っている。さらに重要なのは、当時すでに、既製服需要の生成による市場形成と、各企業におけるデザイナー育成とが相互に関連性を持っていたことである。[12]

次に、1950 年代後半になって、既製服の大量生産が開始されたこと。ファッション意識の転換によって、ディオールの日本への導入が既製服化の「促進剤」になり、1957 年には 3 割にすぎなかった婦人洋服の既製服化率が、1963 年には 7 割に増加、いわゆる既製服時代を定着させた。[13]通産省の『工業統計表』から明らかなように、1950 年の繊維二次製品出荷額は約 359 億円であったが、1965 年には 3,729 億円と、10 倍以上に急増している。さらに 1963 年、東京婦人子供服工業組合が 1 年をかけて衣服

---

11 上田達三「アパレル産業の展開と下請生産体制の変容」」（『関西大学経済論集』第 8 巻、1978 年掲載）311 〜 312 頁。富沢このみ「アパレル産業・先進国市場への挑戦」（『プレジデント』1979 年掲載）200 頁。
12 福永成明・境野美津子著『アパレル業界（産業界シリーズ No.623）』教育社新書、1994 年、32 〜 34 頁。
13 国際羊毛事務局の資料による。

規格について研究し、それをもとにした JIS 規格が設定されたことも、形成期におけるひとつ重要なポイントとなった。[14]

　最後に、大量生産と大量販売により、アパレル産業が輸出産業として新たな展開を見せたことである。1955 年、輸出縫製工業が本格的に発展しはじめた。この年、ワンドル・ブラウス（One dollar blouse）が爆発的な人気を呼び、輸出量は同年、400 万ダースにまで達した。戦前における日本の繊維二次製品の輸出仕向け先は、主としてアジア・アフリカ地域であった。加工度の低い製品だったため、消費能力の低い地域にしか輸出できなかったのである。しかし、1955 年にはすでに先進国中心の輸出となり、数十年前に既製服化が起こっていたアメリカ・カナダへの輸出が全二次製品輸出量の 59% を占め、輸出額も繊維全体の 2 割に達した。繊維輸出額の 7.49 億ドルに対し、二次製品輸出額は 1.54 億ドルにもなったのである。これは、日本における素材の強みと、低コストを中心とした縫製品生産力の向上、アメリカ・カナダといった大市場からの需要という 3 つの要素が重なったことによる。とりわけ、市場が牽引的な要素となり、初めて二次製品が繊維全体の輸出額において重要な地位を占めるに至った。[15]

　日本の綿織物（絹織物は 1930 年代後半）の輸出額が、綿糸のそれを凌駕したのは、戦前の 1917 年のことである。綿糸の輸出額が輸入額を上回った 1897 年以来、綿工業において綿糸が輸出上位であった歴史を打破し、「糸から布へ」という転換を示したのである。その後、ほぼ 40 年間にわたり、繊維産業の歴史において鐘紡・東洋紡・東レ・旭化成・帝人などの素材を中心とする企業が、日本市場をおさえてきた。しかし、1960 年代初頭におけるアパレル産業の形成により、ようやく「布」時代の終焉を暗示すると同時に、「布から服へ」の転換が宣言されたのである。

2）市場の急膨張と産業の拡張（1960 年代半ば～ 1970 年代後半）

　市場の面から見ると、アパレル企業の成長に伴い、この時期の既製服化率は 1960 年代半ばの 6 割から 1970 年代後半には 9 割を越えるまでになっている。[16] そして、市場の拡大とともに、マーケティングが重視され始めた。

14　前掲『アパレル業界』44 頁。
15　通商産業省『日本の輸出産業』1959 年 2 月、48、51 頁。
16　『ユニチカ百年史』下巻、1991 年 6 月、93 頁。

I　アパレル産業の成立　35

表1-3　20年間のアパレル製品と繊維製品の付加価値額と趨勢値（1961年を100とする）

（単位：百万円）

	アパレル製品	趨勢値	繊維製品	趨勢値
1961 年	68,210	100	538,007	100
62	90,244	132	590,289	110
	124,920	183	706,723	131
64	141,153	207	749,610	139
	155,844	228	774,716	144
66	198,666	291	887,088	165
	222,001	325	1,024,426	190
68	262,985	386	1,117,096	208
	323,511	474	1,280,403	238
70	385,502	565	1,505,166	280
	433,738	636	1,589,506	295
72	540,093	792	1,796,700	334
	724,316	1,062	2,470,605	459
74	814,461	1,194	2,276,451	423
	933,575	1,369	2,229,244	414
76	1,101,340	1,615	2,631,386	489
	1,116,681	1,637	2,521,022	469
78	1,273,971	1,868	2,707,033	503
	1,333,491	1,955	2,771,800	515
61 〜 79 年	約 20 倍増加		5 倍増加	

注 1 ）　アパレルと繊維製品を集計する際、1961 〜 1968 年は企業規模 10 人以上、1969 年〜 1978
　　　年までは総額で、1980 年以降は 4 人以上をベースにした統計である。
　　2 ）　本表のデータは少数点以下を切り捨てて記載。
　出所）　通商産業大臣官房調査統計部編『工業統計表』各年版より筆者が作成。

海外からのブランド導入が開始され、レナウンの CM 作戦などが注目さ
れた。
　1960 年代後半当時、業界でよく言われた「宣伝のレナウン、販売の
樫山」という言葉からもわかるように、アパレル産業は「つくれば売れる」
時期から脱し、マーケティングの役割が大きくなり始めた。表 1-3 のよ
うに、1961 年の指数を 100 とした場合、アパレル製品の付加価値額は
繊維製品と比べ、20 年間で急増した。趨勢値で見ても、繊維製品はこ
の間わずか 5 倍にしか伸びていないが、アパレル製品は約 20 倍になっ

ている[17]。アパレル生産における新技術の基礎の確立もこの伸びに貢献している。たとえば、1970年代初頭にはCADによるパターンメーキング・グレーディング・マーキングなどの技術が開発された。さらにアパレルが急成長する2つの要因を挙げておく。ひとつは1960年代の流通業界でスーパーマーケットと専門店が台頭し、高度成長に伴い消費量が急増、需要が生産を上回ったこと。もうひとつは、生産技術の開発と同時に、ブランドの展開や企画から販売までの責任を負うマーチャンダイザーの活躍が注目されてきたことである。つまり、この時期の流通変革が、アパレルの急成長をもたらしたと言える[18]。

　この時期のアパレル製品の需要急増は、アパレル産業をはじめ、関連産業にまで大きな影響を与えた。1970年代初頭までの素材・小売企業等は、それぞれの「専業」を前提とした分業体制を重視しており、周辺産業はアパレル企業のような自社企画・自家工場生産・直営販売店による事業には本格的に手を出していなかった。ちなみに、この時期までのアパレル産業構造の特徴を、筆者は、ダイレクト・チェーン式（Direct chain）と定義する（図1-2）。

　ダイレクト・チェーン式では取引上、アパレル産業は各関連産業と直線的な取引関係を持っている。素材企業・商社（仲介企業も含む）・アパレル企業・小売企業等の機能は、1980年代と比べ、明白に分化専業化している。しかも、各企業は単純な分業関係のもとで取引を行っている。このモデルでは、情報源である消費者に一番近い小売企業は、企画力と製造能力を持っていなかったため、それらを保有する製造卸型のアパレル企業が、情報・企画の実質的中心として、生産サイドと販売サイドを主導していた点がとくに重要である。

II. アパレル産業の再編成

1. 業態の変化
1）「製造卸型」への集中化

　アパレル企業の事業内容について、その発足から現在に至るまでの時間的な変遷を図式化したものが図1-3である。図から明らかなように、アパ

17　前掲『ユニチカ百年史』下巻、663頁。
18　各企業でのインタビューによる。

図1-2 ダイレクト・チェーン式（Direct chain）の概念図

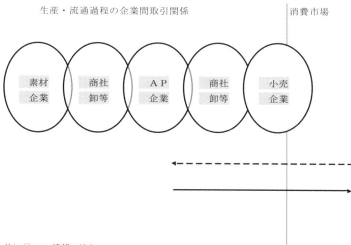

注）① ◀── 情報の流れ
② ──▶ 物の流れ
③ 縦軸の右側は消費者のアパレル製品の購買領域を指す。
④ 縦軸の左側は生産・流通過程において、多くの企業により行われる取引関係を示している。
出所）各社でのインタビューをもとに筆者が作成。

レル産業における企業は、製造卸型へ移行・集中する傾向が見られる。産業全体のなかでも、製造卸型企業はこれまで中核的な役割を果たしており、今日の上位アパレル企業のなかでも比較的大きな比率を占めている。たとえば、オンワード樫山・ワールド・イトキン・小杉産業などである。これらの企業業態の変遷と、分業・系列化をまとめて見ると、以下のような共通点が挙げられる。

　a）生産面においては、内製と外製を共有する傾向が進行した。つまり、純卸型と企画卸型が次第に自家工場を持つようになる一方、純製造型は外注を徐々に増加させ、外注を伴う製造型に移行していった。

　b）流通面では、成長段階で委託販売型だった企業、つまり百貨店を主な流通チャネルにしていた企業が、上位企業に多く浮上している。また、地域で見ると、関東の大手企業には、委託販売型が多いのに対し、関西では買取型が比較的多い。しかし、成熟段階に入ってからは、商品の多様化・高級化に伴い、買取型の多い専門店が優位性を発揮し始め、かつての委託

図1-3 アパレル企業の類型分析

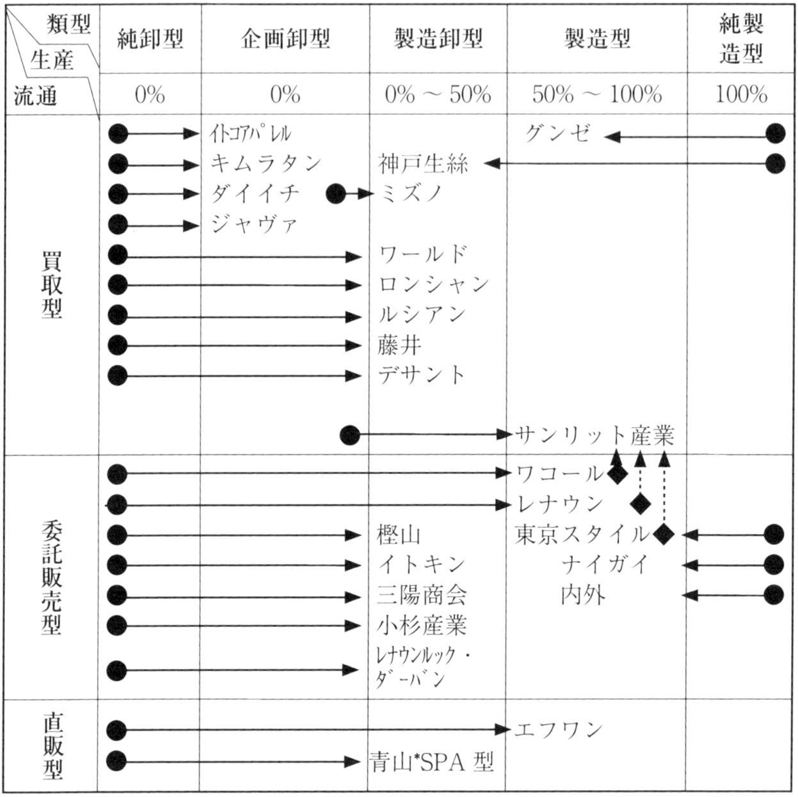

類型 / 生産	純卸型	企画卸型	製造卸型	製造型	純製造型
流通	0%	0%	0%～50%	50%～100%	100%
買取型	● →	イ卜コアパレル		グンゼ ←	●
	● →	キムラタン	神戸生絲		●
	● →	ダイイチ ● →	ミズノ		
	● →	ジャヴァ			
	● ─────→		ワールド		
	● ─────→		ロンシャン		
	● ─────→		ルシアン		
	● ─────→		藤井		
	● ─────→		デサント		
			● ─────→	サンリット産業	
委託販売型	● ─────→			ワコール◆	
	● ─────→			レナウン◆	
	● ─────→	樫山		東京スタイル◆ ←	●
	● ─────→	イトキン		ナイガイ ←	●
	● ─────→	三陽商会		内外 ←	●
	● ─────→	小杉産業			
	● ─────→	レナウンルック・ダーバン			
直販型	● ─────→			エフワン	
	● ─────→	青山*SPA型			

注1) ●は企業の生産起点で、現時点の生産各型への移行印である。
　　　◆は企業の流通起点で、現時点の流通各型への移行印である。
　2) 生産過程と流通過程において、起点は会社の創業初期、その後1980年時点までの企業変遷、つまり他業種からの事業参入が始まる前の事業内容に基づいて分類した。この時点でも参入は実際にはあったが、本格参入は1980年代後半からなので、その分については図1-1「アパレル産業の概念図」を参照されたい。
　3) *最新の製造小売型（SPA型）はアパレル企業だけではなく、他業種からも企業が多く参入し始めたため把握が難しく、具体的な企業名はこの図では省略した。
出所) 各社へのインタビューやアンケート調査結果にもとづき筆者が作成。

販売型も変わりつつある。たとえば、レナウン・ワコール・東京スタイル等、百貨店との取引を主なチャネルにしていた典型的な委託販売型企業が、専門店との取引比率を拡大することによって、買取型のシェアを広げ始めている。

2）製造卸型への集中要因

製造卸型への集中が生じた要因として挙げられるのは、第一に、消費市場の量から質へ転換したこと、第二に、既存の企業間の分業関係が変化し始めたことである。つまり、アパレル産業の内部から新しい分業関係が形成され始めたのである。そして第三に、このような集中には、高利潤の誘引だけでなく、経済合理性が大きな要因として存在していたことである。今日、「製販統合」論が盛んに言われているが、アパレル産業に限れば、「製販統合」論だけでは把握できない新しい分業関係がその内部から生まれ始めていたことを見ておく必要がある。経済合理性の根拠としては、主に以下のふたつの要因が関わっている。

a）消費市場の需要情報の獲得条件が作用した。分業の段階から見ると、卸業者自身が消費市場に比較的近い地位に位置していたことから、消費者との接触を通じ、最新の需要動向を獲得できる条件を備えていた。

b）商品企画を自社内に保有していたので、企業の生産活動を消費市場の変化に対して機敏に連動させることが可能であった。この際、もともと小さい、あるいは少ない自社の経営資源をより有効に活かしつつ、他企業の資源をも充分に利用し、事業を拡大しようとしている。こうした企業の事業拡大が組織の規模を拡大させ、同時に取引関係も拡大させた。このような拡大循環が上位企業の利益増加につながり、それが他業種の企業の参入を促す経済的な誘引にもなっていた。

2．新規参入
1）素材企業

1980年代、日本全体が「市場の成熟化」段階に入った。その中で、アパレル産業、とくに大手企業の収益率は高かった。その高収益は、アパレル関連産業からだけではなく、非関連産業からも注目を浴びた。たとえば、1980年代初頭のワールドは、トヨタをも凌ぐ高収益率を誇っていた。[19]

19　(1)『アパレルマーチャンダイジングⅠ』では、「市場の成熟」期には、主な指標の需要伸び率が10%以下、5～6%程度まで低下・停滞し、マーケティング活動はシェア争奪の性格をもち始める。「創業者利潤」を享受できる期間は6ヶ月から1年に過ぎず、マーケティング・コミュニケーション・コストが上昇するため、新商品の導入失敗のコストは、企業へのダメージをますます大きくしていると論じている。本章はこの見解を参照している。繊維産業構造改善事業協会『アパレルマーチャンダイジングⅠ』第13版、1995年4月、5～8頁。
　　(2)ワールドに関しては、荻原千里著『ワールド・情報頭脳集団』(オーエス出版社、1984年12月)21頁を参考。

1984 年の決算でワールドの売上高は 1,200 億円を越え、経常利益は 227 億円にのぼった。対売上高利益率は 19% 近くに達し、繊維の名門である東レ・旭化成もこれに及ばなかった。

1975 年から 1995 年までの素材企業のアパレル製品売上構成を見ても明らかなように（前掲表 1-2 参照）、1980 年以降は構成比だけでなく、企業数もかなり増えていた。以下、主な素材メーカーのアパレルへの参入過程について見ていくことにする。

鐘紡株式会社は、1980 年、大手素材メーカーの中でも最も早くアパレル部門への参入に成功した企業である。同社は世界で唯一、六大繊維（綿・毛・絹・ナイロン・ポリエステル・アクリル）部門をすべて備え、また、その主要素材を自ら生産している企業でもある。アパレル産業に参入してからは、他社で代替できないオリジナルな先端技術を有するだけでなく、他社と提携（協力）関係を結び、アパレル産業に新鮮な「血液」を供給、さらに新たな強みを生み出してきた（表 1-4）。

アパレル製品の販売において、同社は特有の「鐘紡化粧品チェーン店」を活用した。直営オンリーショップを 1996 年 8 月大阪に、10 月には東京にも出店、翌 1997 年には全国 6 ヵ所の FC（フランチャイズ）店を含め、総合的な売場展開と総合ショップの出店ペースも速めている。また、1996 年からは大手アパレルの小杉産業と組み、イタリア「フィラ（FILA）」の子供服のインショップを全国の主要百貨店で展開、小売ベースでの売上額は 247 億円にまで達した。以上の結果、図 1-4 の通り、販売額は急速に増加した。ただし、図中の生産額と販売額には差があり、高付加価値製品の生産額、あるいは子会社の生産額は入っていないと思われる。また、現在は明らかにできないその他の原因もあると推測できる。

表1-4 鐘紡ファッション部門の売上高とランキング推移

単位:億円（各年3月期）

	1980	1983	1985	1988	1990	1991	1992	1993	1994	1995
売上	36	219	342	497	787	912	883	822	666	588
順位	不明	不明	不明	不明	11	11	11	9	11	11*

注）順位は総合アパレル企業の売上高から推定したものである。
* は 1995 年の鐘紡の推定値である。
出所）鐘紡㈱提供の社内資料および筆者の（1995 年〜96 の間）アンケート調査により作成。

ユニチカ株式会社のアパレル製品生産は、1950年代末にスタートした。当時は製品化のための経営体制が充分に確立されていなかったため、1970年には製造事業から撤退せざるを得なくなった。その後、数回にわたる組織再編を経て、1983年に画期的な変化があった。商品本部の改革を行い、商品事業部を発足させ、OEM（相手先ブランド製造）生産を担当することによって西武との取引を始めたのである。商社やアパレル企業抜きで小売業に直接対応したため、ユニチカ社内では少なからぬ混乱もあったが、一貫管理の下で国際分業体制をも組み込みつつ、POS情報システムも取り込み、クイック・デリバリという画期的な生産体制を築き上げた。

このような基盤の上に、ユニチカのアパレル製品本部が1994年7月に設立された。1996年にはアパレル事業への連結決算による投下資本金は2億8,500万円（大手アパレル企業ワールドの1987年の資本金は3億6,000万円、1995年は110億円）、従業員397人、デザイナー3人、売上高は128億円となり、本社売上高の5.3%を占めている。その生産内訳は、海外を含む自家工場が70%、協力工場が30%となっている。商品の企画は自社で行い、主な自社ブランド「out タバスコ」の売上高は3億円で、同社アパレル売上高の3%を占めている。

流通面に関しては、流通子会社を資本金12億500万円で設立、従業員は524人に達している。販売体制は、基本的に買取制あるいは売切制（買取）をとっている。販路の内訳は、通販が20%、訪販が30%、量販のGMSと専門チェーン店が20%、それにアパレルOEMが30%で、直営店はまだ持っていない。子会社や関連会社の一部では販売も行っている[20]。

東レは、1990年代に入るとアパレル関連子会社を急速に増加させた。1986年の段階では、わずか3社しかなかったが、現在では9社の子会社を抱えている。また、FC展開などを視野に入れながら事業を進めようとしており、1996年9月2日からは製販一体型ブティック（FFB：ファッション・ファクトリー・ブディック）を全国的に展開し始めた。CG（コンピュータ・グラフィックス）で顧客の好みに応じたデザインや柄を作成し、その情報をオンラインで工場に送って約1週間で洋服に仕立てる。さらに、横浜のイベントでは、好みの服を注文すると、「映画を見たり、おしゃべりをしている間に頼んだ服ができてしまう」ことを証明してみせた[21]。

20　ユニチカでのインタビュー。前掲『ユニチカ百年史』下巻、361〜364頁。
21　同社『有価証券報告書』の各年版、および『繊研新聞』1996年7月26日、8月30日付。

図1-4 鐘紡のアパレル生産と販売の実績

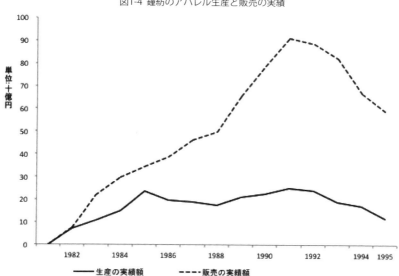

出所）同社『有価証券報告書』より筆者が作成。

2）小売業

　1996年の日経優良企業ランキング上位1,000社中29位であった青山商事は、小売企業がアパレル製造にまで参入した典型的な事例である。青山商事は1964年5月、主に紳士既製服の小売として設立された。地域・ニッチ戦略として郊外販売を中心に展開しており、本章の分類によれば、直営型に属する。1977年には直営店がわずか10店舗にしかすぎなかったが、1984年にグンゼ産業と提携、紳士服分野において、パリのオートクチュール「ジャックエステレル（JACQUES ESTEREL）」社ブランド商品の独占販売を開始した。1986年には青山株式会社と青五株式会社を吸収合弁、1988年には150店舗に達し、11年間で店舗数を15倍に増加させた。売上高経常利益率はピーク時には23.1％に達し、1994年の紳士服市場での占有率は27.1％だった。

　生産方式は、まとまった量を買取制で下請企業へ発注し、スーツの単価を最低限にまで抑えるというものだった。主な子会社である紳士衣料製造のジャストには、1964年の設立当時から全社の10％の製品を生産させ、サイズ更正などのアフターサービスは関連子会社で縫製加工業のブルーリ

バースにまかせていた。海外戦略では、製造・販売子会社はいうまでもなく、素材分野まで掌握するため、オーストラリアに業界初となる「青山牧場」を設け、一貫した生産管理システムを実現した。1995 年に入ってからは、スーツ市場の飽和状況に対応し、生き残り戦略として低価格路線から高級化路線へシフトし始めたと伝えられている[22]。

3）商社

伊藤忠は 1971 年、全額出資により伊藤忠ファッションシステムを設立した。その事業内容は、国内外のファッション情報の収集・分析・商品企画力の強化等、アパレル事業へのサービスが主なものであった。同年、伊藤忠は日本バイリーンと縫製を中心とした技術やシステムの研究開発を目的に、ジャパン・インダストリアル・ファッション（JIF）研究所を設立した。1975 年には全額出資により、資本金 3 億円でアパレル子会社を設立した。

表 1-5　（A）　伊藤忠のアパレル事業

単位：百万円（資本金額）

年	伊藤忠アパレル			ロイネニット		
	証券取得価	資本金額	所有比率	証券取得価	資本金額	所有比率
1976	300	300	100			
1978	300	300	100			
1980	1200	1200	100	563	125	51
1982	1200	1200	100	576	150	51
1984	1200	*100	100	575	150	51
1986	1200	100	100	590	180	51
1988	1200	100	100	599	198	51
1990	1200	100	100	609	217	51
1992	1200	100	100	2611	1220	71.4
1994	1200	160	100	2724	1220	73.3

注）＊は減資が原因である。
出所）同社『有価証券報告書』各年版をもとに作成。

22　「青山商事激安路線を転換」（『日本経済新聞』1995 年 9 月 8 日付）では、青山商事は 1995 年秋から売場の構成を全面的に改め、全店に商品特性を明確にした自社ブランド商品専用コーナーを導入、従来の売上高拡大路線から利益重視路線へと転換する、と報じられた。

事業内容はレッグニット（靴下類）・肌着・紳士衣料・婦人衣料の製造販売が9割以上を占めている。この子会社の売上は1988年の188億円から1992年には225億円に増加した[23]。1980年代に入ってからはニットウェア製品をつくるロイネ株式会社が登場し（表1-5（A））、1990年代には中国での工場設立（表1-5（B））が目立つようになった。

表1-5　（B）　伊藤忠の海外アパレル事業

単位：百万円

年	伊藤忠の海外関係会社出資金明細表		
	海外関係会社	期末残高	伊藤忠との関係
1994	天津華達服装	206	子会社
1994	北京富龍時装	175	子会社
1994	大連泰嘉時装	256	子会社
1995	杭州藤富絲綢服装	134	子会社
1995	青島三美士西装	114	子会社

出所）同社『有価証券報告書』各年版をもとに作成。

蝶理は、丸紅とともに中国にもっとも早く進出した商社である[24]。現在、中国に28の事業会社を持つが、その中で中国総部とアパレル事業部門が管轄する事業会社は18社で、そのほとんどが生産会社である。販売体制においては、物流網を整備しながら、大連に専門店を設立、中国の東北三省や北京などに、主力の紳士衣料に婦人衣料を加えた20店舗を展開している。1996年にはアパレル販売会社「大連創世有限公司」の年商を2億6,000万円まで増加させ、黒字化を目指している。日本国内市場への対応では、同社が提携しているイタリア・グリニャスコの高級梳毛糸を香港に持ち込み、そこを拠点にして中国などで編みたてるという3国間の製品組立で、商社としての機能を発揮している。また、SPA（製造小売）企業や大手アパレルメーカー量販店などとの取り組みについては、国内外のQR対応の仕組みづくりと結びつけて強化している[25]。

23　同社『有価証券報告書』各年度版、および1995年7月に筆者が伊藤忠商事で行ったインタビューによる。
24　蝶理は1861年（文久元年）、京都西陣において生糸問屋として創業した（その後、1948年に資本金500万円で蝶理株式会社となった）。1961年には中国から友好商社に指定され、以後日中貿易のパイオニアとなる。蝶理株式会社『有価証券報告書』平成12年、4頁。
25　『繊研新聞』1996年8月30日付。

3．ラウンドテーブル・チェーン式（Round table chain）への転換（1980年代初期～現在）

　この時期、アパレル市場はすでに成熟段階に入っていた。指標としては、第一に、需要の年間伸び率が10%を下回り、5～6%程度で停滞していた[26]。マーケティング活動は「シェア争奪戦争」の性格を帯びるようになり、次から次へと製品開発をしなければならなかった。第二に、消費者の「タンス在庫」が増え[27]、需要が飽和しているにもかかわらず、新規企業が次々参入し、既存企業と新規参入企業間のシェア争いがますます激しくなっていた。1985年のプラザ合意以降の円高によって、アパレル企業はコスト競争優位を獲得するため、国際的展開に急速にシフトしはじめた。結果、成熟した国内市場における従来の取引関係も変わらざるを得なくなった。

　アパレル産業以上に深刻だったのは繊維産業で、萎縮の傾向すら見られるようになり、専門商社・卸問屋などの仲介業は、その存在すら脅かされる危機に直面した[28]。その一方で、商社・素材企業・小売業は、上述したように1970年代半ば頃からアパレル産業参入への布石を打ちはじめ、1990年代の初めからは、合弁や企業間提携・共同企画・販売などを急速に展開していったのである。このような歴史背景のもとで、最も重視すべきことは、直営店の形成、つまり、アパレル企業の垂直的統合が重要な意味を持つに至ったことである[29]。1980年代からアパレル産業は成熟期に入ったが、それ以前の時期と比較すると、産業構造に大きな変化が現れた。このような産業構造の変化は、前述のダイレクト・チェーン式を、ラウンドテーブル・チェーン式へと転換させはじめたのである（図1-5）。

　ラウンドテーブル・チェーン式は、ダイレクト・チェーン式とは対照的な概念であり、関連企業との取引関係が製品の生産流通による直線的なつながりだけではなく、同業種企業間の合弁・提携などによる水平的なつながりをも持つようになったことを示している。また、他業種からの参入等により、アパレル企業内部においても、商品の流れから見て、垂直的な統合が同時に進行した。

26　繊維産業構造改善協会『アパレルマーチャンダイジングⅠ』1995年4月、7頁。
27　ある調査によれば、成人女性一人当たりの「タンス在庫」は130点、成人男性は80点にもなっている。前掲『アパレル業界（産業界シリーズNo.623）』46頁。
28　中込省三『日本衣服産業』東洋経済新報社、1975年5月、349～382頁。
29　木下明浩「ブランドと小売マネジメント」（『立命館経営学』立命館大学経営学会、第33巻第4号、1994年11月掲載）88～89頁。

図 1-5 ラウンドテーブル・チェーン式（Round table chain）の概念図

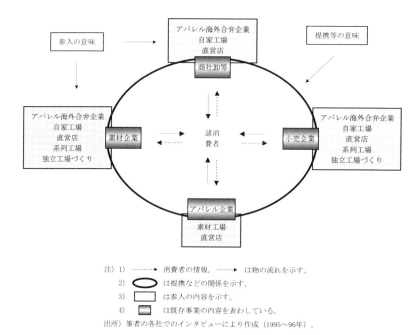

注) 1) ------→ 消費者の情報，——→ は物の流れを示す。
　　2) ◯ は提携などの関係を示す。
　　3) □ は参入の内容を示す。
　　4) ▨ は既存事業の内容を表わしている。
出所）筆者の各社でのインタビューにより作成（1995〜96年）。

　アパレル産業の成立および展開過程は、生成・成長・成熟という三つの段階を歩んできた。その生成と成長段階においては、市場の高い需要もあり、アパレル産業の企画・製造・販売は、比較的明確に分業化されたダイレクト・チェーン式の構造を有していた。端的に言えば、市場のあり方がこの産業の形成と成長を規定していたのである。しかし、成熟段階になると、市場や資源環境が厳しくなっていくなかで、アパレル企業が実質的に情報源の第一線に立つことが求められるようになった。とくに大手企業は、この流れに主体的に対応し、市場に能動的に働きかけ、需要を創出しながら企業内外の経営資源を効率的に利用し、企画・製造・販売を連動させることによって、高収益の基盤を創出した。このような動きがアパレル産業全体をラウンドテーブル・チェーン式の産業構造へと転換させた。つまり、産業内部の優良企業の急成長が、産業構造の変化をもたらしたと言えるのである。

ここでは結論に替えて、以下の2点についてだけ触れておきたい。

第一に、アパレル産業を独自の構造と特性を持った産業として分析する必要性が高まっていることである。日本のアパレル産業は、既存の繊維産業とは違った特徴を持っており、その機能や規模の面などから見ても、独立した産業としての役割を果たしている。アパレル産業は、消費市場の情報に対して敏感かつ機敏な反応が必要で、アイデアが重要な意味を持つ産業である。それぞれの商品が消費者の個性に訴えるものであり、市場も多様多変で不確実性が高く、捉え難い側面も強い。アパレル産業のこうした特徴は、素材装置産業である繊維産業とはまったく異なっている。日本のアパレル産業は、製造業と商業両分野の性格と構成内容を持ち、市場と独特な関係を取り結んだ新しい産業部門として展開しつつあると言えよう。そのことはまた、戦後日本の企業経済条件の変容をも反映している。

第二に、日本のアパレル産業の構造が、ダイレクト・チェーン式からラウンドテーブル・チェーン式へと変化したことである。アパレルの産業構造は、分業化した個々の企業が直線的に結ばれたダイレクト・チェーン式から、共同企画・合弁・参入などによって、より合理的な産業構造であるラウンドテーブル・チェーン式へと次第に転換しつつある。また、市場の需要による分業構造から、市場飽和と技術進歩という統合構造への変容を加速している。

目まぐるしく変わる消費市場の中で、大手アパレル企業は正確な情報を獲得し、企業間関係を自ら調整している。そして、製造・販売を企画し、消費と能動的に連動させることによって、競争優位を保とうとしている。そこでは、リーダー的なアパレル企業の役割が、重要な経営規定要因となってきたといえよう。こうした条件の変化に迅速に対応できる限りにおいて、アパレル企業は高収益を獲得でき、それが関連産業の動きまで規定するようになっている。

国内市場から国際市場への展開にあたって、アパレル産業は、内部においては統合化が進み、外部においては新たな分業関係を形成している。本章では国内市場を中心に産業構造の変化を分析した。国際的な分業関係については、第3章から検討する。

第2章
日本アパレル上位企業の支配

　企業が製品の消費者層や消費水準、企画・製造量・価格等をどのように決定するかは、経営にとっては生死を分かつ重要な課題として研究されてきた。しかし、この課題の実現は、一社だけで完結できる性格のものではなく、現実には、多数の企業が互いを制約しあう形で行われている。アパレル製品は、そのひとつひとつはあたかも芸術品のようでありながら、一方では企業の存続にかかわるマスゲームとして市場の舞台で展開していく。製品が消費者に提示されるまでには、無数の関連企業が柔軟に組み合わされていくが、その組み合わせに定型はなく、核心企業の創造力や駆け引きと、それぞれが独立した関連企業の淘汰や再構築によって変化していく。アパレル企業の市場競争力とは、こうした関連諸部門の柔軟かつ不確定な組み合わせに常に依存してきたのである。

　戦後の日本では、実に多様なアパレル製品が市場に登場してきた。そうなるまでに、諸企業と事業活動がどのように生産・販売に対応し、困難に耐え、組織を改変してきたか、また、その課程でいかなる企業の連関構造が生まれてきたかについては、すでに別稿で検討した。[1]本章では、アパレル上位企業の諸機能の統合を、消費と連動するプロセスの生成過程に絞って分析する。それにより、アパレル産業の構造変化要因をより具体的な次元で解明することを課題としている。ただし、ここで扱うのは主要企業の事例であり、系列・下請企業などについては今後の研究課題としたい。

Ⅰ. 企業のブランド統合と連動

1. 企業とブランド

　日本のアパレル産業の先行研究者である木下明浩は、「……アパレル産業の成立は、生産・販売の主体として消費者に能動的に働きかける資本と、

1　康（上）賢淑「戦後日本アパレル産業の構造分析」（『経済論叢』第 161 巻第 4 号、1998 年 4 月掲載）86 〜 109 頁。本書第 1 章にあたる。

その働きの受け手である消費者、そして両者を媒体するものとしてのマス・メディア、小売という関係の成立であった」とし、「80年代アパレル産業において、資本は細分化された個別市場ごとに、企画・生産・販売の全諸活動を、ブランドを通じて統合的に展開するに至った」と主張している。[2]木下の論文が明らかにした通り、確かに、1980年代の諸資本は市場に対して能動的に働きかけ、細分化された市場に対し、ブランドを軸とした企画・製造・販売活動を統合的に展開した。

　しかし、その活動は生産・物流面での統合だけではなく、消費情報を迅速に企画に連動させる新たな動きをも包摂していた。その意味で、アパレル産業の中核となる上位企業の統合と連動の仕組み、および個別経営の構造的特質をより具体的に解明しておく必要がある。ブランドは日本のアパレル産業において、特に1980年代から大きな役割を果たしている。ところが、1990年代初期にはブランド品の台頭とともに、無ブランド品の流行もあった。消費者心理の変化は繊細・多様で、かつ複雑である。したがって、特殊な例を除き、1980年代のブランドは企業にとって、その多くが自社の製品を概念化して消費者に提供する手段であり、物作りの本質や目的ではなかった。そして、1990年代に入ってからは、企業にとって消費情報と企画を一体化させることが大きな使命となり、それは消費と連動する形で現れている。

2．統合と連動

　合理的に売れるアパレル商品をいかにして消費者に提供するかが、企業の死活を決める問題としてより顕著になっている。[3]これを受け、合理的な商品作りを巡って、製販統合に関する研究が登場した。その代表的な成果が、石井淳蔵らによる『製販統合』である。[4]その中で事例に挙げられたイトーヨーカ堂の「連鎖型」から「星座型」への変化とは、既存の見込生産体制を追加生産体制に組み替え、素材から販売までの全過程を製造

2　木下明浩「1980年代日本におけるアパレル産業のマーケテイング」(『経済論叢』第146巻第5・6号、1990年11・12月掲載) 37 ～ 38頁。

3　ここで言う「合理的な商品」とは、主に価格（コスト）・品質・美感という三つの要素が具備されたものを指す。これからはこれに加え、健康や環境への配慮といった要素も重要になると筆者は考えている。

4　石原武制・石井淳蔵編『製販統合』日本経済新聞社、1996年6月、3 ～ 138頁。「製販統合」の過程は、元来資本関係のない両者が、「情報の共有」による弱い結合から、さらに進んで「意思決定の統合」に達し、設備投資を含めた長期的な意思決定という強固な関係にまで及ぶものと捉えられる。

元と販売企業が協力して直接把握することを指している[5]。それによって、コストダウンが可能になり、同時に規模の経済性を最大限に生かすことができることに、石井らは大きな意味を見出している。そして、「製販統合」は新しい情報処理技術と物流体系の改善による社会的な分業関係の高度化を基盤にし、店舗と組織の効率的な管理運営様式にとどまらず、既存の企業間関係のみならず、より大きな社会的分業関係を変える方向に進もうとしていると述べている。ここには企業間の戦略的提携も含まれており、木下明浩の指摘したような、ブランドを通して行われる統合課程とは異なっている。

　石井らの以上の論点には、筆者も共感するところである。ただし、以下の2点について疑問がある。

　第一に、彼らが主張する統合とは、究極的な意味において企業内統合ではなく、生産者と販売者が資本の結合による企業間関係として結びついていた場合を指す。しかし、アパレル産業における新しい変化とは、諸企業が既存の分業化と自立化した資本を統合するだけではなく、企業規模の大小を問わず、国際展開に伴い、自社内部においても生産と販売の両機能を統合しようとし、また、事実そうしてきた点にある[6]。

　第二は、情報に関してである。確かに、企業間関係は情報の共有によって、意志決定や資本の統合にまで至った。ところが、情報の共有は、技術の進歩や情報伝達システムの改善によって公表が可能なものに集中しており、外部的統合は可能であるとしても、競争環境の激しいアパレル企業にとって決定的かつもっとも重要な情報は、依然として企業内部に留保されたままである。それゆえ、情報の共有による統合には、元来限界があることを指摘しなければならない。したがって、複雑な企業間関係・多様な製品・在庫の出やすさといった特性を持つアパレル産業を、既存の一般的な製販統合論で把握するには、不十分なところがある。

　本節における製販統合の定義は、「情報の私有を基礎に、企業間や企業内における事業内容の絶えざる再編成により、生産と販売過程をより統一的にコントロールすることが合意されていること」とする。以上を踏まえ、

5　「連鎖型」は、糸から（イトーヨーカ堂）店頭に至るメンバー間の関係がバトンタッチ型であることから、一方の「星座型」は、イトーヨーカ堂が商品開発の主導権を握り、糸から縫製に至る生産工程を管理する関係図から、それぞれ名付けられた。同上、109～111頁。

6　ここでいう統合は、連動との関係をもって説明しない限り、具体的な像が浮かんでこないと筆者は考える。なお、本書では、人的資本に関する統合は省略した。

各節においては、諸資本と機能統合、ないしはそれらを消費と連動させていく過程を検証していく。

II. 連動プロセスの創生

日本のアパレル産業において、統合とは、企業の内外を問わず、あくまで情報の私有を基礎にしつつ、企画・製造・販売により消費動向と直接的に連動する形で展開するものと考えられる。連動の経路は、生産者・小売企業の双方の接近による統合形態と、企業内における生産から小売までの統合による形態があり、少なくともこのふたつの形態を把握した上で産業全体を見通すことが重要だと考えられる。ただし、上記のふたつの経路には可逆的な側面もあるので、本節ではそれを前提に論を進めていく。

日本のアパレル産業の実態から見ると、上記のふたつの連動経路は、他社との関係や自社内部において、企画から販売までの多機能の統合を、消費に連動させる性格を強めている。こうした動向は、産業が成熟段階に至って初めて生まれたものである。そのなかでも、成長企業の消費との連動の仕方は、市場の変化に伴い、生産側の軸から消費側の軸へ、受動的から能動的な対応姿勢へと、絶えず振幅を伴いながら徐々に移動している。

表 2-1 からもわかるように、繊維産業とは違い、1984 年から 1996 年の 12 年間で、アパレル産業の有力企業の市場占有率は低くなりつつある。同業種間のみならず、新規参入による競争が非常に激しい産業だと言える。1960 年代から 1990 年代にかけては、アパレル企業内で、企画卸型企業の製造機能獲得や、製造型企業の企画・卸機能の拡大により、「製造卸型」に集中していく現象が見られた。[7]

この形態の前型とも見られる「製造問屋型」は、明治 30 年代に、雑貨部門とメリヤス機械道具類の国内自給の達成とともに確立した。[8]その生産組織の構造上の特徴は、部分加工業者の広範で多様な存在にあり、分業がかなりの程度に拡散化・細分化されていた。一方、現在の製造卸型は、

7　アパレル企業の類型については、第 1 章で分析を行っている。自家工場生産率が 0 〜 50% 未満の企業は「製造卸型」として分類している。アパレル企業の製造卸型への集中に関しては、第 1 章 II「アパレル産業の再編成」を参照されたい。

8　竹内常善「都市型中小工業の問屋制的再編成について(3)」『政経論叢』第 26 巻第 1 号、1976 年。竹内は、明治から両大戦間期までのメリヤス工業を中心に、具体的で莫大な実証研究を通じ、商業資本と産業資本の変遷および相互転換の要因を明らかにした。そこから、日本資本主義の発展構造は、上からの資本主義化という特殊性だけでは解明できないと論じている。

52　第2章　日本アパレル上位企業の支配

後述のように、統合に収斂していく傾向が見られ、その新たな特徴が形成されている。その主な理由は、生産設備・技術能力の飛躍的な進歩と、市場の差別化や高感度化により、製造能力よりも販売側の情報キャッチ能力や企画能力が問われる傾向が強いためだと考えられる。

表2-1　アパレル・繊維製品における主要企業の市場占有率

単位：%

アパレル 企業	紳士外衣 第1位	第2位	第3位	婦人外衣 第1位	第2位	第3位	婦人下着 第1位	第2位	第3位
1984年	樫山 8.4	レナウン 6.4	ダーバン 4.3	ワールド 6.3	イトキン 4.8	レナウン 4.3	ワコール 28.1	グンゼ 6.8	野村 6.1
1985年	8.5	5.4	4.4	6.3	4.9	4.2	27.9	6.8	6.1
1986年	8.7	5.1	4.8	6.3	4.9	4.3	28.2	6.9	
1987年	8.9	ダーバン 4.8	レナウン 3.8	6.1	4.9	4.5	20.4	セシール 14.3	シャルレ 5.4
1988年	6.3	3.6	2.7	4.8	4	3.8	21.8	18.1	5.5
1989年	6.4	3.8	2.7	4.6	4.4	3.8	21.5	17.9	6.1
1990年	6.4	3.8	3.1	4.4	4.4	3.8	20.7	17.2	6.1
1992年	6	3.6	2.9	4.5	4.4	3.8	21.1	17.1	6.6
1993年	5.7	3.6	三陽商会 2.8	イトキン 4.6	ワールド 4.1	3.3	22.2	16	6.6
1994年	5.7	3.1	3	4.5	4.3	3.3	23	12.5	7.2
1995年	5.7	2.9	2.5	4.2	4.3	3.2	24	10.7	7.2
1996年	5.7	2.9	2.6	4.3	4.3	3.4	24	9.8	7.4

繊維 企業	ナイロン長繊維 第1位	第2位	第3位	綿糸 第1位	第2位	第3位	アクリル短繊維 第1位	第2位	第3位
1984年	東レ 28.6	旭化成 19.5	ユニチカ 19.3	日清紡績 9.7	東洋紡 8.4	倉敷紡績 8.0	三菱レーヨン 24.1	旭化成 20.5	日エクスラン 20.0
1985年	28.2	19.7	18.4	9.7	8.9	8.3	24.1	21.3	工業 19.1
1986年	28.3	20.3	18.6	10.7	8.5	都築紡績 8.0	24.5	22.3	18.8
1987年	29.6	20.5	19	12.1	8.7	クラボウ 8.2	25.3	23.2	18.1
1988年	29.9	20.3	20.3	12.3	都築紡績 8.0	東洋紡 7.8	25.2	24.7	18.4
1989年	30.5	ユニチカ 20.1	旭化成 19.7	10.9	8.6	クラボウ 7.9	24.6	23.2	17.3
1990年	30.6	20.1	19.7	10.6	8.6	近藤紡績所 7.7	24.5	23.2	17.3
1992年	40	20.5	19.8	13.2	9.9	8.3	28.5	23	16.4
1993年	*40.0	17.7	15.5	9.4	8.9	9.4	*28.5	*16.2	東洋紡 *29.1
1994年	41.7	17.8	14.9	13.2	12.2	9.2	*29.1	*15.3	*14.8
1995年	39.1	旭化成 19.0	ユニチカ 15.0	-	-	-	28.6	20.2	日エクスラン 16.2
1996年	38.9	19.2	15.1	-	-	-	28.2	20.7	工業 16.4

注1）樫山は、オンワード樫山の略語である。
　2）「-」は、数値が不明であることを表している。
　3）「*」以下はアクリル繊維を示している。
出所）日経産業新聞『市場占有率』各年次、および『ザ・シェア’91』より筆者が作成。

　企業のこうした動向から、第1章で触れた製造型や企画・卸型企業の製造卸型への集中、さらに後述のように、製造卸型では製造小売型あるいはSPA（Specialty Store Retailer of Private Label Apparel）へのシフトが

見られる。製造小売型とは、企画・生産・販売を一体化して行う新しい業態である。ここで指摘しておきたいのは、それらを一体化して行うための前提条件である。そのひとつは、市場情報の収集能力と迅速で安価なデリバリー・システムの整備であり、もうひとつは、CAD／CAMや自動縫製機等の導入による産業全体の生産水準の底上げである。

　本節では、表2-2中の上位企業を中心に、それらの企業が市場にどのように対応して生産・販売を行い、消費と連動するプロセスを創出したのかを、企業事例を通じて分析していく。

表2-2　上位アパレル企業の寿命順位

	上位10以内を保持した企業	上位20以内を保持した企業
1978～ 1996年間	レナウン オンワード樫山 ワコール ワールド 三陽商会 イトキン・グループ	東京スタイル 小杉産業 レナウンルック（1994年まで） ダーバン（1994年まで）
1980～ 1996年間	グンゼ ナイガイ（1995年まで）	ファイブフォックス ミズノ ゴールドウィン ジャヴァグループ

注）本書では、上記の企業のほとんどを取り上げている。
出所）繊維産業構造改善事業協会『アパレル・ハンドブック』各年次より筆者が作成。

1．情報による企画・製造・販売

　事例として、まずここでは販売に焦点を置き、製造卸型のワールドとオンワード樫山（以降、オンワードと略す）が、情報と企画を中心に、どのようにアパレル市場に対応してきたかを取り上げたい。

　ワールドは、ファッション感度の高い婦人服を中心に、紳士・子供服、さらに服飾雑貨といったアパレル商品を取り扱っている。小売の視点に立ち、消費者ニーズにうまく対応するために直営店を設置し、情報キャッチ・アンテナとして機能させている。1995年と1997年に筆者が行った同社へのインタビューによると、全売上高に対する直営店の売上比率は、

9　SPAは、製造販売アパレル小売業とも言う。松尾武幸『アパレル業界ハンド・ブック』東洋経済新報社、1996年、85頁。
10　本書第1章「戦後日本アパレル産業の構造分析」も参照されたい。

1995 年の 10% から 1997 年 3 月の 25% までその貢献度を大きく上げている。また、系列店には本社から人員を派遣し、新ブランド商品や販売に関する指導を行うと同時に、需要側のニーズの正確な把握にも努めている[11]。また、自社内の流通チャネルを増加させる一方で、他社の流通資本を系列化しつつ、巧みに活用してもいる。

　オンワードの創業者である樫山純三は、日本において委託販売制を開拓した先駆者である。「販売の樫山」という業界の評価はそこから生まれた。百貨店に納入し、それをもとにして研究開発に積極的に投資した。図 2-1 を見てもわかるように、売上高に対する研究費の比率でオンワードは 1980 年代でトップを維持、1990 年代でも 2 位を占めており、より正確な情報のもとでの研究開発により、新ブランドを次々と導入・成功させていった。たとえば、「23 区」「5 大陸」「組曲」などである[12]。社内販売員の情報をもとに、研究開発に力を入れ、その上で「日々の企画」を行い、ブランド製品を創造したことがオンワードの成長の重要な要因のひとつと考えられる。つまり、消費市場の変化にうまく対応できた企業が、上位企業として浮上してきたのである。

　簡単に見える毛製品の場合でも、原毛から消費者に渡るまでの所要時間は、平均 473 日間かかると言われている。製造時間は 77 日、在庫にいたっては停留時間が 375 日で、実に一年以上もかかる。機会費用の損失と在庫損失（赤字）が生じた場合、コスト総額は企業利益に大きく影響する。その総額は、アパレル小売市場の 26% にも相当する[13]。コストそれ自体は市場経済では当然の現象であるが、アパレル産業の場合、製品自身の特性に

11　別企業でみると、生産においてワールドと東京スタイルは、ともにテキスタイル工場（生地を生産する工場）を持っている。ワールドは、流通業界で最初に小売に参入し、他社との戦略的な差別化を積極的に試みた。1975 年に直営店「リザ（LIZA）」を設立し、それを①アンテナショップ・情報収集店、②パイロットショップ・実験店、③モデルショップ・模擬店という 3 つの機能を持ったショップとして位置づけ、専門店経営のノウハウの蓄積と、商品情報・消費者情報の収集にあたっている。1983 年段階で、直営店は 618 店あり、年商は 137 億円に達し、売上全体の約 12% を占めている。

　1983 年の市場飽和期におけるワールドの対応は迅速であった。基幹ブランドの在庫品が出てきた時、畑崎廣敏社長が同社のあらゆる情報網を使ってその原因を徹底的に調べた結果、ほんのわずかだが、企画上のズレが生じていることが明らかになった。その結果、組織を市場に直結させるため、基幹ブランドである「コルディア」に 7 つのサブ・ブランドを設け、短サイクル・小ロットで動く市場に短納期で対応できる体制に編成替えするという対策がとられた。

　以上のように、ワールドは絶えず変動する市場の情報を迅速かつ正確に把握した上で、企画・生産を行う体制に転じた。結果、1980 年代の成熟した市場においても、総売上に対する経常利益率はつねに 2 桁を維持し、業界のトップを占め続けていた。

12　同社提供の社内資料による。

13　東洋経済新報社『戦後日本産業史』1995 年版、590 頁。

より[14]、生産と販売の時間・システム・場所・情報上の分断といった長いプロセスがあり、供給と市場の需要がとくに乖離しやすい。そのため、生産者と販売者はそれぞれ自分のポジションしか見えないし、市場の情報もその分断構造によって歪んでいく。

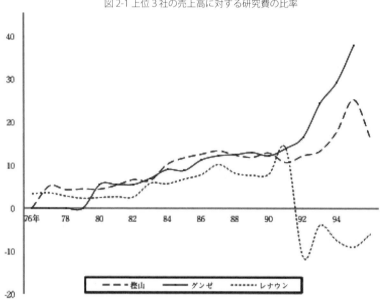

図 2-1 上位3社の売上高に対する研究費の比率

注）1990年代グンゼの比率に関して問い合わせた結果は、統計方法と決算時期の変化によるといっている。
出所）各社の『有価証券報告書』より作成。

　製品が流通過程に長く滞留するほど、生産者に迂回的で適切でない情報を与える機会は多くなる。迂回した情報のもとで生産をすると、在庫損失や機会損失が生じてしまう。こうした損失を避ける意味では、アパレル上位企業が生産者と消費者との絶え間のないコミュニケーションによって正確な情報を得、諸活動を連動させることは、コスト削減に重要な意味を持っていると言える。

14　アパレル製品の特性に関しては、本書第1章「戦後日本アパレル産業の構造分析」も参照されたい。

2．連動による製造の合理化

上述 2 社の販売に絞って見た場合、他社の資本を統合するか自社内部に
おいて統合するかは、企業の事業内容にも大きく係わっている。しかしな
がら、その創業期から蓄積してきた取引慣行や体制が違っているにもかか
らず、正確に消費情報をキャッチし、それを企画と生産に連動させる必要
が認められてきている点は共通していた。ところが、この決定的な要素は、
生産能力水準に常に制約されているのである。

表 2-3　アパレル上位企業の外注依存度の推移

年	レナウン	オンワード樫山	グンゼ	東京スタイル
1974	20.6	82	-	-
1976	22.9	83	56	-
1978	25.3	84	63	-
1980	26.7	85	67	
1982	28.6	82	68	-
1984	29.8	79	68	37.5
1985	31.5	79	19.7	37.3
1986	31.1	76	21.3	36.9
1987	31.2	75	21.1	37.4
1988	30.6	74	20.7	39.7
1989	29.8	74	20.6	38
1990	30.2	74	20.5	38
1991	31.3	73	22.7	40.2
1992	31	73	22.3	44.3
1993	29.3	73	21.2	45.6
1994	28.7	78	21.8	44
1995	25.4	78	21.4	43.7
1996	27.8	77	22.2	41.9
1997	26.9	76	21.3	40.5

注）ここでの外注率は、総製造費用に対する比率である。
出所）各社の『有価証券報告書』各年次にもとづき筆者が作成。

　もともと純卸型で外製率が高かったワコールやオンワードが内製比率を
拡大し、製造卸型となり、今日では製造小売にも力を入れている。一方で、
もともと純製造型で外製率の低かったレナウンや東京スタイルは外製率を
高めている。その変動は、表 2-3 のとおりである。
　こうした動きは、企業が情報をもとに、それを製造・販売に反映するだ

けではなく、自社の新たな製品市場を創出するための過程であったと筆者
は見ている。企業の経済諸活動を、消費市場の動向とよりダイレクトに結
ぽうと動いているのである。この論点をさらに詳しく実証するために、製
造に視点を絞り、まず内製率の高い企業を取り上げてみる。

　ワコールでは創業期に、製造を下請けに発注していた。しかし、他社と
の技術力格差をつけるべき段階になると、ある製品には「秘密」の内部保
持という要請が生じてきた。このため、製品のほとんど自家工場で生産す
るようになった。ファッション性の高いアパレル業界では、こうした事情
が常につきまとう。これに類似した現象は、表2-3を見てもわかるように、
グンゼやオンワードなどの企業でも認められる。

　現在のアパレル企業が市場のニーズに即応するためには、きわめて困難
な課題が多い。上位企業は熾烈な国際競争で生き残るため、市場シェアの
拡大と規模の経済性を高める必要がある。そのため、ハイコストな新鋭設
備の導入が大きな課題になっている。これと同時に、既存の設備をいかに
してより効率的に活用するかも重要な問題であった。

　ここでは、その有効な対応の事例として、グンゼの宮津工場を例に挙げ
る。同工場の生産過程においては、(1) 縫製の流し方を変えて管理革新を
実現し、常に進化していく生産ラインを構築すること、(2) ライン生産を
武器に、切り替えに強く、高効率な生産体制を成熟させるため、生産方式
を常に改良させる、というふたつの改革方針を掲げている。宮津工場は、
1980年代に入ってから高性能ミシンや特別な針や縫い糸を使用し、グン
ゼ独自のメカトロニクスやロボット技術を駆使して製品に仕上げるように
なった。[15]このような設備投資に伴い、生産ラインも「U」型に換え、縫
製も半自動化されるようになった。不良製品のチェックは主としてセン
サーに頼っている。生産における社内のアイデンティティ・スローガン
「日々の管理」は、製造型戦略としての特徴が顕著であり、製造卸型オンワー
ドの「日々の企画」とは対照的である。[16]

15　メカトロニクスとは、より自動化されたミシンの種類のひとつである。
16　『繊研新聞』1995年7月31日、8月1・2日に掲載された「戦後五十年の証言」で、同社の小谷茂
　雄専務は、グンゼは戦前から品質を重要視し、それを「金の品質、銀の価格」に例え、品質第一主義
　の方針を貫いてきたことを強調している。グンゼの設備改革の要点は、まさにこれではないかと筆者
　は思う。
　　グンゼの設備投資に関して、同社マーケティング担当の田中洋三氏に直接尋ねたが、具体的なデータ
　は知らないということであった。成見健史課長の配慮で宮津工場を見学することができたが、案内し
　て下さった田中氏は、「月一回工場に行くが、行くたびに設備が変わっている」と語っておられた。宮

外製については、ワールドが特徴を持っている。パターンの変化の激しさは、使い捨てのように一回限りの品番を生むが[17]、そのような少量多品種な製品のための本格的な生産体制をつくるよりは、他資本を利用するほうがより効率的であると判断されてきた。実際、1980 年代まで、同社では生産の 8 割以上を外注に依存していた。ところが、1990 年代に入り、同社は経営戦略として製造小売、つまり SPA にかなりに力を入れ始めた。SPA 型ブランドの全売上高に占めるシェアは、1996 年 3 月期に 7.8%、1997 年 3 月期には 16% となり、内製率の拡大現象が見られた[18]。

ワールドの売上高経常利益率は、1975 年から 1989 年までは、平均して約 16% であった。また、産業全体が 1980 年代の横這い状態から 1990 年代初頭に下向に転じ始めた際にも、ワールドは、総合アパレル企業 28 社の利益率と比較して、かなり高い利益率を示していた（図 2-2）。

紳士服で成長してきたオンワードは、外注依存率を次第に低下させ、1980 年代後半には約 7 割になった。生産において高度な技術が要求されるスーツ企業として、成熟した市場に対応するために多様化によって適切な外注率を保持しながらも、機敏な生産戦略をとるためのバランスを意識した合理的な行動だったと判断される。そのうえ、一定の内製率確保は、研究開発への投下資本の拡大に必要な前提条件になるからだともみられる[19]。

津工場はもともと製糸工場だったが、いまは同社のアパレル研究所が設置され、そこで働く研究員は「この設備は現在のワコールにもない」と誇りを持っていった。「快適工房」「三次元人体計測器」など、絶えず行われる技術革新や設備投資は、同社の製品に対する消費者の高い信頼性をよびおこすのではないかと思われる。

グンゼの設備改革の主軸は、やはり多様化する消費市場への対応であった。本社のデザイナーの企画と、設備の生産性による限界との間で多くのトラブルがあったが、両者が相互に協力するようにして調整された。生産量は 1960 年から 1980 年までは年産 1153 ～ 18509 デカ（メートル法の各単位に冠して、その 10 倍表す単位）で、増加の傾向にあった。それが、1980 年から 1994 年にかけては 16206 デカに減少している。しかし、製品のアイテムは、1980 年の 2638 個から 1994 年には 12149 個へと急増し、多品種・高付加価値生産への転換を示している。

同社がワコールを比較対象とするのには理由がある。ワコールは業界で最初に CALS を導入した。CALS とは「光速の商取引（Continuous Acquisition and Life-cycle Support）」とも言われ、日本語では「生産・調達・運用支援統合情報システム」と呼ばれている。通産省情報政策企画室長の石黒憲彦氏は 1995 年 6 月「CALS について」という報告で次のように述べている。CALS は「デジタル標準の体系」で、目的は「緊密な企業連携」であり、理念は「情報の共有と連携」である。日本の CALS 推進協議会（略称「CIF」）は 1995 年に設置された。

17　品番とはアパレル・パターンの通し番号のことである。
18　同社でのインタビューによる。
19　同上。

アパレル生産では、製品の種類によって内製と外製の比率が変わってくるが、そこにはいくつかの合理的な理由が存在する。

内製の場合、先端設備投資や特化した専門技術の専有・確保が可能であり、また、リスクを内部に抱えることで高い利益が上げられ、取引上のコストの節約も可能となる。一方、外製の場合は、他資本・多資本の有効利用が考えられるだけではなく、少資本で多品種・多様性を求める製品市場にも効率的に対応でき、自社経営資源を研究開発や企画などの核心的な部分に集中投入できる。

図2-2 ワールドと総合アパレル企業28社の対売上高利益率比較

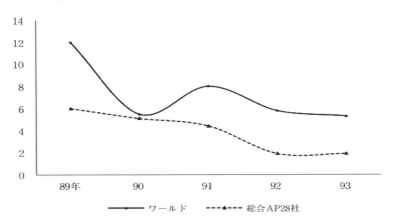

出所）ワールドの提供資料により作成した。

それぞれの企業は、利益獲得に関わる具体的な条件によっていずれかを選択した結果、製造による連動の諸様相を生み出してきた。

3．イニシアチブの掌握

　アパレル上位企業は、消費者需要へのさらなる接近を図ることによって、企画の効率化と商品在庫の削減を進め、企業利益を向上させようとした。すべての上位企業に当てはまるわけではないが、1970年代後半から1980年代末、大半の上位企業はそうすることで製造部門における自己の地位を確保し、生産と流通での主導権を強化してきたと言える。商品の企画でも自社を中心にしながら、各業種の製造や小売企業と手を組み、そのうえで価格決定権の拡大に努めた。表2-4の共同開発製品における価格決定方式の分類は、各企業へのアンケートから作成したものである。製品の共同開発では、ほとんどの場合、上位アパレル企業が価格の決定権を有している。それだけでなく、素材の独占行為も行われている。たとえば、三陽商会の場合は、およそ90％以上の素材を自社に流している。

表 2-4　共同開発製品における価格決定方式

企業例	1985 年	1995 年
オンワード樫山	T	T
レナウン	T	T
ワコール	T	T
レナウンルック	T	T
キムラタン	T	T
三陽商会	T・M	T・M
ゴールドウィン	T・M	T・M
ワールド	M	M
サンリット	M	M
ジャヴァグループ	M	M
グンゼ	S	S
ナイガイ	S	S
東洋紡	A	A
蝶理	S	S
鐘紡	S	S
神戸生絲	S	S
エフワン	S	S

注）T = 当社が一方的に決定する。
　　M = 見積をもとに当社が一方的に決定する。
　　S = 双方の話し合いにより合意で決める。
　　A = アパレル製品の上代はアパレル企業が決める。
出所）各社へのインタビューとアンケート調査結果により筆者が作成。

上位企業によるイニシアチブの掌握要因は、以下の点からも指摘することができる。

まず、図2-3の大手5社の棚卸資産回転期間について検討しておきたい。1980年代にアパレル産業はすでに成熟期に入っているが、ここで、図2-1と比較してみると、売上高に対する研究費の比率がもっとも高いオンワードは利益が上昇しており、1ヶ月当たりの棚卸資産回転率も速い。これは利益率が最も低く、棚卸資産回転率の遅いレナウンとは対照的である。つまり、収益率の上昇と下落、棚卸資産回転率の遅速は、その他の要因もあるが、研究開発との関連性も重要な要因のひとつであったことを示している。

図2-3　上位5社の棚卸資産回転期間

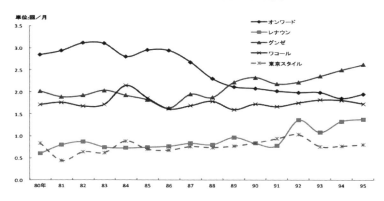

出所）筆者の各社へのインタビュー、および各社からの提供資料により作成。

共同開発に関しては、上位企業のほとんどが行ってきた。ここではQRS（Quick Response System）で急成長を遂げてきたアパレル企業の代表でもあるサンリット産業の事例を挙げることにしたい。[20]

サンリット産業は、日本で最も早くCAD／CAMシステムを導入した中堅アパレル企業であった。1966年8月の創業時には、資本金500万円、

20　同社の社内資料による。サンリット産業営業部門常任顧問・井田重男の執筆した「繊維生き残りとしてのQRS」と題した論文では、次のように述べられている。QRSは「…情報テクノロジーを駆使した一にも二にもお客様の経営理念の実践」であり、その上位概念は「共同商品開発」である。QRSの実施により、素材・仕様・企画の絞り込み・迅速な意思決定を現場レベルで可能にし、それによって業務のルールが変わり、企業も変わり、協調と競争が峻別されると主張している。

従業員 11 人、売上高 3 億円でスタートしている。

その後、わずか 29 年間で、売上高は約 26 倍の 80 億円以上にまで達し、優良企業としてアパレル業界で注目されるようになった。サンリット産業の大きな特徴は、1977 年に知識集約型商品開発を志向するようになり、1985 年にはアパレル VAN（Value Added Network）の高度利用によるサンリット・オーダー・インプット・システム（SunLit Order Input System）を開発したことに表れている。この開発で、同社は発明協会より「昭和 60 年度近畿地方発明奨励賞」などを立て続けに受賞している。また、同社の小池俊二社長は、1994 年に日本 QRS 推進協議会の副会長に就任した。

ユニフォームの製造卸が主な事業内容だった同社の理念は、ファッション・テクノロジー（Fashion & Technology）であった。そこでは、比較的安定性のある市場を持っているものの、消費者の多彩な個性化を図るために、流動性の強いファッションを会社の基本的な経営理念として定めている。1980 年代にはコンピュータがオフィスに普及し、CAD ／ CAM システムの工場への導入機運も生まれた。しかし、サンリット産業はそれよりも早く、1975 年から数回にわたってメカトロニクス縫製機器の導入を図り、自動化による縫製工場の高度化を進め、QRS の生産体制を構築していたのである。さらに、流通面での戦略として、情報ネットワークを支える販売ネットワークづくりに大きな特徴を見ることができる。販売体制は、人口 5 万人あたりに 1 店舗の販売店を設置するという「人口比例方式」の考えにもとづき、全国に延べ 2,400 店舗、企業数では 1,800 社の販売取引先を抱えている。販売店とメーカーが「心と心のネットワーク」を結ぼうという考えのもと、1,800 社の販売取引先の中から地域密着型の小売流通店を選び、「サンリット特約店」を組織している。

表 2-5　サンリット産業製品の共同企画・開発会議回数と内容

年	会議回数／年	内容
1960	無	無
1970	4	家庭の洗濯機で丸洗いできるスーツなど
1980	12	職業別の機能を備えたユニフォームなど
1990	20	ゴルフウェアや和服ユニフォームなど

出所）（株）サンリット産業の内部資料にもとづき筆者が作成。

サンリット産業が主体となり、1970年から始めた共同企画と共同開発の会議は、当初わずか年に4回であったが（表2-5）、1990年には年に20回と5倍に増加している。新製品グループの売上高も1970年には3.7億円だったが、1994年には18.6億円に増加し、全社売上高の約23%を占めている。製品の共同研究開発あるいは企画への投資額も、1970年代の700万円から1994年の4,500万円まで増加した（表2-6）。共同研究開発の相手も、1980年代の末からは素材企業だけではなく、小売業も組み入れ、同じテーブルで製品企画・研究開発を行うようになっている。

表2-6　サンリット産業製品の共同開発 or 企画の投資金額と成果

単位：百万円

年	共同相手1)	投下資本とその比率2)		派遣人材数	共同開発製品売上高3)
1969	無	無	無	無	無
1975	素企	7	14%	3人	372
1980	素企	10	21%	3人	390
1983	素企	20	23%	4人	763
1986	素企	28	26%	5人	992
1989	素企・小売	34	32%	7人	1,579
1992	素企・小売	40	28%	7人	1,654
1994	素企・小売	45	29%	8人	1,855

注1）共同相手には、サンリット産業の記入を省略した。
　2）サンリット産業の投下資本額である。
　3）共同開発製品の売上高は新製品グループの売上高である。
　4）「素企」は素材企業を、「素企・小売」は素材企業と小売企業をそれぞれ指す。
出所）（株）サンリット産業の内部資料とアンケート調査結果から筆者が作成。

このように、サンリット産業は業界のなかで、ハイトップの技術設備投資の先端を走ってきたのみならず、市場情報に対応して絶えず調整する企画・生産・販売の管理を科学的に行ってきたのである。また、素材企業や小売企業と手を組み、常に市場を意識した共同研究・共同開発によって、アパレル産業のリーダーシップをとっている。そして、いち早くQRSの導入に成功し、優れた業績をあげてきた。つまり、サンリット産業は、生産・流通・消費を連動させることで、独自の先駆性を示すことに成功したのである。

III．資本の統合による連動

　アパレル産業の特徴は、産業の中核となる上位企業が、企業内外の資源を効率的に統合することによって、製造と販売を市場に能動的に連動させていることである。また、知識集約化がすでに相当進んでおり、数千億アイテムの製品を提供している。このように、さまざまな製品を市場に提供する過程で、既存の、あるいは他産業では見られない特徴を持った新たな分業関係が現れた。それは、より消費市場に接近し、より消費者に直結したものである。

　この節では、市場ニーズの変化をめぐり、企業が諸資本を内部と外部に統合・連動させようとしている動きについて分析しておきたい。

　1980年代におけるアパレル生産の内製率を国際比較してみると、アメリカ・フランスの場合は売上の2/3、北ヨーロッパは1/2であるが、日本では1/5にも満たない[21]。つまり、日本は内製率がきわめて低い。注目すべきは、一般的に内製率がきわめて低いことで知られている日本の製造業において、アパレル産業は、装置産業の繊維よりやや高いとはいえ、きわめて低い割合にある。表2-7でわかるように、アパレルの外製率は約8割に達している。

　ところが、その中で、大手企業だけは外注に依存せずに自家工場を持つようになり、さらに、販売事業にまで手を伸ばしはじめていた点は注目されよう。つまり、企業内部での統合が進んでいたのである。たとえば、1980年代における直営店の展開はそのひとつの例である。

21　池田正孝「進むアパレル産業のFA化」（国民金融公庫『調査月報』318号、1987年）を参照されたい。

Ⅲ 資本の統合による連動　65

表 2-7 日本製造業の外製率

産業別	下請を している 企業数（%）	下請金額の総販売額に対する 割合別で見た企業数（%）			
		30% 未満	30% 以上 70% 未満	70% 以上 100% 未満	100%
製造業平均	55.8	4.5	7	7.2	81.3
アパレル製品 製造業	79	2.1	2.8	1.8	93.3
繊維工業	79.6	2	2.2	1.8	94
輸送用器具 製造業	79.6	2.8	4.8	9.6	82.8
電気機械器具 製造業	79.4	3.1	4.8	9.3	82.8
食品などの 製造業	8.2	18.1	16	10.5	55.4

出所）通産省『第 7 回工業実態基本調査』昭和 62 年 12 月より作成。

1．他資本の統合による連動

　他資本の統合とは、企業同士が最大限の情報を相互に公開、そのうえで素材から小売までの経済活動を統合し、外部の資源を有効に活用することである。アパレル産業において、この統合は主に系列化を通じて行われてきた。生産における系列化は、三つの段階に分けることができる。

　第一段階は、1950 年代〜 1960 年代初期である。この段階は、アパレル産業の形成期にあたり、大量生産を中心とする合繊企業による「製品系列化」が行われた。この系列化では、アパレル部門の企業は主導権を持たず、多くは合繊企業に依存し、中心品種はパターン化されたワイシャツ・ブラウス・学生服・作業服であった。[22]

　第二段階は、1980 年代の半ばまでである。1960 年代後半ごろからの合繊企業の行き詰まりと、アパレル企業の合繊企業からの脱皮過程、すなわち独立過程を特徴とする。合繊企業の「製品系列化」による上述の中心製

22　中込省三『日本衣服産業』東洋経済新報社、1975 年 5 月。この点については、木下明浩も中込省三と同様の見解を持っている。木下の「1980 年代日本におけるアパレル産業のマーケティング」（前掲）でも指摘されているが、この点については多くの資料によって明らかになっている。つまり、合繊企業は新素材である合繊繊維の販売にあたり、本業の紡績から縫製業までを含んだ加工・流通経路の組織化に乗り出し、合成繊維の消費を促進しようとした。

品から、紳士・婦人・子供服等の既製服分野に次第に中心が変わり始め、それによって、製造卸型企業が力を発揮するようになり、生産を外注することによって自前の系列化を図りながら、独立の道を歩きはじめた。多品種少量生産が中心となるにつれ、アパレル企業は積極的かつ自主的に活動を始め、合繊企業と対等な立場で共同企画ができるようになった。

第三段階は、1980年代後半から1990年代半ばまでを指す。この段階の特徴は、成熟期における、アパレル企業を基軸とした生産の系列化であり、第二段階と比較して、企業間関係がより柔軟になっている。つまり、企業間のスポット的な協力関係が増えてきたのである。それはもちろん、製品の特性とも関連がある。たとえば、高級ブランド品や、個性と流行性が重視される婦人服の場合にはこのスポット的な協力関係が多かった[23]。ワールドの場合、1995年にはスポット的な工場200社に対して、専属工場は10社のみであった。レナウンルックも専属工場よりスポット的な工場が増え、その比率は1995年には15%にまで上昇している[24]。

この時期からは、ブランドを中心に、製品差別化・市場シェア争奪をめぐり、企画・製造をあわせたアパレル親企業を中核とする企業グループ間の競争激化が特徴として見られた。製造型の大手企業は、生産の中心を自家工場に置きながら、外部には専属協力工場とスポット的な協力工場の両方を有していた[25]。

流通の系列化については、ワールドの「オンリーショップ」という系列店が有名である。これもワールドの強さのひとつだと言われているように、協力縫製企業とワールド、ワールドと小売店（全国7,000の専門店）、小売店と消費者という流通チャネル内で、不動のチャネル・キャプテンとしての地位を得、全チャネルの主導的な役割を担っている。「オンリーショップ」という系列店づくりはワールド商法のなかで最も重要な位置を占め、ワールドがチャネル・キャプテンとしての地位を築いた大きな要因であると、同社の幹部は強く自負している[26]。

23　各社でのインタビューによる。
24　1995年7月、レナウンルックにインタビューした時に教えていただいた。
25　ただし、ナイガイだけは例外的に、専属協力工場の比率が100%であった。
26　筆者のワールドでのインタビューによる。

2．自社資本の統合による連動

　製造型企業の場合の内部への統合とは、生産工程の前後（前は素材、後はアパレルの企画・製造を指す）だけではなく、小売までを自社内に包括する統合を指す。製造卸型の場合は、純卸企業が成長に伴い、自社内に企画機能とともに生産ラインや直営販売店を有する総合アパレル企業に転換が見られる。最近、こうした特徴をもつ新たな形態、たとえば、小売から生産まで、あるいは生産から小売までを統合する製造小売型企業が現れている。

　製造小売型が出現した要因としては、第一に、ファッション衣類を中心に、より高付加価値な製品作りを目標としていること。第二に、企画開発から消費者への販売まで、社外よりも社内の組織によって市場に対応する一貫したシステムの有効性。そして第三に、情報源に接近し、最も重要な情報を内蔵化することにより、生産と販売を超短時間で行い、速やかに市場に対応できることが挙げられる。

　製造小売型の特徴は、国際競争力を強めるための創造性、リスクを自社負担することによる無駄の排除、価格決定権の保持、低コストな高級製品、消費者への高いサービスの提供といった点にある。これは、製造卸型よりさらに一貫性が強く、より緊密した連動機能をもっていると言える。

　ワールドの自社資本による統合は、多分野の情報と不確実な消費者ニーズの把握に大いに役に立った。製造から小売までの一部のみを内部に抱え、確実に情報を獲得し、本社は「研究頭脳集団」的な働きに限定したことが重要であった。大きな製造部門や小売部門は所有せず、他社の施設を活用する経営方針をとってきた。上述の製造小売のブランドは、情報の獲得と製品開発における企画部門を自社に置き、生産と販売は社外に組織しながら、消費との連動を追求するように進んでいった。

　東京スタイルは、ワールドとともに、業界では経常利益の高さで有名である。1992年の経常利益率は17.6％で、2桁の成長率を数年間維持してきた。その経営理念は「商品本位主義」であり、商品開発力や技術力の高さを維持しながら、素材づくりから縫製までも含めた総合力を追求してきた点に

27　アパレルの生産工程は、生産計画、生産準備、生産実行段階に大きく分けられる。具体的には、工業用パターン化段階、マーキングによる要尺決定段階、加工仕様書決定段階、資材仕入段階、生産工場とコスト決定段階、加工段階、検品と納品段階等である。これについては繊維産業構造改善事業協会『アパレル生産管理Ⅰ、Ⅱ』（1995年）から、Ⅰについては第3部、Ⅱは第1部を参照した。

特徴がある。1994 年に入り、高野義雄社長は「SPA 型ビジネス」の促進
を基本方針にした。同社は、縫製工場の経営からスタートして、大きな変
容を遂げてきた。現在、すでに完全に生まれ変わったにもかかわらず、社
長は改めて、さらに「生まれ変わる」ことを提起し、生産と販売を消費の
動向に連動させ、自社内部の組織の一体化を一層強化している[28]。自ら作っ
て販売する流通との完結、あるいは生産と完結する製造小売型が生まれつ
つある。これは製造卸型がさらに進化した新たな企業類型であると筆者は
見ている。1990 年代に入ってからは、表 2-8 に見られるように、製造卸型
アパレル企業が製造小売型に転身する傾向が見られる。1997 年のアパレ
ル総小売市場における製造小売型 99 社のシェアは 18.2% だと予測されて
いた[29]。しかし、それは既存のアパレル企業だけではなく、繊維素材企業・
商社・小売の一部もそのように変身しはじめていた。

　製造小売型のこのような連動機能は、生産から消費までの経済合理性か
ら生まれてきたものであり、それはアパレル企業の成長に大きな影響を与
えてきた。統合による連動という特徴を強く持つ、新しい産業のあり方を
生みだしていると言えよう。

表 2-8　製造小売（SPA）型アパレル 108 社の成長率と利益率推移

単位：億円、%

年	売上高	利益	＊成長率 1)	利益率	実質経済成長率 2)
1992	15,125	1,224	0	8.1	1.1
1993	15,751	1,213	4.1	7.7	0.1
1994	15,982	1,059	1.5	6.6	0.5
1995	17,304	1,325	8.3	7.7	0.9
1996	19,168	1,519	10.8	7.9	2.2

注）　＊成長率は、売上高対前年比の比率である。
出所 1）矢野経済研究所『SPA 企業の実態と明日の市場戦略』1997 年 12 月、234 ～ 241 頁。
　　2）日本の実質経済成長率を指す。繊維ファッション情報『アパレル・ハンドブック』各
　　　年次から作成。

　技術の進歩と産業構造の変化によって、情報とモノの流れはよりスムー
ズに効率化されていく。つまり、生産者・消費者間の情報とモノ流れが、

28　電器産業において松下が「マネシタ」と言われるように、アパレル業界では東京スタイルが「マネスタ」
　　と呼ばれている。村沢高志『3 年後のアパレル業界浮沈の構図』KK ベストブック、1994 年、162 ～
　　165 頁。
29　矢野経済研究所『SPA 企業の実態と明日の市場戦略』1997 年 12 月、234 ～ 240 頁。

初発期の断片的で迂回した形態から、より直線的でスムーズな流れに変わっていく。

素材企業や商社も、上位アパレル企業の機能に倣い、情報獲得のため、生産から販売までより自己完結的に消費に連動させようと努めている。たとえば、東レはアパレル企業を通さずに、自社の海外生産拠点で糸からワイシャツや下着などを一貫生産し、小売に直接流している。このために、大手アパレルやスーパーでの勤務経験を持つ約20人を年俸制の契約社員として採用している。[30] かつての商社にはなかった新たな事業、素材や工場の手配だけではなく、アパレル製品を小売に直接販売する専門商社も増えている。モリリン、グンゼ産業、三共生興、ヤギ、カキウチ、田村駒、帝人商事、新興産業などである。[31]

本章では、上位企業の製造・販売の統合と消費動向への連動機能について、事例分析を通じて明らかにした。戦後、とくに1980年代において、アパレル企業はその内部と外部において、参入・共同企画・合弁・提携などの形態で、諸経営資源の投入を多様に、統合的に展開していった。また、それぞれの企業が消費市場に見合った企画を、内外の資源を有機的に利用することにより、生産や販売の諸活動を動かし、連動させている側面があったことを強調してきた。その目的は効率と利潤率を高めるために、正確な消費情報をより多く占有することである。上位アパレル企業は、自ら製品を企画する過程で、正確な情報を獲得し、企業間関係の調整を通じて、製造・販売を消費動向と能動的に連動させ得たことで競争優位を持ち続けてきた。

このようにして、初期の既存産業形態であったダイレクト・チェーン式（Direct Chain）は崩壊し、諸企業の企画部門から消費までの統合と連動プロセスの創出は、新たな企業形態を誕生させ、産業構造はラウンドテーブル・チェーン式（Round Table Chain）[32] に転換することになった。上位アパレル企業によるリーダー的な役割は、関連産業の全体的な動きをも大きく規定するようになったのである。

---

30 『日本経済新聞』1996年7月30日付。それぞれの企業での筆者によるインタビュー、および提供された社内資料による。

31 『繊研新聞』1996年4月22日付。

32 ダイレクト・チェーン式からラウンドテーブル・チェーン式への転換については、本書第1章「戦後日本アパレル産業の構造分析」を参照されたい。

第3章
韓国と台湾のアパレル産業[1]

　東アジア地域の経済発展を考える上では、一国の国民経済の形成にあたって、外貨の資本蓄積に大きく寄与した繊維・アパレル産業の解明がなによりも重要である。本章では、まず台湾と韓国のアパレル産業が輸出産業として成長した要因を、その初期条件となった繊維産業における日本の資本および技術と関連して分析し、それぞれの特徴を抽出する。また、台湾と韓国の繊維・アパレル産業が電子・自動車・ハイテク産業の発展とどのような潜在的関連を有するかも考察したい。

　台湾の戦前の資本蓄積に関する代表的研究者である涂照彦は、研究の視点を日本ではなく、台湾に置き、土着資本の蓄積メカニズムを明らかにした[2]。同時期の台湾は、蓬莱米などの第一次産業が中心であり、日本資本の土着化による資本蓄積も、1930年代に入り「従来の糖業から新たに化学工業などの軍需的産業に手を拡げる傾向をみせ」たものの、繊維産業では発展していなかったとしている[3]。実際、19世紀末から1930年代にかけて、中国大陸の紡織資本家の約半数は、日本留学経験あるいは取引関係を有していたし、その中でも少なからぬ人々が、戦後、香港・台湾に亡命して[4]

1　本章は、アジア政経学会1999年10月31日全国大会での発表後に、諸先生のコメントにしたがって修正したものである。

2　涂照彦『日本帝国主義下の台湾』東京大学出版社、1991年。

3　同上、271～279頁。

4　中国繊維産業の民族資本家で浙江大学創業者の林啓（1897年日本の蚕専門家を招いて任用し、学生を日本に派遣）、周学熙（1903年日本視察）、張謇（日本式織布機を模造）、喬慕陶（1898年日本の東京蚕業講習所本科〈現東京農業工業大学〉に留学）、穆藕初（1915年『日本の綿業』を中国語に翻訳出版）、厳裕棠（長期にわたって日本内外綿と取引関係を維持）、鄭辟彊（日本で4年間の製糸の研究視察）、諸文綺（名古屋高等工業学校化学専攻）、劉国鈞（1924年から数回にわたって紡織と染色業視察）、銭子超（1920年東京工業大学染色化学専攻）、張方佐（1919年東京高等工業学校紡織専攻、戦後中国政府の紡織機構および大学の重役を兼任）、劉持鈞（1926年東京高等工業学校紡織専攻）、王瑞基（1925年東京工業大学紡織専攻、戦後中国政府の紡織機構および大学の重役を兼任）、石嵐翔（京都高等工業学校で染色織物を勉強）、楊樾林（公費留学、1920年東京高等工業学校紡織専攻）、朱夢蘇（公費留学、1912年東京高等工業学校）、李升伯（1924年欧米・日本視察、戦後政府の紡織機構の重役になった）、諸楚卿（1916年東京工業と群馬大学、戦後大学の重役になった）、都錦生（1928年から1929年日本視察）、張文潜（1923年から1924年欧米・日本視察、戦後中国紡織学会常識理事など）、宋棐卿（戦後香港に移住）、呉中一（1936年日本視察、戦後香港に移住）、蒋乃鏞（1935年早稲田大学商学部、戦後『日漢紡織工業辞典』を編著し、紡織の教育に従事）は繊維、染色などの技術を学ぶために

いる。台湾の紡織は、そこから基盤を固めたと言えよう。

劉進慶の研究を借用し、戦後の台湾紡織企業数に焦点をあててみると、1954年の時点で官営企業は全部で6社あり、その総資本額は316万元で、平均規模は約53万元と、かなりの大企業で構成されていた。これに対し、民営企業は2,007社、総資本額は186万元で、平均規模は926.7元と、零細な中小企業が圧倒的に多かったと言える。アパレルは100％民営企業で、官営企業はまったく存在していなかった。しかし、同研究では、企業数と資本金の関係は明らかになっているものの、官営企業の経営者が本土人（中国大陸出身者）なのか現地人なのかは、指摘していない。

韓国（北朝鮮も含む）の場合、いくつかの先行研究によると、1930年代に入って「食料品工業の比重が下がり、紡織、機械、化学などが台頭」し、紡織工場数は1931年の39社から1939年の105社にまで急増した。同年には、紡織の総生産額が製造業中で最も多く、25.9％を占めていた。李海珠の研究によると、紡織産業は製造業において、1930年時点で生産額と従業員数ともに食品に次ぐ第2位の地位を占め、産業の基礎を築き上げたという。さらに、1940年においては日本人の紡織資本比率が85％だったが、1944年になると現地の民族技術者が約3割を占めたと言う。終戦直後の1948年には、1941年と比較して、繊維と化学産業のみ工場数と従業員数が増加しており、家内工業形態の中小企業が大量に生まれていたことが明らかになった。また、「動乱が勃発した50年の生産減縮情況をその前年である1949年に対比してみると、繊維工業が59.9％、ゴム工業83.3％、製紙工業30.6％、化学工業は22.％（中略）であって、施設の被害率よりもはるかに上回っている」。それだけでなく、もと三井の資産でもあり、戦後帰属財産払い下げとなった「朝鮮紡績株式会社大邱工場の場合

日本に留学したことがある。中国近代紡織史編集委員会編著『中国近代紡織史』上巻、中国紡織出版社、1997年、370〜440頁。

5　朱金海『戦後日本産業政策と上海経済』1996年、53頁。同著は氏が京都大学客員教授として文部省招聘によって上げた成果である。

6　隅谷三喜男、劉進慶、涂照彦『台湾の経済』東京大学出版社、1992年、100頁。

7　戦前から日本の紡織資本が多く進出し、すでにある程度の基盤が形成されている。1930年代には、韓国・京城に少数ではあるが、日本本国のそれと匹敵するほどの設備を持つ巨大な紡績工場があったという研究がある。堀和生「朝鮮人民族資本章」（中村哲ほか編『朝鮮近代の歴史像』日本評論社、1988年、152〜153頁）を参照した。鄭安基「戦時期『鐘紡グループ』の変容と鐘淵工業の設立」（経営史学会『経営史学』Vol.32、No.3掲載）36〜37、50頁。

8　李海珠『韓国工業化の歴史的展開』税務経理協会、1980年、56、67、68頁。

9　同上、74〜75頁。

10　同上、76〜77頁。

は、1947 年当時、市価で 30 余億ホワンと評価されたが[11]、実際には、7 億ホワンに査定され、さらにその半額にあたる 3 億 6 千万ホワンで払い下げられたのである。この払い下げ価格は、実に市価の 10 分の 1 にすぎなかった。これを帰属財産処理法の規定に従い 15 年間の年賦にすれば、通貨価値で計算して、この巨大な工場は無償と大差ない値段で払い下げられたといえる」[12]。一部の研究者は、韓国の戦後経済は「ゼロ」からのスタートであったと主張している。しかし、このような事実を根拠にすると、充分再検討の余地が残されている。この点から見ると、戦後まもなく、アメリカが韓国に援助したのは設備投資ではなく綿花であったことは充分理解できるし、それは工業化戦略の面から考えても合理的であったかもしれない[13]。

Ⅰ. 初期条件としての紡織産業

以下では、戦後台湾と韓国の経済における繊維産業を中心とした工業化の初期条件、つまり、戦後の繊維産業とアパレル産業の初期条件を探るため、主に綿紡績設備、企業、経営者という三つの側面から分析を行う。

1. 台湾の紡織産業

まず、台湾の紡績産業の展開を示すために、紡績設備の状況を考察したい。圖左篤樹の研究によると、1941 年、台湾紡績株式会社が設立されている。同社は、台湾初の本格的紡績工場であった[14]。その後、中国大陸から紡績資本が大挙して流入したために、生産設備が急増している。たとえば、1945 年に紡績機は 9,548 台、動力織機は 428 台だったが、1948 年にはそれぞれ 18,108 台、1,791 台となり、繊維産業の基盤拡充は予想外に進んだ。

次に、企業集団の上位構成を見てみる[15]。数十年にわたって出版されている『台湾地区集団企業研究』（以降、「集団企業」を「企業集団」と称する）

---

11 ホワンは、戦前の韓国の旧貨幣単位である。
12 前掲『韓国工業化の歴史的展開』87 頁。
13 1969 年の原綿供給は 99% が輸入に依存していたが、そのほとんどはアメリカからであった。韓国繊維産業聯合會『繊維年鑑』1970 年、36 頁。
14 圖左篤樹「台湾紡織産業の発展－1950 年代の輸入代替政策に対する一考察」台湾史研究会での報告、1999 年 12 月 18 日。
15 1972 年から 1993 年までの企業集団数は、毎年平均で約 100 社以上が掲載されている。

の資料によると、これらの民営企業資本の多くは中国本土の紡織民族資本が移転してきたもので、今日の巨大企業集団の重要な土台となり、そこから、新しい産業が続々と立ち現われてきたことがわかる。ここで、表3-1 を分析してみよう。同表は、1986 年（97 社）と 1993 年（101 社）のデータから抽出した繊維企業集団を示している。上位 10 位以内の企業としては、台塑・遠東・新光・裕隆・台南紡織・和信・義新（華隆）・東帝士等が挙げられる。このうち、台塑がビニール、和信が金融信託から創業した以外、ほとんどが綿紡織・紡績、あるいは化繊やアパレル経営からはじまった。創業時期を 1930 年代から 1960 年代に絞ってみると、28 の企業集団の中で、電気・電子に参入したものが 6、自動車が 2、パソコンが 3 もあり、比較的早期から他産業への参入を行っていることがわかる。異業種参入の事例の多さは、東南アジアの華僑資本では珍しくないが、その傾向はここでも見て取ることができる。輸出あるいは取引市場は日本が 17 と、大きな比率を占めていた。

　個別の事例をいくつか挙げてみる。新光企業集団は従業員 3 万 7,000人以上の規模を持ち（1997 年統計による・首位は台塑で 4 万 1,000 人）、1993 年から 1999 年までの資産総額順位では 3 位を保っている。日本の関連企業は、繊維では三菱レーヨン、アパレルではレナウンであった。遠東は、創業時期には紡織資本で事業を始めたが、戦後まもなく、自動車部品事業に取り組んだ。後に、日本と台湾は国交関係がなくなったにもかかわらず（日本政府の政治戦略という要素も無視できないが）、1974 年には日産自動車と技術提携関係を結び、さらに資本合弁（日産の資本は 25%）にまで至った。同年、子会社の中華汽車は、日本の三菱自動車と技術提携関係を結び、翌 1975 年には合弁企業を形成、大型・小型バスから小型乗用車の生産まで、本格的に開始している。

16　中華徴信所『台湾地区集団企業研究』は、民国 60 年（1971 年）創刊となっており、今日まで毎年出版されている。なお、「集団企業」の概念はほとんど変わっていないが、構成条件は多少変化している。その概念は 1974 年版で最初に規定されたが、内容は「若干の独立企業が結合し、集団性を持つ商業団体」である（4 頁）。構成条件については、1974 年版の規定では、a) 企業数 3 社あるいは 3 社以上、b) 持株率（股権）は国民資本が 51% 以上の民営企業、c) 地区においては、核心企業が必ず国内に設置されていること、d) 独立企業は少なくとも 3 社以上で構成され、総売上額が 1 億元以上に達していることである。
　1997 年版（40 ～ 41 頁）では、構成条件と結合方式に大きく分かれており、構成条件では核心企業内容という項目が追加された。結合方式では、上記 b) の持株率は 50% 以上となり、新たに総合持株率が加えられ、その率が 25% 以上でなければならないとされた。また、d) の内容については、集団総資産額と総売上高がそれぞれ 4 億元以上、あるいは両者の合計が 10 億元以上という金額が指定されている。

74　第3章　韓国と台湾のアパレル業界

表 3-1　台湾繊維企業集団の変遷と製造業における主導的地位

単位：億元（台湾）

成立年	名称	順位 *		純利益	従業員（人）	現在主要製造品	輸出市場	日本の関連企業
		1986 年	1993 年	1986 年	1986 年			
1939	中興紡織	11	32	68	11,863	紡織、アパレル、電子業、百貨店	不明	不明
1945	新光	7	3	13	24,431	紡織、アパレル、保険、百貨店、パソコン、不動産、電子、金融証券など	日本など	①呉東進・早稲田大学商学部卒業 ②三越との取引 ③三菱レーヨン ④レナウン ⑤東レ
1947	聯一紡織	39	80	15	4,328	紡織、アパレル	東南アジア	不明
1948	大東紡織	31	51	22	2,559	綿紡織、アパレル、化学製品、鉄鉱機械	日本、ヨーロッパ、オーストラリア	日本鐘紡株式会社
1949	三五紡織	68	98	7	1,435	紡織、精密機械など	不明	不明
1949	裕隆	3	7	181	10,873	紡織、メリヤス、自動車生産と自動車部品生産（製造業の8位・93年）	欧米、日本、オーストラリア、香港	日本東陽興業株式会社、日本発條株式会社、日本三菱自動車株式会社、日産自動車
1953	台南紡織	4	12	152	14,825	繊維、アパレル、食品、セメント、不動産、電子、パソコン、貿易、サービスなど		日本伊藤忠商事株式会社、日本電池株式会社、川崎製鐵株式会社
1953	潤泰	41	28	133	5,370（1993 年）	紡織、アパレル、建築、金融、病院、教育などサービス業	日本、東南アジア	日本竹中工務店㈱、日本中銀マンシオニ㈱技術合作と資本提携有
1954	台塑	1	1	442	29,419	ビニール、化学繊維、アパレル、病院、流通など	香港、東南アジア、オーストラリア、ヨーロッパ、北米、アジア諸国	旭化成、三菱樹脂株式会社、三井物産
1954	遠東	2	2	194	21,000（1995 年）	紡績、アパレル、セメント、ガス、建築、サービス、大学（工学系）等	欧米、日本、アジア諸国	日本三井物産など
1955	廣豊実業	29	15	24	2,258	綿紡織、ナイロン、デトロン、石油化学など	欧米、アジア、南アフリカ、中東諸国	日本より染色設備導入
1955	聯華実業	21	30	48	2,291	石油化学、パソコンなど	不明	不明
1956	太平洋建設		21	155	2,719	繊維、アパレル、建設、サービス業	日本、アメリカ、香港	そごう百貨店、三井不動産など
1959	力覇		11	311	4,421	建設、紡織、サービス、保険など	不明	日本軽金属㈱、清水建設、日本火災などと技術合作、協力関係あり
1959	大宇	62		9	562	鋼鐵、化学、紡織、貿易		日本東洋油墨株式会社、日本昭和株式会社、

1960	綿益	45	79	13	1,790	綿織、化繊繊維（糸、布）	NIEs、欧州など	日本 TRADIK ㈱
1961	和信		6	382	6,647	金融信託、保険、アパレル（78 年）、紡織、電機製品（79 年）など	日本、欧米	三菱信託、日興證券、日本富士、ITOKI など
1962	正大繊維	56		10	1,672	繊維、アパレル	アメリカ、東南アジア	東レ（技術）
1962	福益	73	66	32	480（1993 年）	繊維、アパレル、輸入業など	東南アジアなど	日本より紡織自動織機導入
1963	義新（華隆）	5	9	99	18,928	化学繊維、アパレル、電子製品など	香港、欧米など	帝人と合弁
1963	華隆	*9		919	16,216	化学繊維、アパレル、電子製品など	香港、欧米など	帝人と合弁
1964	東帝士	14	10	62	8,000	繊維、アパレル、不動産、自動車など	日本、アメリカなど	東洋紡、ダイエーなど
1965	徳隆繊維	51		10	1,095	繊維製品、紡織製品	不明	不明
1966	聯福制衣	78		5	2,406	アパレル製造販売	アメリカ、香港、フランスなど	不明
1967	海外工業	93		2	1,000	ニット製品とアパレル	アメリカ、日本	不明
1968	新燕実業	76		6	1,240	綿紡織業	不明	不明
1969	寶成	81	68	31	5,274（1993 年）	靴、アパレル、繊維	アメリカ、日本など	共同開発あり
1969	立益紡織	60	55	9	1,172	繊維、アパレル、不動産	東南アジア、シンガポールなど	不明

注）(*) は台湾トップ 101 企業集団の 1993 年における純価値による順位である。
出所）中華徴信所『台湾地区集団企業研究』1988/1989 年版、1994/1995 年版より筆者が作成。

　1970 年代、産業における企業の業種構成をみると、紡織企業集団の比率は平均 28.4%、およそ 3 割を占めていた。しかし、1980 年代になると多角化によって 15.4% まで縮小したのに対し、電気企業は 7.4% から 12.5% へと拡大している。[17] 創業期の企業集団の事業内容は紡織であったが、それを基盤に電子あるいはパソコン産業に参入した企業が実に多い。また、1950 年代の創業内容はほとんどが綿紡織であったが、1960 年代半ばからは化合繊維が導入された。日本の繊維およびアパレル企業の資本と密接な関連があったことは明らかであろう。

17　中華徴信所『台湾地区集団企業研究』1994/1995 年版、53 頁。

表 3-2　台湾繊維・アパレル企業の創業内容と経営者の出身

創業年代	企業集団名称	創業者	出身地	創業内容・創業者の経験 OR 資本)	生年	学歴
1930	中興紡織	鮑朝樑	江蘇省	綿紡織（元上海紡織資本）	1922	私塾修業十年
1940	新光	呉火獅・呉東進	台北市	商業（綿布加工など）	1945	台湾新竹私立中学校卒・早稲田大卒
	聯一紡織	呉惠昌	江蘇省	紡織（元アパレル企業の技術者）	1933	無錫中学卒
	大東紡織	陳永煌	台中市	染色工場	1909	時代国校
	三五紡織	林森	彰化県	ゴム	1919	台湾商工学校
	裕隆	呉舜文	江蘇省	綿紡織（元上海紡織資本）	1912	コロンビア大学文学修士
1950	台南紡織	呉三連	台湾県	綿紡織	1924	日本東京商科大学
	潤泰	尹書田	山東省	紡織（元青島、上海紡織工場の経営者）	1950	青島商業学校卒
	台塑	王永慶	台北市	ビニール	1917	小学肄業
	遠東	徐有庠	江蘇省	綿紡織・ニット（元上海遠東織物工場の経営者）	1911	私立海門中学校卒
	廣豊実業	賀鷹才	山東省	綿紡織（台湾裕豊紗廠・党営企業）	1914	中学卒業
	聯華実業	苗育秀	山東省	商業、綿糸（山東省青島で商業を経営）	1907	中学卒業
	太平洋建設	章民強	浙江省	紡織	1920	専門学校卒
	力覇	王又曾	湖南省	鉄鋼業	1927	アメリカ大学商学博士号獲得
	大宇	李談博	福建省	貿易	1932	廈門大同中学校
1960	綿益	李文成	台南県	綿織	1944	中原大学化工専攻
	和信	辜振甫	台北市	金融信託	1917	日本東京帝国大学研究員
	正大繊維	何朝育	浙江省	ニット製品	1914	中学卒業
	福益	蘇天財	台南県	毛織生地卸	1933	中学卒業
	義新（華隆）	翁大銘	浙江省	化学繊維	1950	政治大学銀行専攻
	東帝士	陣由豪	台南県	織布工場（創業者の息子）	1940	台湾大学経済学専攻
	徳隆繊維	陳登修	台北市	化合繊維	1922	高校卒業
	聯福制衣	李明雄	福建省	アパレル加工	1936	フィリピン大学卒
	海外工業	林希哲	広東省	アパレル、紙	1919	汕頭高校
	新燕実業	林河鑽	新竹県	紡織	1927	中学肄業
	寶成	蔡其瑞	彰化県	靴	1940	師範専門学校卒業
	立益紡織	蘇阿琳	桃園県	紡織品	1932	小学卒業

出所）中華徴信所『台湾地区集団企業研究』1974年版、1988/1989年版、1994/1995年版より筆者が作成。

　続いて、経営者の出身を探ってみよう（表3-2）。1950年代までの綿紡織業の創業者10人中、大陸出身者は8人で、圧倒的多数を占めている。それ以外の2人、つまり台湾出身の呉三連と呉東進は、それぞれ日本の東京商科大学と早稲田大学商学部に留学した経験を持ち、これが後になって日本の三菱レーヨン・東レ・レナウン・三越などの有力企業との取引や技術提携関係を結ぶ上で非常に重要な意味を持っていたと考えられる。1960年代には、アパレル2社と化合繊維1社を含む12社が誕生しているが、創業者12人中、8人が台湾出身者であった。しかも1940年代生まれが3人おり、創業者全体でも比較的若い世代に属している。1970年代に入ってからは他産業へ参入が急増している。

図 3-1　台湾アパレル企業の海外直接投資

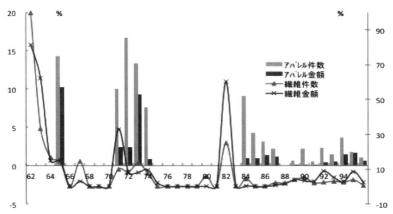

注）％は対海外総投資の比率である。
出所）台湾研究所『在華日本企業総覧（1997 年版）』日僑通信出版社，1997 年 10 月，909 ページ。

　台湾の産業発展プロセスを概観してみると、1950 年代から 1960 年代までは綿紡織産業が主役の時代であったが、それは大陸の紡織資本を基盤としていた。1960 年代からは日本の化繊企業の直接投資に伴い、アパレルの創業から企業集団にまで成長する事例が増えている。たとえば「聯福制衣」や「海外工業」[18]の場合がそれにあたる。また、台湾アパレル企業の対外直接投資も、この時期すでに始まっていた（図 3-1）。1960 年代からのアパレルの海外直接投資は、金額・件数の面で繊維と同じ傾向を示している[19]。

　また、台湾の繊維・アパレル企業は企業集団化によって、早くから電子・自動車・コンピュータ・通信への事業拡大を急速に進展させ、紡織資本を基盤に、知識集約型産業へと飛躍転換を始めていた。いずれも、企業内部の事業拡大による転換であったと言えよう。

18　中華徴信所『台湾地区集団企業研究』1988/1989 年版、560 〜 561、828 〜 831 頁。
19　図 3-1 のデータは、台湾アパレル企業の海外進出をすべて集計したものとは考えられないが、資料の限界もあり、同資料を参考にすることにした。

２．韓国の紡織産業

　まず、韓国の設備について検討しておきたい。1950 年代の設備投資に
関するデータによると、綿紡績部門において、1949 年には 30.5 万錘が存
在しており、1954 年には 35.1 万錘、1956 年には 43.4 万錘へと増加してい
る。織機の場合、1949 年は 8,744 台、1956 年は 8,442 台で、戦前と大差な
い[20]。この中で、個別企業が払い下げで受けたものも少なくなかった（表
3-3）。たとえば、大韓紡績の場合、1953 年の成立時点で 1 万の紡錘を保有
していたが、1955 年には政府の払い下げを受け、新たに綿紡績を 2 万 768
錘、織機を 516 台追加している（同年における香港の全紡績錘数は 30 万。
台湾は 1947 年の 1 万 5,000 錘から 1953 年の 16 万 9,000 錘にまで増加して
いる）。同社の紡績が最も多かったのは 1975 年で、4 万錘にまで達してい
る[21]。また、韓国が 1950 年代に使用した紡毛精紡機の 9 割以上が日本の設
備であり[22]、日本との技術提携は素材企業が多かった。

　次に、紡織との関係で、ソウルのアパレル企業の成立過程を見ておきた
い[23]。これらの企業はアパレルに分類されており、創業時期は繊維と重なっ
ている。しかし、計 41 社中、繊維からアパレルへの参入企業が 20 社あり、
約半分を占めている。アパレルとして創業し、株式上場した企業は 7 社も
あり、その中でも 1950 年代に創業した企業は少なくなかった。これらの
企業は、その後のアパレル産業をリードしていくことになる。アパレル部
門は、1960 年代の輸出に大きく寄与し、繊維産業をある程度牽引していっ
た。

20　韓国繊維産業聯合會『繊維年鑑』1970 年、統計編 4 ～ 5 頁。
21　韓国毎日新聞社『会社年鑑』上巻、1995 年版、339 頁。
　　1972 年度までに 20 年以上使用された織機は 1,105 台で、1972 年時点での日本・イギリス・西ドイツ・
　　フランス・イタリア 5 ヶ国合計（14,009 台）の 7.8%、精紡機は 164,420 錘で同 5 ヶ国合計（1,307,092
　　錘）の 12.57%に達している。韓国繊維産業聯合會『繊維年鑑』1974 年、54 ～ 55 頁。
22　韓国繊維産業聯合會『繊維年鑑』1982 年、73 頁。
23　1998 年 10 月、筆者が韓国商工会議所をインタビューした際に同所から提供された資料により作成。

表 3-3　韓国ソウルの繊維企業規模（成立年 1919 ～ 1960 年代の企業）

単位：億ウォン・人

成立年	企業名称	売上高		従業員数		主要製造品	輸出市場	日本との関係
		1998 年	1994 年	1998 年	1994 年			
1919	* 京紡		1,507		1,959	糸、ポロエステル加工		
1924	*㈱三養社		6,504		3,675	紡績、毛織加工、アパレルなどの製造販売、	化合繊、糖業等	日本三菱化成の技術提供
1938	* 三星物産㈱	241,318			5,087	商社、繊維、紳士服、婦人服、コート	1953年東京支店設置（衣類だけ）	Top ㈱、Canda（㈱）
1946	*㈱白羊		3,567		2,366	メリヤス、アパレル製品		
1953	* 大韓紡織㈱		1,599		2,997	繊維加工、建設、糸	香港・米国	払い下げの設備
1953	*㈱鮮京		22,979		1,253	織物、アパレル、化合繊、電子製品、建築業	日本、アメリカ、ドイツ、香港	帝人、伊藤忠商事
1953	* 全紡㈱		1,722	1,719	2,273	綿（主要）、毛、化繊、アパレルなど		金胄星（副会長・1937 年卒）日本明治大学商学部
1954	* 大韓毛紡㈱		350		579	綿糸、織物、アパレル、建築など		有り
1954	* 第一毛織㈱	9,835		4,144	4,627	紳士服	欧米、日本、香港	東レ、三井物産
1954	* 忠南紡織㈱		1,898		5,610	綿糸、織物、加工	日本、アメリカ、ベトナム、香港など	
1955	* 大農㈱		3,449		5,417	綿糸、繊維、織物、自動車部品など	日本、アメリカ、中国、ドイツ	
1955	* 東一紡織㈱		1,271		1,802	繊維製品の製造、販売、不動産など		大阪、香港に支社
1955	* 東国實業㈱		131		193	加工		
1955	* 一華毛織工業		211		512	毛織、繊維服		
1956	* 慶南毛織株		740		1,681	編物、アパレル、不動産、コンピュータ	タイなど	
1957	* 南栄ナイロン		1,266		1,746	特殊織物、アパレル製造販売		1965 年日本のミシン導入
1957	* コォロン㈱		5,534		4,562	ナイロン、アパレル、プラスチック、医学品	日本、中国、欧米	東レなど
1958	*㈱裕城		487		286	毛織、繊維製品加工		韓国商業銀行管理下のミルヤン工場の払い下げ
1960	* 南陽㈱					編物、漁具、化合繊維、医学品、コンピュータ、通信教育		
1960	* 中央染色㈱		245		358	染色加工、綿紡織、混紡織		
1961	* 日新紡織㈱		1,642		1,676	糸、織物、	アメリカ、香港	
1961	* 泰光産業㈱		8,506		9,994	織物、化合繊、電子製品	日本、香港、アメリカ、ドイツ	
1962	* 太平洋ファッション		357		734	繊維製品、アパレル		
1962	* 邦林㈱		2,136		3,062	綿糸、混紡、アパレル	ドイツ、香港	

1962	*光徳物産㈱	220		548		コート		
1963	*大韓化繊㈱		3,514		1,086	繊維製品、アパレル		
1963	*中原㈱		260		210	化学繊維、織物	日本	
1964	*韓一合繊		4,071		3,311	繊維製品、アパレル		
1965	*韓一紡織		495		868	綿織物、糸、ニット、アパレル製品など		
1965	*東国貿易㈱		5,180		1,590	化学繊維	欧米、アジア	
1966	*高麗合繊㈱		8,858		1,960	合繊、化学、ポリエステル、アパレルなど	東南アジア、日本、中国、ロシアなど	松本油脂製薬
1966	*東洋アイロン㈱		6,943		4,446	化学製品	日本、アメリカ、香港、中国など	東レ
1967	三栄毛織工業	346		482		毛織ジャケット、毛織コート、衣類		
1967	*㈱大宇	2,574		1,600		衣類のみ		
1967	*南鮮物産㈱		291		777	化学製品		
1967	*韓昌		1,293		1,241	繊維製品、アパレル		1975年日本に支店設置
1968	*新光産業㈱		206		240			
1969	*鮮京工業㈱		4,867		3,846	化合繊維、ニット製品、医学品など	日本、アメリカ、ドイツ、香港	鐘紡、帝人と技術提携

注1）資料欠如のため、一部のデータは表に載っていない。子会社や直営工場などの登録は省
略している。
　2）1994年のデータは、韓国毎日新聞社『会社年鑑・上』1995年版を参照。
　3）＊は1995年時点ですでに株式を上場している企業を指す。
出所）1998年10月20日に、筆者が韓国商工会議所をインタビューした際に同所から提供され
た資料により作成。

　三星や三養社のような財閥の参入も重要であるが、アパレルから創業し
成長した中堅企業の存在も無視できない。1950年代まで、韓周通商（1946
年創業）、国際商事（1949年創業）、三共物産（1950年創業）など11社は、
株式を上場していなかった。それでも、この業界で40年、あるいはそれ
以上の長きにわたって経営を維持し、経済成長の一翼を担ってきた。アパ
レル企業として成長した有力企業は、1950年代の11社から1960年代に
は16社にまで増えている。ただ、その規模は必ずしも大きくなかった。
　1960年代の繊維・アパレル製品が、付加価値ベースで製造業全体に占
める比率は非常に大きかった。1960年には繊維24％、アパレル5％で合
わせて約3割を占めていた。1963年からは企業、特に財閥の多角化もあり、
比率はそれぞれ17％と2％になっている。1966年は15％と4％、1967年
は18％と5％と拡大した後、1969年には15％と4％となり、下降が始まっ
ている。それでも、依然として合計で2割を堅持しており、その比率は決

して低くはなかった[24]。1960年代後半から1970年代以降、とくに1980年代に入ると、多くのアパレル企業が設立された。ソウル地域のアパレル企業は全体の半分以上を占め（図3-2)、戦前の繊維業界とまったく同様、圧倒的に首都に集中しており、そのほとんどは中小企業であった。ただし、統計は事業所ベースのもので、資本関係が示されておらず、数字だけをもってそのまま企業数として把握するのには問題がある[25]。

図3-2 韓国のアパレル（衣類・ニット・メリヤス製品のみ）企業数の推移

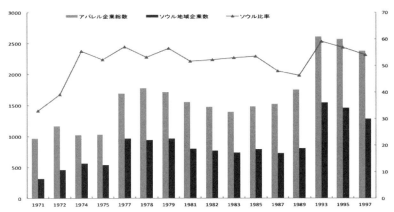

注）衣類、ニット、メリヤスなどの企業で、組合加入企業のみ統計し、化合繊維そのものは入れていない。棒は左軸で件数を表し、線は右軸で％を示す。
出所）韓国繊維産業聯合會『繊維年鑑』各年版より。

続いて、経営者についてである。1919年から1950年代にソウルにおいて紡織企業として創業し、1994年時点で株式を上場している企業は18社もある（表3-4)。個別企業を見ると、1919年ソウルで最も早期に誕生した京城紡織は、現在の三養社グループの前身であり、繊維産業の基盤を構築してきた。金相鴻会長は早稲田大学の法学部を卒業し、1960年代末から日本の有力企業・三菱化成の技術導入に力を入れた人物として知られている。

---

24 韓国経済企画院『鉱工業統計調査報告書』1969年版、30～33頁。
25 同図の資料は、1970年代以降のものしか手に入っていなかったため、1960年代の動きは読み取れない。また、あくまでも資料に集計されたデータに基づいて作成されたものなので、実態とはある程度ズレがあると思われる。

82　第3章　韓国と台湾のアパレル業界

表 3-4　韓国繊維企業の経営者

企業名称	会長名称（生年）	履歴
京紡	金珏中（1925）	アメリカ某州立大学理論学科卒
㈱三養社	金相鴻（1923）	日本早稲田大学法学部卒
第一毛織㈱	李秉喆（1910）	日本早稲田大学政経科卒
㈱白羊	韓泳大（1923）	延世行政大学院卒
大韓紡織㈱	薛元植（1922）	アメリカコロンビア大学 政治経済大学院卒
㈱鮮京	崔鐘賢（1933）	アメリカシカゴ大学
全紡㈱	金昌星（1932）	米国イリノイ大学院卒
大韓毛紡㈱	李廣守（1919）	国民大学経済学科卒
忠南紡織㈱	李鍾聲（1924）	慶城大学法学専門学校
南栄ナイロン㈱	南相水（1925）	日本神戸大学院卒
コォロン㈱	李東燦（1922）	日本早稲田大学政経科卒
㈱裕城	朴任遠（1930 年）	ソウル大学商学大学院卒
南陽㈱	洪舜基（1929）	ソウル大学商大
日新紡織㈱	金昌浩（1935）	延世大学商大
大韓化繊㈱	李壬龍（1921）	名古屋トンチョン実業学校
韓一合繊	金翰壽（1922）	日本京都の中学校と布木店店員
韓一紡織	金瑞岩（1923）	北岸タンヶ普通学校
高麗合繊㈱	張チイヨン（1934）	韓国檀国大学法学部
東洋ナイロン㈱	趙錫来（1935）	日本早稲田大学理工学部
三栄毛織工業㈱	趙昌錫（1921）	高麗大学経営大学院
㈱大宇（衣類だけ）	李雨馥（1936）	延世大学政治外交学専攻
韓昌	金鐘錫（1934）	釜山大学経営学専攻
新光産業㈱	羅　洪（1930）	ソウル大学繊維工学科
鮮京工業㈱	崔鍾賢（1930）	アメリカシカゴ大学院
泰昌企業㈱	黄来性（1914）	国立普通学校
金河紡織㈱	李泳燮（1930）	ソウル大学繊維工学科
第一合繊㈱	朴洪基（1940）	高麗大学経済学専攻
サンバンウル㈱ （双鈴）	李奉寧（1924）	全北大学経営大学院
一井實業㈱	高熙錫（1929）	高麗大学商学科
泰昌㈱	李基田（1929）	全北大学経営大学院
高麗ポリモ㈱	呂英東（1939）	延世大学文科系卒
金剛化繊㈱	閔丙石（1923）	大林農林学校
東国紡織㈱	白煜基（1923）	大邱高等学院

出所）1998 年 10 月、筆者が韓国商工会議所をインタビューした際の同所提供の資料と、2000
　　　年 6 月 28、29 日数社からの提供資料により作成。

三星は第一毛織を母体に、今日の財閥にまで発展してきた[26]。1954 年の創業当時の資本金は 1 億ホワンであったが、1956 年 1 月から日本製織機30 台の組み立てに着手し、同年 2 月 17 日に完了した。これにより、同社の毛織を中心とした初期の事業展開が確たるものとなった。

II. 日本の資本と技術

東アジアの繊維産業の発展を考える上で、戦後の日本から東アジアへの資本投資あるいは技術移転も重要な研究の対象となる。武和輝の研究によれば、日本のアジア投資の実績額は、年平均の増加率で見ると、1951 年から 1968 年までは 42.5%、1969 年から 1980 年までは平均 56.2%[27]で、とくに 1969 年から 1972 年までの間は最も高く、平均で約 80% にも達している（1972 年から 1980 年までは平均 50.7% であった）。以下では、日本の化繊企業とアパレル企業の直接投資について、より詳細に考察しておきたい。

1. 化繊上位企業の投資

日本の化繊企業の対台湾投資は、1950 年代から始まっている。たとえば、新光企業集団の創業者・呉火獅は戦前に台湾に来ていた日本の布商人のもとで働き、その商人から信頼され、戦後布店の経営者を任せられた[28]。それもあって、新光は前述（表 3-1) のように三越との取引から始まり、日本最大のアパレル企業・レナウンにまで急速にその取引範囲を拡大している。さらに、戦後台湾初の人造繊維工場も設立している。導入された設備と技術は、日本の合繊分野において代表的な企業のひとつとなった東レのものであった。このように東レ（当時の社名は東洋レーヨン）は、1950年代から 1973 年の間、台湾だけではなく、その他の地域にも多く投資を行っていた。とくに、NIEs への投資が目立っている。

---

26 筆者は 2000 年 6 月 29 日に同社へ訪問調査を行った時、同社の役員から詳しく紹介してもらった。1961 年には、林という日本人技術者が同社に 3 か月以上滞在し、技術指導を行っていたという。『第一毛織 40 年史』1994 年、648 頁。

27 武和輝「我が国繊維産業と海外投資」（日本輸出入銀行海外投資研究所『海外直接投資に関する論文集』調査資料第 20 号、1986 年掲載）177 頁より。

28 中華徴信所『台湾地区集団企業研究』1974 年版、710 頁。

表 3-5 東レの香港・台湾・韓国へのプラント・技術輸出の推移（1971 ～ 75 年間実績）

	1956 ～ 1973 年間の実績	地　　域	資本出資金額（億円）	対総出資比率（％）
	資本出資金額（1）	アジア合計（NIEs 以外）	442.7	24.8
	資本出資金額（2）	香港・台湾・韓国・シンガポール	883.7	49.5
		欧米・その他	480.1	26.9
		出資総額	1,786.6	100.0

年	プラント輸出 地域名	企業名	主要契約の内容	技術輸出 地域名	企業名	主要契約の内容
	インドネシア	P.T.Indonesia Synthetic Textiles Mills	紡績・織布・染染プラント	イタリア	Anic S.p.A.	特殊タイプポリエステル糸 同ステープル製造技術
		P.T.Indonesia Toray Synthetics	ナイロン糸・ポリエステル製造プラント	米国	The Dow Chemical Co Polimex-Cekop Ltd.	製造技術 ナイロン糸製造技術
1972	韓国	第一合繊社	ポリエステルステープル製造プラント	イタリア	Anic S.p.A.	"エクセース"製造技術
		韓国ナイロン社	タイヤコード用ナイロン製造プラント		Anic S.p.A.	ポリエステル糸・同ステープル製造技術
	タイ	Thai Suiting Mills Co.Ltd	長繊維紡績・ステープル染色プラント	米国	Chemtex Inc.	ポリエステル繊維製造技術
		Thai Toray Textaile Mills Co.Ltd	仮撚・丸編・染色プラント			
		Toray Nylo Thai Co.Ltd	ポリエステル重合プラント	ブラジル	Polynor S.A.	ポリエステル糸・同ステープル製造技術
	インドネシア	P.T. Century Textaile Industry	紡績・織布・染色プラント			
		P.T. Acryl Textaile Mills	長繊維紡績・糸染プラント			
	ケニア	Kenya Toray Mills Ltd.	丸編・染色プラント			
	エチオピア	Ethio-Japanese Synthetic Textiles Share Co.	フィラメント織布プラント			
1973	中国	技術進口総公司	ポリエステル粗原料重合プラント	台湾	正大ナイロン工業社	ナイロン糸製造技術
	韓国	韓国ポリエステル社	ポリエステル糸製造プラント	イタリア	Anic S.p.A.	ポリエステル糸特殊製糸技術
	マレーシア	Penfibre Sdn. Berhad	ポリエステルステープル製造プラント		Anic S.p.A.	ポリウレタンフォーム製造技術
	インドネシア	P.T.Indonesia Toray Synthetics	ナイロン糸・ポリエステルステープル製造プラント	米国	Monsant Co.	ポリエステル直接重合バッチ技術
		P.T.Indonesia Synthetic Textile Mills	スパン、染色プラント	コスタリカ	Ticanit S.P	仮撚・丸編・染色技術
		P.T. Century Textaile Industry	紡績・織布プラント			
1974	韓国	韓国ナイロン社	タイヤコード用ナイロン製造プラント	タイ	Toray Nylo Thai・Co.Ltd	異形断面糸製造技術
	エルサルバドル	Industria Sintticas de Centro America S.A.	紡績・織布プラント			BCF・高高加工ナイロン系
				イタリア	Anic S.p.A.	製造技術
1975	韓国	韓国ポリエステル社	ポリエステル特殊製糸技術	イタリア	Fibra Del Tirso S.P.A.	ポリエステル糸など製造技術
				米国	GAF Corp.	ポリブチレンテレフタレートなど技術
				メキシコ	Fibras Sinteticas	ナイロン・ポリエステル糸製造技術

注 1) 理解しやすくするため、原表を少し調整している。資本出資は、東レの香港・台湾・韓国の関連会社における資本出資状況で、1956 ～ 1973 年の実績である。
　　2) 東レの出資比率は 100％ ～ 0.46％ の範囲内である。
出所) 東レ株式会社出版『東レ 50 年史』昭和 52 年、203 ～ 204、417 ～ 421 頁。

表 3-5 は同社の香港・台湾・韓国へのプラント・技術輸出と資本出資の推移を表わしたものである。全世界に対する出資額 1,786.6 億円のうち、NIEs を除くアジアへのへの資本出資（資本出資金額（1））の比率が 24.8% であるのに対し、香港・台湾・韓国・シンガポールの資本出資（資本出資金額（2））の比率は 49.5% となっている。欧米・その他の地域は 480.14 億円で 26.9% しか占めていない。これは、東レという一企業の例にすぎないが、1970 年代までは日本の多くの企業による海外投資の中心はアジアであり、しかもその重点は NIEs におかれていた。

韓国の状況については、板木雅彦の研究が注目に値する。板木の研究によると、1960 年代末から、韓国政府は（戦前進出した企業も含め）日本の帝人・東レ・旭化成・富士紡績・大同染工・東洋紡・鐘紡などからの技術導入を相次いで承認し[29]、合弁事業のもとで化繊繊維の基盤を整えていった。これにより、日系企業は「再び韓国のメリヤス・衣服資本を自らの蓄積基盤として組みこんでいく」ことになったと坂本は指摘している[30]。ただし、李相哲の研究によると、1960 年代から 1970 年代末までは繊維産業に対する政府の介入が大きく[31]、政府主導によって韓国繊維部門の財閥企業が、主に日本から技術を導入してきたことが明らかにされている（表 3-6）[32]。

台湾と韓国は積極的な技術導入を図り、そのため日本企業への要請も強かった。技術契約は両者の合意によって成立したもので、どちらか一方による強制的なものではなかった[33]。台湾と韓国のアパレル産業は以上のような初期条件のもと、1960 年代からそれぞれ急成長してきたのである。

29　李相哲「韓国化学繊維産業の展開過程（1961-1979）」ソウル大学経済学博士学位論文、1997 年、236 頁。

30　板木雅彦「韓国繊維産業の発展と国際的連関」京都大学経済学会『経済論叢』第 133 巻、第 4・5 号、1984 年、118 頁。

31　前掲「韓国化学繊維産業の展開過程（1961-1979）」2 ～ 12 頁。

32　その後遺症として、政府の傘下で成長してきたこれらの繊維企業は、1980 年代に海外への直接投資による市場競争に直面したとき、非効率的な経営方式から限界に至ってしまった。それについて、李相哲は、明解な論拠を提示している。同上、199 頁。

33　大邱のアパレル企業フィェジョン㈱は、現地の有力企業のひとつである。1970 年代は事業拡大時期でもあり、企業を設立している。1998 年 10 月 22 日、同社へのインタビューによる。

86   第3章　韓国と台湾のアパレル業界

表 3-6　韓国主要企業の提携投資の推移

承認年月	事業主	提携相手	金額(千米ドル)	外国企業の投資比率(%)
1962.07	韓国ナイロン	Chemtex（米）	575	
1967.02	大韓合繊	Chemtex（米）	450	27
1968.08	大韓合繊	Chemtex（米）	1,831	50
1970.08	大韓合繊	Chemtex（米）	89	50
1970.05	鮮京産業	伊藤忠商事（日）	200	40
1971.07	韓国ナイロン	東レ（日）	1,989	45
1972.06	第一毛織	東レ（日）	1,000	14
1973.06	第一毛織	三井物産（日）	1,000	14
1973.01	第一毛織	東レ（日）	4,600	66
1973.01	第一毛織	三井物産（日）	400	6
1973.03	東洋ナイロン	日本編物（日）	147	49
1973.09	韓国ポリエステル	東レ（日）／三井物産（日）	2,000	67
1973.10	東洋ナイロン	旭化学成（日）	4,500	50
1973.12	東洋ナイロン	三菱商事（日）	438	35
1973.12	東洋ナイロン	坂井商事（日）	63	5
1974.01	鮮京合繊	帝人（日）	603	50
1974.04	高麗合繊	松本油脂製薬（日）	94	48
1974.04	韓国ポリエステル	東レ（日）	63	25
1974.05	鮮京合繊	帝人（日）	1,259	50
1974.11	東洋ポリエステル	旭化学成（日）	1,500	50
1975.01	第一合繊	東レ（日）、三井物産（日）	2,983	49
1975.05	東洋ナイロン	IFC（国際金融公社・日）	2,100	10

			比率 %	
提携投資総額		27,890	100	
日本		24,938	89	
米国		2,945	11	

注）小数点以下は四捨五入している。
出所）李相哲『韓国化学繊維産業の展開過程（1961 ～ 1979）』ソウル大学博士学位論文、1997 年、236 頁。

2．アパレル企業の投資

　それでは、アパレル企業の場合はどのようになっていたのだろうか。
1952年から1996年まで、台湾の繊維・アパレル産業における外資企業に
よる投資のうち、日本の投資比率は、アパレルだけの金額ベースで年平均
48.3%、件数では同25.6%、繊維は金額ベースで年平均32.8%、件数では
同30.9%を占め、日本のアパレル企業の投資額は、香港に次いで第2位で
あった。1960年代から1991年までの投資を、表3-7に提供されたデータ
に限ってみると、1960年代にはアパレル、繊維企業ともに投資が活発で
あった。1970年代には低迷しているが、これは台湾との国交関係の断交
(1972年)に起因すると考えられる。期間全体を通して、アパレルの投
資総額は、上場・非上場企業による投資合計で8.5億新台幣元となっている。
それに対し、繊維は2.6億元しかない。むしろ、「その他」に含まれる染色・
デザイン・包装・小売などへの投資が繊維を越え、6.7億元となっている。
なお、上場企業と非上場企業を比較してみると、アパレルとその他の場合
は、非上場企業の数が多い。アパレルの上場企業は11社であるが、非上
場企業は24社もある。その他は上場企業が4社、非上場企業は11社である。
しかし、繊維の場合は、上場企業が19社であるのに対し、非上場は5社
しかない。つまり、アパレルとその他の場合は中小企業が多いが、繊維の
場合は上場企業が多数を占めながら、一企業あたりの投資金額は少ないこ
とがわかる。

34　涂照彦「台湾企業からみた日台関係」一橋大学産業経営研究所『ビジネスレビュー』千倉書房、1997年、
　　1、13頁。

88 第3章 韓国と台湾のアパレル業界

表 3-7 日本アパレル企業の対台湾投資

年	資本金(万元)	アパレル上場	アパレル非上場	繊維上場	繊維非上場	その他上場	その他非上場
	年度金額不明	1社	1社		31.9$		
1964	10以下			57,000			
1966	10以下		7.5$	46,500			
1967	10以下		5$	520,000			
	10 ～ 49			9,250			
	50 ～ 99			19,900			
1968	10以下	3,000	60$	11,800		1,554	1,554
	10 ～ 49		20$	46,900			
	50 ～ 99		68		2.8$		
	100 ～ 499		9$	10			
	500 ～ 999		15$	10,000			
	1,000 ～ 4,999		20$				
1969	10以下	700	20				
	10 ～ 49		43	10			2,000
	50 ～ 99		700	4,200			3,000
1970	10以下		800	196,000			
	10 ～ 49		800	3,200			
1971	10以下			19,600			169
	1,000 ～ 4,999		2,174				
1979	10以下						3,000
1980	10以下				2,000	2,000	
1983	10以下	59					
1984	10以下		1,000		1,000		
1986	10以下	520					
	10 ～ 49	5,000					
1987	10以下		750		1,750		
	500 ～ 999			50,000			
	1,000 ～ 4,999			36,000			
	5,000 ～以上			8,550			
1988	10以下	5,000					1
	1,000 ～ 4,999		2,000				
	5,000 ～以上		13,800				
1989	10以下	500		30,000		6,000	
	10 ～ 49	40,000					
1990	10以下		800				
	10 ～ 49		700				
	50 ～ 99		1,000				
	1,000 ～ 4,999		2,000				
1991	10以下	1,000	2,000				
	10 ～ 49	1,000					
合計	台湾万元	56,780	28,519	227,380	4,715	9,555	58,049
	万米ドル		317		35		

注) 金額について、未表示は万台湾元、$表示は万米ドルである。
出所) 社団法人『企業別海外投資』上場企業と非上場企業編(第18・22集)、1988年、1993年版より。

　林忠正の研究によれば、外資による台湾企業への投資の最盛期は、1960年代から1970年代初頭であった。その後、1970年代末に中国市場が開放されると、外資企業による台湾への投資は、急激な下降傾向を示している。まず1983年に、日本の東レや帝人、三菱商事が台湾の新興集団から撤退、

さらに、三菱人造製糸と三菱商事の東華合繊公司への投資が大幅に削減された。なお、林が指摘するように、1980年代初期の台湾は、石油化学産業・化学繊維産業・紡織とアパレル産業が堅実な発展を遂げ、成熟期に入ったという点も挙げられる[35]。つまり、台湾の繊維産業とアパレル産業は、技術や生産ならびに販売において、ある程度自立できる力を持つまでになっていたのである。

　表3-8は、日本企業と台湾繊維企業集団との資本関係について見たものである。1962年以降、素材部門には三菱レーヨン・丸紅・東洋坊・鐘紡・東レが進出し、アパレルにはレナウンも進出していた。それぞれの投資先である台湾企業は、台菱紡織・新光・遠東などの大企業集団であった。これらの大資本は、各企業の自主的政策によって結合したものもあったが、そうした政策による資本結合は結局失敗してしまったようである。そこには、台湾の産業政策と企業戦略の特殊条件が影響していたのではないか。つまり、日本の丸紅・三菱商事などのような大規模な商社を育成しようという台湾の政策自体に、そもそも問題があったのではないかとも考えられる。

表3-8　日本企業と台湾繊維企業集団との資本関係

年	日本の投資企業	比率	事業内容	投資先企業	投資の取得金額	企業集団
1962	三菱レーヨン	16.2%	メリヤス糸混紡糸など	台菱紡織	6.15億円	台菱紡織
	三菱商事	16.2%	メリヤス糸混紡糸など	台菱紡織		同上
1964	丸紅	13%	毛紡	丸和制衣		東帝士
1969	丸紅・前田布帛工業・三露産業	40%	アパレル	丸和制衣	5.7億円	東帝士
1968	東洋紡		技術指導	丸和制衣		東帝士
1966	鐘紡	28%	紡織	信華合鐘毛紡織廠	5.4億円	国豊
1967	東レ・三菱商事	7%	ポリエステル・染色	新光合繊繊維	13.96億円	新光
1968	東レ・三菱商事・レナウン	1%	アパレル	遠東紡織	2.25億円	遠東
1968	旭化成	50%	技術指導	台旭繊維工業	17億円	台塑
	レナウン	30%	アパレル	台麗染廠	1.23億円	同上
	三菱レーヨン	20%	メリヤス糸の染色加工	同上		同上

注）投資先企業と投資の取得金額は出所2）より。
出所1）中華徴信所『台湾地区集団企業研究』1988/1989年版、1994/1995年版より作成。
　　2）社団法人経済調査協会『企業別海外投資』上場企業と非上場企業編（第18・22集）、1988年、1993年版より。

35　林忠正「台湾近百年的産業発展」黎中光・陳美蓉・張炎憲編『台湾近百年史論文集』財団法人呉三連台湾史料基金会、1996年、497頁。

台湾のアパレル輸出は、1960年代初期に成長をみせはじめ、1967年からは台湾最大の輸出産業となっていた。それは、日本の化学繊維産業の発展と関わっていた。日本の化学繊維産業が台湾のアパレル産業に充分な原料を提供し、さらに、日本の商社が台湾アパレル製品のアメリカ市場での販路開拓の大きな力になっていたのである。林忠正は、アパレルの輸出が繊維産業の成長を好循環に導き、台湾の石油化学産業の発展の基礎を固めたと主張している[36]。さらに、1960年代中期には、台湾のアパレル企業の海外進出が本格化し、1970年初期および1980年代半ばごろには、繊維企業より活発な動きを示していた[37]。

　「日韓条約」前の日本企業と韓国企業の取引に関しては、板木雅彦の研究がある。板木は、韓国の衣類輸出を担う生産主体の5割が日本商社の下請関係に組み込まれた中小零細資本であったと述べている[38]。韓国では、日本のメーカーとの資本関係より、商社との結びつきが強い。これらの零細企業の中には、後に大きく成長してゆく企業も比較的多く存在しており[39]、それらの企業が1980から1990年代にかけて、韓国の海外展開の主力になっていった。

　しかし、アパレル産業の発展においては、韓国政府の育成策よりも、オイルショックによる日本の直接投資と技術移転の要因の方が大きく[40]、それは1970年代にピークを迎えている[41]。

　台湾と韓国のアパレル産業は、以上のような成立条件をもとに、1960年代からそれぞれ異なった成長ぶりをみせていた。台湾では、戦前の大陸紡織資本と戦後の日本化合繊資本を基盤に、日本のアパレル企業の直接投資の影響を大きく受けていたことがわかる。それだけではなく、表3-9に示したように、綿紡織を土台に、アパレル・電子製品・自動車・建築業・保険業・金融業・化学業へと異業種に参入していた。韓国では、戦前の民族資本へかつての日本資本を払い下げ、それ以降は日本からの化合繊技術の導入を利用しながら、日本のアパレル企業との関連を持つようになっている。

36　同上、483～485頁。これと同じ研究成果は、安部誠・川上桃子「韓国・台湾における企業規模構造の変容」服部民夫、佐藤幸人編『韓国・台湾の発展メカニズム』アジア経済研究所、1996年、177頁。
37　台湾研究所『在華日本企業総覧（1997年版）』日僑通信出版社、1997年、865～909頁。
38　前掲「韓国繊維産業の発展と国際的連関」104頁。
39　1998年10月、韓国ソウルと大邱でのインタビューによる。
40　韓国繊維産業聯合會『繊維年鑑』1974年、167～176頁。
41　東洋経済新聞社『海外進出企業総覧』各年次を参照。

表 3-9 台湾企業集団の繊維事業からの多角化

企業集団	参入事業	参入年	アパレル・繊維比率(1973年)
東帝士	ホテル業	1963年	
1948年創業	アパレル	1968年	
	機械製造業	1974年	
	電子製品	1978年	
	観光業	1978年	71.60%
	水利建築業	1983年	
	貿易業	1983年	
	建築業	1984年	
	自動車輸入販売	1986年	
新光	保険業	1963年	
1952年創業	ガス産業	1964年	
	建築業	1973年	
	農牧産業	1973年	
	証券業	1975年	
	水利建築	1977年	
	賃貸業	1978年	
	保険サービス業	1979年	77.79%
	アパレル	1980年	
	化学業	1980年	
	小売業	1981年	
	電子産業	1983年	
	金融業	1992年	
	病院	1992年	
遠東	セメント業	1957年	
1954年創業	小売業	1967年	
	海運業	1968年	
	専門学校経営	1969年	
	アパレル	1971年	
	化学業	1973年	
	広告業	1974年	
	建築業	1978年	56.80%
	証券業	1979年	
	病院	1981年	
	水利建築	1982年	
	ホテル業	1983年	
	不動産	1985年	
	大学経営	1989年	
	銀行業	1992年	

出所) 中華徴信所『台湾地区集団企業研究』1988/1989年版、
1994/1995年版より筆者が作成。

Ⅲ. アパレル貿易の動向と特徴

　上節でも言及したように、台湾の繊維産業は、出発点からほぼ国民党政
府に掌握され、官営(あるいは党営)企業が産業の柱となって発展してき
ており、育成政策の「光」を充分に受けることができた。それに対し、台
湾民営企業は苦難の道を歩む。それでも 1980 年後半になると、ようやく
繊維の輸出を担うようになっている。一方、台湾のアパレル産業も、繊維

92　第3章　韓国と台湾のアパレル業界

の民営企業と同様に中小企業が多い。それらは、政府の政策から完全に離れた領域で成長してきた。その結果、1960年代から1980年代までの期間、アパレル製品の輸出額は繊維製品を上回るようになり、しかも1980年代の7年間は、ドルベースで総輸出における2桁の占有率を維持していた（表3-10）。

表3-10　台湾アパレル製品の輸出入構造

単位：百万米ドル・新台幣百万元

年	アパレル（84）A 輸出（ドル）	輸入（元）	テキスタイル（65）B 輸出（ドル）	輸出（ドル）	総輸出 C ドル	アパレル A／C×100%	テキスタイル B／C×100%	総輸出 C 元	アパレル A／C×100%	テキスタイル B／C×100%
1952					116			1,468	0	
1954									0.3	
1955					123			1,917	0	0
1957			2.3							
1959			9.9							
1960			6.4		164			5,966	0	0
1963	11									
1965	12	2			450	0.3		17,987	4	9
1968	29	4			789	1		31,568	11	10
1969	34	3			1,049	1		41,975	12	11
1970	212	15	195		1,481	3	2	59,257	15	12
1971	384	12	228		2,060	4	2	82,416	11	10
1972	462	21	352		2,988	4	3	119,525	15	11
1973	709	36	560		4,483	4	3	170,723	15	0
1974	894	89	628		5,639	5	3	213,718	15	10
1975	890	64	649		5,309	4	3	201,468	15	11
1976	1,322	88	978		8,166	6	4	309,913	15	11
1977	1,323	119	923	138	9,361	5	4	355,239	13	9
1978	1,752	133	1,166	196	12,687	6	4	468,509	13	8
1979	1,933	170	1,526	260	16,103	6	5	579,299	11	8
1980	2,427	170	1,791	297	19,811	6	5	712,195	11	8
1981	2,848	165	2,038	879	22,611	13	9	829,756	12	7
1982	2,891	161	1,767	890	22,204	13	8	864,248	12	7
1983	2,983	172	1,828	887	25,123	12	7	1,005,422	11	6
1984	3,761	222	2,192	1,106	30,456	12	7	1,204,697	12	6
1985	3,512	260	2,518	971	30,722	11	8	1,223,019	11	7
1986	4,259	286	3,097	1,163	39,789	11	8	1,507,044	10	6
1987	4,996	1,182	4,152	1,636	43,538	11	10	1,707,608	9	6
1988	4,703	3,424	5,245	1,778	60,667	8	9	1,731,804	7	6
1989	4,490	6,871	6,409	1,954	66,304	7	10	1,747,800	7	7
1990	3,772	7,089	7,094	1,923	67,214	6	11	1,802,783	7	7
1991	3,519	7,646	8,479	2,602	76,178	5	11	2,040,785	5	7
1992	3,129	9,608	8,713	2,731	81,470	4	11	2,047,963	5	7
1993	2,768	14,040	9,271	2,761	85,092	3	11	2,239,032	4	7
1994	2,538		11,461	3,253	93,049	3	12	2,456,011		
1995	2,350		13,272	3,521	111,659	2	12	2,949,578		
1996	2,286		13,382	3,631	115,942	2	12	3,176,625		

注）新台湾元での輸出入額は黄登興「産業内貿易的形成：台湾紡織業的験証」『自由中国之工業』行政院経済建設委員会、第89巻、第7期、1999年7月、5頁を引用している。1950年代のアパレル輸出は「その他」の項目に入っているため、正確に把握できない。

出所1）Council for Economic Planning and Development Republic of China"Taiwan Statistical Data Book"1997.
　　2）台湾経済研究所『中華民国紡織工業年鑑』各年より作成。

しかし、1987年からは、テキスタイルが中国への輸出シェア拡大とともに増加してゆき、アパレルに取って代わることになった[42]。それは、台湾アパレル企業の中国直接投資と大きく関連している[43]。とくに、1993年の台湾政府による対大陸投資の緩和政策は、アパレル企業の中国投資を急加速させた。アパレル企業の活発な海外投資は繊維の輸出をリードし、テキスタイルの総輸出における2桁シェアの維持を可能にした。さらに、香港を通じたその他の地域への輸出も考慮すべきであろう。

韓国政府は1964年、アパレル産業を輸出特化産業に指定したが、政府の財政支出は格段に少なく、繊維産業に対する育成政策とは比較できないほど微力な効果しか持ち得なかった。それでも1962年から輸出用アパレル製品が外国の「バイヤー」の発注によって生産されるようになり、若干の不良品が国内市場でも販売された。個々の企業は輸出拡大に絶えず努力し、産業の発展が成し遂げられたという[44]。その結果、1974年のアパレル輸出額は1965年と比べ110倍以上も増加、年平均の増加率は17.3%に達した（表3-11）。1974年には全繊維製品（身の回り品なども含む）の輸出額が総輸出額の43.8%という大きなシェアを占めたが、その半分以上はアパレル製品であった。つまり、アパレル産業は、輸出産業としての確たる位置を占めていったのである。1975から1994年にかけての総輸出額に占めるアパレルのシェアは平均15.9%であり[45]、繊維（同11.1%）をはるかに上回っている。1965年の「日韓条約」締結までは、韓国からの衣類の輸出はすべて「在日韓国人による委託となっている。しかし、この99%までがたんなる名義貸によるもので、実際には伊藤忠、丸紅、東綿といった大手日本商社がこれを利用していた」とされている[46]。それだけではなく、「日本商社によって無為替・無関税・無信用状で韓国に持ちこまれる原糸・原反は賃加工されて再び日本商社の手で多くはアメリカへ輸出された」のであった[47]。

42　台湾アパレル企業の中国への直接投資によって、台湾のテキスタイル輸出も急増していた。それは、台湾の中国現地アパレル企業からの受注によるのではないかと考えられる。Council for Economic Planning and Development, Republic of China Taiwan Statistical Data Book 各年次より。

43　姜殿銘編『台湾一九九三』中国友誼出版社、1994年、566頁。

44　韓国繊維産業聯合会『繊維年鑑』1975年、37頁。

45　同上、各年次より。1970年代は平均20%を占め、1980年代も15%を維持していた。

46　前掲「韓国繊維産業の発展と国際的連関」100頁。原資料は、花房征夫「韓国輸出衣服業の発展過程と成長要因」（『アジア経済』第19巻7号、1978年7月）を参照。

47　前掲「韓国繊維産業の発展と国際的連関」106頁。

表 3-11　韓国のアパレル製品および繊維製品の輸出入の推移

単位：億ドル

年	アパレルA)		テキスタイルB)		総輸出D)	アパレル	テキスタイル	総輸入E)	アパレル	テキスタイル
	輸出	輸入	輸出	輸入	輸出	A)/D)×100%	B)/D)×100%		A)/E)×100%	B)/E)×100%
1960			0.03		0.3		9.3			
1961			0.04		0.4		10.0			3.2
1962			0.07		0.6		12.5			
1963			0.12		0.8		14.6			
1964			0.32		1.2		26.7			
1965	0.1		0.2		1.8	7.4	11.3	4.6		
1966	0.3		0.3		2.5	10.0	13.9	7.2		
1967	0.4		0.5		3.2	11.9	14.8	10.0		
1968	0.5		0.6		4.6	11.2	13.2	14.6		
1969	0.7		0.8		6.2	11.6	12.8	18.2		
1970	2.7		1.0		8.3	32.3	12.0	19.8		
1971	2.2		1.1		10.6	20.8	10.4	23.9	0.0	
1972	4.4	0.2	1.8	1.3	16.2	27.0	11.1	25.2	0.7	5.2
1973	7.5	0.1	4.5	3.1	32.3	23.2	13.9	42.4	0.2	7.2
1974	10	0.1	5.0	2.7	44.6	21.4	11.2	68.5	0.1	3.9
1975	11	0.0	7.4	2.5	50.8	22.6	14.6	72.7	0.1	3.4
1976	17	0.2	10.2	3.1	77.2	22.3	13.2	87.7	0.3	3.5
1977	20	0.2	10.4	3.2	100.5	19.5	10.4	108.1	0.2	3.0
1978	28	0.3	15.2	3.8	127.1	21.6	12.0	149.7	0.2	2.5
1979	27	0.3	17.9	4.2	150.5	17.9	11.9	203.4	0.1	2.1
1980	29	0.2	21.0	3.8	175.5	16.8	12.0	222.9	0.1	1.7
1981	39	0.2	23.2	4.8	212.8	18.1	10.9	261.3	0.1	1.8
1982	38	0.1	31.7	6.0	218.5	17.3	14.5	242.5	0.1	2.5
1983	37	0.2	23.7	5.0	244.5	15.1	9.7	261.9	0.1	1.9
1984	45	0.2	26.4	6.1	292.4	15.4	9.0	306.3	0.1	2.0
1985	44	0.2	25.8	6.4	302.8	14.7	8.5	311.4	0.1	2.1
1986	55	0.3	32.4	9.3	347.1	15.8	9.3	315.8	0.1	2.9
1987	82	0.4	36.7	14.1	472.8	17.3	7.8	410.2	0.1	3.4
1988	97	1.7	44.2	15.1	607.0	16.0	7.3	518.1	0.3	2.9
1989	101	2.3	50.0	17.6	623.8	16.3	8.0	614.6	0.4	2.9
1990	89	3.6	58.1	18.1	650.2	13.6	8.9	698.4	0.5	2.6
1991	84	4.2	70.4	22.2	718.7	11.7	9.8	815.2	0.5	2.7
1992	78	4.6	74.9	22.3	766.3	10.2	9.8	817.8	0.6	2.7
1993	72	5.5	81.7	22.8	822.4	8.7	9.9	838.0	0.7	2.7
1994	67	9.5	98.5	29.8	960.1	7.0	10.3	1,023.5	0.9	2.9
1995	61	14.3	112.9	35.1	1,250.6	4.9	9.0	1,351.2	1.1	2.6
1996	52	18.3	116.2	37.6	1,297.2	4.0	9.0	1,503.4	1.2	2.5

注1）アパレル・繊維・繊維製品は SITIC 分類の84、65、26 を、％はシェアを指す。
　2）テキスタイルは1961 年から1971 年までの輸出データは、織物・梳毛・生糸などの合計である。
出所1）NATIONAL STATISTICAL OFFICE REPUBLIC OF KOREA『韓国統計年鑑』各年次による。
　2）総輸出入のデータは、全国経済人聯合会『韓国経済年鑑』の各年次による。
　3）1994 年からの総輸出入のデータは、Published by the Bank of Korear, ECONOMIC STATISTICS YEARBOOK 1997 により作成。

　アパレルの輸出市場は、終始一貫してアメリカが第1位だったが、日本商社による輸出が大きかった。しかし、1987 年の 33.5% をピークに、1992 年には 26% と下降傾向を見せている。代わりに日本への輸出が1979 年の 17.7% から 30.7%（1992 年）へと徐々に増加している[48]。ところが、

48　韓国繊維産業聯合会『繊維年鑑』各年次より。

1993 年に中国のアパレル輸出が世界のトップに躍り出たことで、日本への輸出はアメリカ向けとともにその比率を下降させることになる。

ここで、台湾と韓国のアパレル産業の輸出シェアを比較してみると、韓国の方が強い勢いを見せている。とくに強調おきたいのは、第一に、同じように脆弱な育成策あるいは保護政策のもとで成長してきた両国のアパレル産業だが、成長の差異を生じさせた根本的な要因は、その初期条件の違いにあったということである。韓国と台湾における繊維製品の対日輸出の推移を見てみよう。1963 年の韓国の対日輸出は 70 万ドルで、40 万ドルの台湾を上回り、その後も台湾を凌ぐ勢いで上昇して行く。1980 年までで最も輸出額の大きい年次を比較してみると、韓国の 1,273 百万ドル（1979年）に対して、台湾は 428 百万ドル（1979 年）にすぎない。両地域の対日輸出額の格差が最も大きかった年は 1975 年であり、韓国の 417.4 百万ドルに対し、台湾は 94 百万ドルとなっており、4.4 倍の格差があった。[49]

第二に、台湾と韓国のアパレル産業における技術進歩率を比較してみることにする。[50] 台湾は 1961 年から 1971 年までは毎年 6.35%、1971 年から 1976 年は 8.1% の増加を示しており、同時期の製造業全体の 3.49% と 3.52% と比較して非常に高く、製造業の中で最高の進歩率であった。一方、韓国のアパレル産業の技術進歩率は 1963 年から 1970 年は 4.26% で、製造業全体で下から 3 番目の低い進歩率となり、台湾とは対照的である。1970 年から 1976 年は 9.48% と、製造業全体で 2 番目に高い進歩率となっている。つまり、韓国のアパレルは技術進歩率が相対的に低いのである。にもかかわらず、1960 年代と 1970 年代における対総輸出シェアは台湾より高く、かつ、それを長く維持している。その主な要因は、綿紡織企業の基盤における違いにある。

第三に、両地域の共通点として、当初から民間企業が中心であったアパレル企業が輸出の担い手となり、繊維産業に先立って輸出をリードした点を指摘できよう。ただし、政府のアパレル産業に対する育成政策は、繊維部門に比してかなり弱かった。この点についての本稿の理解は、先行研究

---

49 通商産業省編『通商白書』各年次による。本データは小林秀夫が集計した結果（1979 年韓国は 1,320 百万ドル、台湾は 480 百万ドル）と多少のずれがある。小林秀夫『戦後日本資本主義と「東アジア経済圏」』御茶ノ水書房、1991 年、236 頁。原資料は大蔵省『日本貿易概況』各年版。

50 技術進歩率は、Solow のモデルによって得ていたと言う。原数字は、1)「普査資料」（全面調査）と 2)「主計處估計普査資料」（主要関連部門による推定サンプル調査）の 2 種類があったが、本章では 1) を引用している。邢慕寰著『台湾経済策論』三民書局、1993 年、66 ～ 67 頁。

である安部誠と川上桃子の見解とはやや異なっている[51]。両氏は、韓国と台湾の合繊産業は異なった政策のもとで発展したと主張し、「韓国における合成繊維産業は、参入規制によって形成された寡占的産業組織と国内市場保護のもとで、輸出産業化した国内川下繊維産業に糸・原綿を供給することによって発展を遂げた」と述べている。しかし、そこではアパレル産業の繊維産業（合繊産業を含めて）に対するインパクトは分析されていない。1950年から1960年代初期、両地域の合繊を含めた繊維産業は、アパレル部門の輸出成長に刺激され、政府の化合繊技術の導入政策が打ち出されていたのである。

　台湾の繊維産業は、中国民族紡織資本がその基盤となり、しかも官僚資本が主導してきたが、1960年代から1988年までは、アパレルの輸出が繊維をリードするようになっていた。これに対し、韓国は繊維素材生産において一定の基盤をあらかじめ有していたため、アパレルの輸出はかなり早い時期からスタートしていたのである。韓国政府による化合繊維の育成政策は、アパレルの成長に引っ張られる形で、1970年代になってようやく効果を持ち得たのである[52]。アパレル産業において、台湾と韓国は異なった条件のもとで成立し、発展してきたと言えよう[53]。

　総じて、台湾の繊維産業は、主に中国大陸から移転してきた紡織民族資本の手でスタートし、間接的に戦前と連続している。韓国の場合は、終戦直後でも、繊維産業の企業数と従業員数は戦前より増加している。旧日本資本の繊維設備は帰属財産として払い下げられた。また、償却されたとしても、すでにそこで育成されていた熟練工および管理層の人材は遺されていた。戦後、日本と取引を再開する際、そうした韓国人経営者や従業員は、非常に重要な役割を果たしていた[54]。日本の設備や資本が物質的に無くなったとしても、技術や人材などのソフト面で、直接あるいは間接的に、無形の財産が遺っていたのである。それは、1950年代から1970年までの急成

51　安部誠・川上桃子「韓国・台湾における企業規模構造の変容」（服部民夫、佐藤幸人編『韓国・台湾の発展メカニズム』アジア経済研究、1996年収録）176〜177頁を参照。

52　しかし、1986年、韓国の繊維産業は政府の参入・設備投資規制撤廃によって、輸出においては台湾繊維産業よりかなり縮小してしまう。韓国の規制撤廃に関しては、同上書、185頁を参照。

53　韓国と台湾繊維製品の対日輸出推移を見てみよう。1963年、韓国は0.7百万ドルで、0.4である台湾を上回り、その後も台湾より顕著な勢いで上昇して行く。ギャップの最も大きい年は1975年であり、韓国と台湾は417.4対94（単位はともに百万ドル）で、4.4倍の格差があった。通商産業省編『通商白書』各年次による。

54　1998年10月、韓国衣類産業協会、韓国横川電機株式会社の役員へのインタビューより。

長にとって、重要な先行条件となっていた。また、1920 年代生まれの創業者たちの教育水準は高かったし、日本やアメリカへの留学経験者も多かったことも、特徴として挙げられよう（表3-4）。

　日本では繊維産業を基軸に、1950 年代にアパレル産業が台頭し始め、輸出シェアを拡大していった。しかし、1960 年代からは繊維産業の海外進出とともに、一部の企業は素材企業とセットで海外進出を始め、1970 年代には東南アジア・韓国・台湾等の地域に流入し、やがて、1980 年代後半になると、日本のアパレル企業は NIEs の有力企業とともに、中国に投資するようになる。つまり、NIEs のアパレル企業は中国へ活発的な直接投資を行なっていたのである。その要因と特徴を以下の 3 点にまとめておきたい。

　1）NIEs のアパレル産業の初期条件。韓国の植民地時期の有形あるいは無形の資産は、1960 年代の織物製品の輸出シェアの大きさから見て取れる。そうした資産が産業全体の復興に果たした役割は少なくなかったし、直接的な連続性があったと考えてよい。一方、台湾は中国民族紡績資本が戦後移転したこともあり、「連続性」は間接的であった。そのため、繊維・アパレルの輸出の立ち上がりは、韓国よりもかなり遅れることになった。このような条件の差異が、両地域の輸出シェアの持続度・シェア拡大時期の差をもたらしたといえよう。

　2）台湾と韓国のアパレル産業は繊維産業と違い、政府の育成政策による保護が弱かったという共通点がある。また、両地域の紡織資本は、その経営基盤をもとに、グループ化あるいは子会社化を通じたハイテク産業への参入を行って事業を拡大し、ビジネス・グループの軸を形成していくようになった点でも共通している。

　3）NIEs（主に香港・台湾・韓国）のビジネス・グループは、いずれもその立ち上りの段階で日本の直接投資と技術に大きく依存してきたが、中国の市場開放期にはすでに大きく成長し、日本と対等に中国への直接投資を行うまでになった。そのことも手伝って、中国のアパレル産業は先進国、とくにアメリカ市場のクォータ制をうまく乗り越え、その輸出額は世界最大となったのである。

　以上の三つの特徴は、日本・中国を包括した東アジア地域のアパレル産業の成長と変容における大きな要因となっている。

55　本書第 4 章Ⅲ「中国の浮上と香港の役割」を参照されたい。

第4章
香港のアパレル産業

　1970年代末から1990年代初頭まで、中米間貿易において、香港は再輸出の拠点として大きな役割を果たしてきた。アパレル製品を見てもわかるが、アメリカ市場における同製品の5大供給国・地域からの輸入比率は大きく変化していた。[1]1980年、香港は22.42%で首位、その次は台湾で16.4%、以下、韓国14.2%、日本6.82%、中国4.69%であったが、1990年になると、香港は21.54%、次が韓国で13.5%、台湾は9.78%であった。中国のシェアは5.71%で、10年前の日本に取って代わって4位となり、さらに1993年には第2位にまで浮上してきた。結果として、それは中米の貿易摩擦を引き起こすこととなる。一方、香港は一貫して首位を維持してきたが、その比率は1995年には16.55%にまで低下した。米国は、香港経由の中国製品輸入に制限を加え始め、その上にさらに厳しい条件を付加した。[2]代わって、メキシコからの輸入が1995年に第3位となり、シェアも7.7%に急増した。冷戦の終焉とともに、対NIEsへのクォータ貿易は崩れつつあり、アメリカの輸入政策も変更を余儀なくされていた。本章では、日本のアパレル企業による香港への直接投資に焦点をあてて分析を行い、同地域におけるアパレル産業の発展、および東アジアの工業化における役割を考察し、若干の論点を明らかにすることにしたい。

1. 香港における紡織産業の成立

1. 大陸の紡織資本
　戦後、中国大陸から香港に移転された綿紡織企業は宝星紡織・怡生紗

1　Robert C. Feenstra、海聞、胡永泰、姚順利『美中貿易逆差：規模和決定因素（米中貿易の赤字：規模と決定要因）』（北京大学中国経済研究中心、1998年）第8表を参照。原資料はカナダ世界貿易データバンクの各年による。

2　アメリカに輸出する場合、原産地証明の条件が従来と変わり、たとえば、香港産にしようとすれば、その完成度はますます高く求められると言う。筆者の1997年7月26日、香港「麗新製衣国際有限公司」（LAI SUN GARMENT INTERNATIONAL LTD.）の楊瑞生役員の訪問による。

廠・会徳豊紡織・聯泰紗廠・東南紡織・新華紗廠・金星紡織など7社であった。地元香港の紡織企業では、1947年に大南紡織がわずか5,000錘で起業し、翌年には半島紗廠（後に香港紡織と名称変更）・偉倫紡織・南洋紡織・九竜紡織工業・南海紡織が相次いで創業した[3]。これに比して、戦前の香港の紡織産業は、台湾にきわめて近似し、「皆無に」等しかった[4]。しかし、大東英祐の研究では、香港における同産業は、戦前の「上海時代以来の経験の蓄積」により、経営効率が高かっただけではなく、戦後は「アパレル産業の発展と合間って」、早くから世界市場に向かって輸出を始めていたという[5]。大東は、香港アパレル産業発展の背景として、第一に「強力な政府を持たないこと」、第二に「上海系の紡織企業家は上海時代に日本の在華紡との競争を経験」していたこと、そして第三に、戦後初期に大量に日本綿布を輸入して競争力を強化したことで[6]、香港のアパレル製品は、同時期のアメリカの輸入規制による不利を日本からの上品質綿布の輸入によってカバーした、と見ている。大東はまた、綿業に力点を置きながらも、アメリカから大量生産方式を移植した点も強調していた。さらに、当時の日本はアメリカとの「ワンドル・ブラウス」貿易問題を引き起こし、輸出に関してアメリカから自主規制を求められていたため、香港のアパレル製品の輸出が伸び、しかも、その貿易は日本企業の積極的な努力だけではなく、アメリカ側の「大手小売業者による大量買付け」によっても発展が促されたとしている[7]。

　沢田ゆかりと佐藤幸人による香港の研究にも興味深い示唆が見られる。沢田は、香港の繊維産業が香港の工業化において中心的な位置を占めたことを明らかにし、中国関係の変化と香港の同産業の課題を提示している[8]。1950年の香港は、上海の紡績資本家の亡命により、従来の中継貿易基地から、繊維産業を主力とする製造業基地へ変貌したという。この点に関し

3　岩崎博芳「香港」アジア経済研究所『発展途上国の繊維産業』1980年、128頁。
4　1950年の香港の綿紡錘数が13万2,000錘であったのに対し、韓国は1949年30万4,522錘、1950年9万4,592錘、1952年には13万7,797錘で、戦前の紡績数は、香港よりはるかに多かった。台湾は1947年には1万5千錘しかなかった。大東英祐「香港における紡織業の発展」森川英正・由井常彦編『国際比較・国際関係の経営史』名古屋大学出版社、1997年、217頁。
5　同上、217頁。
6　同上、218〜229頁。
7　同上、235〜237頁。
8　沢田ゆかり「香港の繊維産業」林俊昭編『アジアの工業化―高度化への展望』アジア経済研究所、1987年、107〜143頁。

ては、大東英祐をはじめ、佐藤幸人、辻美代など多数の研究によって共通の了解が得られている。[9][10]

　香港は、1959年にイギリス向けの綿製品輸出に対して自主規制を行い、1961年から1962年にかけての「短期綿製品取極め（STA-Short Term Arrangement Regarding International Trade in Cotton Textiles）」と「5年間の有効期限をもつ長期綿製品取極め（LTA-Long Term Arrangement Regarding International Trade in Cotton Textiles）」があったにもかかわらず、紡織産業が積極的に「オープン・エンド精紡機の導入」を行った。沢田によれば、その結果としての生産性の向上・商品の多様化の達成、そして世界的な自由貿易潮流の継続という3つが、同産業を発展させる主な要因となり、「自由貿易体制とそれに適応できる体制を自ら作ってきた」[11]が、その「柔軟な対応は、主として香港政庁のレッセ・フェール政策に起因する」[12]とした。それはまた、「多数の中小企業によって支えられているが、これはひとつにはレッセ・フェールの下で繊維財閥が育てられなかったためである」[13]と、大東とは違った側面から異なる要因を取り上げていた。

　佐藤幸人は、1960年代のアパレル産業の急成長により、紡織部門において、従来繊維産業が占めていた主導的な地位をアパレルに譲ったことについて、紡織企業が外生的な要因によるのに対して、アパレルは「香港自体のもつ条件に立脚していた」からであると述べている。[14]資本と企業家という点からみると、既存の上海系紡織資本の参入もあったが、香港の人口の多数を占める広東系の小額資本と自ら蓄積した技術があり、しかも（アメリカ）市場の拡大があったからだと言う。

　これらの研究によって、香港のアパレル産業の発展は、戦前の大陸紡織資本と戦後のアメリカ資本との関係から解明されてきた。しかし、日本の資本との関係、とくに（繊維素材企業との関係はともかく）アパレル企業

9　佐藤幸人「工業の発展」小島麗逸編『香港の工業化─アジアの節点』アジア経済研究所、1989年、56〜68頁。

10　辻美代「繊維産業の発展と外資─香港・日系企業の牽引による『アパレル王国化』」石原亨一篇『中国経済と外資』アジア経済研究所、1998年、188頁。

11　沢田は「60年代の安定成長を支えたこれらの諸要因は、70年代に大きく変容すること」になったと見ており、「香港の紡織産業が国際競争力を失っていった原因のひとつは、60年代から不動産投資による地価の急騰」であり、「縫製工業」は「地代が割安に」なり、アパレルはデザイン面での付加価値が大きい外衣やOEMなど下請け加工で学習したファッション・デザイン性で、競争力を強めていたと見る。前掲「香港の繊維産業」110〜112頁。

12　同上、137頁。

13　同上、134頁。

14　前掲「工業の発展」57頁。

I 香港における紡績産業の成立　101

とどういう関係を持っていたかについて、先行研究では必ずしも明らかで
はなかった。本章では、その点の補足作業を行いたい。

2．外国資本

　香港のアパレル産業における外国資本と言えば、「1950 年代の半ば前後
にアメリカから動力ミシンを用いた大規模な縫製事業のノウハウが移植」
されたのが最初であろう。これにより企業数は 1955 年（登録ベース）の
99 社から 1958 年の 269 社にまで増加し、従業員は 4,261 人から 17,837 人
へ急増している[15]。輸出製品は、1959 年の時点で、1 億 1,900 万のうち約
40% がアメリカ向けであった[16]。ここでは、大東の研究で明らかになった
ように、アメリカの百貨店や大手小売業者などのバイヤー活動、繊維工場
管理の経験が豊富な日本の技術者（マネジメント）、および広東の労働力
という三つの要素の「最適の組み合わせ」が重要だと考えられる。

　岩崎博芳は、香港におけるアパレル輸出は、日本向けの比率が低く（1978
年 1 ～ 6 月）、アメリカの 41% に対し、わずか 2.4% しか占めていなかっ
たという[17]。

　表 4-1 に示されている通り、たしかに 1960 年の香港から日本へのアパ
レル製品の輸出は、同年のアメリカへの輸出額 378 百万香港ドルに対して、
わずか 2 百万香港ドルしかない。しかし、1967 年からは増加を始め（1981
年にはアメリカを上回ったこともある）、1991 年にはそれまで首位であっ
たイギリスを上回って 10,810 百万香港ドルに達し、さらに 1994 年はドイ
ツ、1995 年はアメリカを上回り、日本は香港にとっての巨大輸出市場と
なった。韓国と台湾への輸出も 1980 年代から増加し始め、1990 年代には
そのシェアを急激に拡大していく。この現象を説明するには、日本（韓
国・台湾も含む）のアパレル企業による香港への直接投資と取引関係を探
らなければならない。ただし、直接的調査にはかなりの困難があり[18]、今後、
より緻密な努力が要求されるだろう。

15　前掲「香港における紡織業の発展」230 頁。
16　同上。
17　前掲「香港」149 ～ 150 頁。
18　実態調査を行う際に遭遇したが、企業は非常に慎重であるため、インタビューを断るのが「香港アパ
　　レル企業の常識」だと感じた。

102　第4章　香港のアパレル産業

表4-1　香港のアパレル製品の国別輸出

単位：百万香港ドル

年	英国			ドイツ			アメリカ			中国			日本			韓国			台湾		
	地場	再輸出	合計	地場	再輸出	合計	地場	再輸出	合計	地場	再輸出	合計	地場	再輸出	合計	地場	再輸出	合計	地場	再輸出	合計
1960	30	0	30	84	1	84	376	2	378						2						
1965	333	0	333	293	4	297	625	0	625	0.20	0	0	8		8						
1967	471	0	471	265	1	266	818	0	818	0.90	0	0	16		16						
1972	1,423	6	1,429	141	5	146	2,276	11	2,287	0.10	0	0	289	33	322	1	13	14	1	1	2
1973	1,358	6	1,364	183	14	197	2,465	8	2,473	0.50	0	1	371	31	402	1	17	17	2	1	2
1975	1,587	12	0	1,997	16	0	3,148	1	3,149				313	17	330			1	1	1	2
1976	1,795	17	1,812	2,669	22	2,691	4,569	21	4,590	0.10	0	0	415	25	440	1	1	1	1	2	3
1980	3,194	16	3,210	4,262	161	4,423	876	591	1,467	58	29	87	717	61	778	1	4	5	4	8	12
1981	358	24	382	4,324	72	4,396	195	854	1,049	162	43	205	1,136	1	1,137	1	9	10	5	9	14
1984	4,449	47	4,496	5,553	279	5,832	23,632	368	24,000	512	12	524	288	35	323*	4	11	15	1	13	24
1985	3,872	7	3,879	4,561	345	4,906	24,789	3,894	28,683	489	212	701	1,682	43	1,725	3	12	15	1	11	12
1990	7,231	1,529	8,760	1,289	6,362	7,651	33,778	1,524	35,302	22	194	216	418	6,181	6,599	61	213	274	335	726	1,061
1991	823	2,338	3,161	11,666	9,827	21,493	34,676	16,747	51,423	2,529	1,521	4,050	3,529	7,281	10,810	53	26	79	350	183	533
1992	7,872	3,351	11,223	1,247	799	2,046	37,143	21,568	58,711	3,329	25	3,354	327	1,598	1,925	54	29	83	878	491	1,369
1993	6,997	4,826	11,823	9,769	9,971	19,740	3,439	268	3,707	3,752	2,187	5,939	2,539	12,726	15,265	63	311	374	147	581	728
1994	6,878	4,342	11,220	8,824	8,973	11,220	36,587	24,812	17,797	472	221	693	2,283	15,428	17,711	175	577	752	1,481	85	1,566
1995	11,220			8,433	8,454	16,887	56,930	24,812	81,742	5,898	211	6,109	2,334	17,882	20,216				1,853	745	2,598
1997	6,432	7,159	13,591	6,725	8,849	15,574	32,547	26,918	59,465	11,364	1,148	12,512	1,458	15,897	17,355	344	142	486	1,778	895	2,673
1998	6,179	859	7,038	5,876	7,433	13,309	35,233	25,751	60,984	14,297	1,294	15,591	783	12,384	13,167	60	365	424	1,467	735	2,202

注) 空欄は資料の欠如を意味する。＊数字が急減した原因は不明である。
出所）Census Statistics Department, Hong Kong Trade Statistics 各年版。

　なぜ1960年代にアメリカへの輸出比率が高かったのかについては、興味深い指摘がある。本章冒頭で紹介した大東英祐の重要な指摘はこうである。すなわち、当時、アメリカのカーンズ特使は香港に輸出規制を求めたが、その規制は日本より緩やかであったにもかかわらず、香港の関係者は「香港はアメリカからは何ら援助をうけていない」などと、アメリカ側の綿製品輸入規制を強く批判し、[19]香港のアパレル製品がアメリカ市場を開拓できたのは、日本の高品質綿布の輸入に大きく依存していたからだと言う。

19　前掲「香港における紡織業の発展」238頁。

II　日本の資本と技術　103

　大東は、日本の繊維企業による香港への資本投資や技術協力関係につい
て、精力的な実証研究を積み重ねてきた。それは、ひとつの知的辺境領域
の開拓とでも評価すべき試みだった。ただ、1960 年代以降におけるアパ
レル企業の資本関係や具体的な取引関係に関わる検証は、いまだ追究の余
地が残っている。そこで、次節では日本のアパレル企業による香港への直
接投資を検討してみることにした。

II. 日本の資本と技術

1. 直接投資

　日本の香港への投資について、1951 年から 1987 年までの実績を累計で
見ると、件数で 2,829 件、金額では 45 億ドルに達している[20]。日本の繊維
企業は、1960 年代から香港への直接投資を増やしつつあった。そこでは、
非上場企業より上場企業の数（表 4-2・登録ベース）がやや先行していた[21]。
1970 年代に入ると、アパレル企業による直接投資が繊維企業より活発に
なる。投資した上場企業は、グンゼ（投資先企業は金泰廠有限公司〈Gun-
zetal Ltd〉、Gunze Trading）、鐘紡の縫製加工販売（Sun & Bell Textile
Industrial Co. 香港 World Bell Inc.）、東京スタイル（三景香港有限公司）、
デサント香港有限公司（100% 出資）、ダーバン（Durban Hong Kong Ltd.
と Durban Casual Wear）、小杉産業（Kosugi Overseas HK）などであり、
いずれもアパレル上位企業であった。1980 年代はレナウン、レナウンルッ
クなどの投資が見られ、件数ではアパレル企業が増えている。同時期、繊
維は、上場企業 1 社・非上場企業 3 社にすぎなかったのに対し、アパレルは、
上場企業 21 社・非上場企業 12 社と、圧倒的に多い。これは、香港におけ
る特徴であっただけではなく、台湾・韓国・中国においても同様であった[22]。
アパレル企業は企業数や規模の面だけではなく、金額の面でも海外展開の
主導的地位を占めている[23]。「その他」部門における直接投資も繊維より多

20　山下彰一「日本の海外直接投資とアジアの経済発展」谷浦孝雄編『アジアの工業化と直接投資』アジ
　　ア経済研究所、1989 年、35 頁。原資料は日本輸出入銀行『海外投資研究所報』1988 年。
21　表 4-2 で取り上げた企業は、出所）資料に登録された企業のみであるため、実態とは多少のずれがあ
　　ると考えられる。同表のもうひとつの限界は、1988 年と 1993 年の登録企業からのみ抽出した点に
　　ある。
22　社団法人経済調査協会『企業別海外投資』上場企業と非上場企業編（第 18・22 集）、1988 年、
　　1993 年版より。
23　1980 年代、日系商社・繊維企業・小売企業による香港投資は、従来と異なる特徴をもっていたという。

かった。デザイナー・小売り・包装等のサービス業の進出が目立っていたのである。

表4-2　日本のアパレル企業による香港への投資の推移

単位：件

年	資本金・万ドル	アパレル上場	アパレル非上場	繊維上場	繊維非上場	その他上場	その他非上場
（年度不明の投資）		80	120	624			
単位：万香港ドル			80		20		300
1960	100~499			2			
1964	100~499			1	1		
1966	50~99						1
1968	10~49		1				
1969	10~49						1
1970	10以下	1					
	10~49						1
1971	10~49			1			
	500~999			1			
1972	10以下	1	2				2
	10~49	1	2				
	50~99			1	1		
	100~499		1				
	500~999	1					
1973	10以下	2	1			1	1
	10~49						1
	100~499						1
	500~999						1
	1,000~4,999			1			
1974	10~49					1	
	50~99				1	1	
	100~499				1	1	
1975	10~49			2			1
	100~499						1
	500~999						1
1976	10以下			2			
	10~49			1			3
	50~99	1					1
	100~499			2			1
	500~999				2		
	1,000~4,999	2					
1977	10以下		1				
	500~999		1				
1979	10以下			2		1	1
	10~49	2					
	100~499	1					
1980	10~49				1		
	500~999				1		
1983	50~99	3					
1984	10以下	1					
	10~49	1					
1985	10以下	1					
1986	10以下	1					
1987	10以下		4				
	10~49	4	2				
	50~99	3			1	1	1
	100~499				1		
1988	10以下					1	
	50~99				1		
	100~499	2	1				
1989	10以下	1					
	10~49		1				
	50~99		1				
	5,000以上						
1990	10以下						
	10~49						
	100~499						
	500~999						
1991	10~49				1		
1992	50~99				1		
	100~499	1					
合計		35	29	12	11	10	20

出所）社団法人経済調査協会『企業別海外投資』上場企業と非上場企業編（第18・22集）、1988年、1993年版による。

それは、これらの企業が自らアパレル事務所を設立し、香港を生産基地としてだけではなく、アジア全域の生産・販売管理センターとして活用していたことである。沢田ゆかり「香港の繊維産業と貿易摩擦」林俊昭編『アジアの工業化─貿易摩擦への対応』アジア経済研究所、1988年、174～177頁。

東レは、香港企業 TAL（Textile Alliance Limited）に 1971 年に資本出資をしたが、同年の東レの出資比率は 30% しかなかった。しかし、毎年の資本出資で化繊や染色だけではなく、徐々に範囲を拡大していき、アパレル生産にも投資を行った[24]。結局、1978 年に東レの出資比率は 49.9% に達し、ほぼ半分を占めた[25]。

日本の百貨店の香港進出は、香港の日系アパレル企業による現地での一貫生産（生産から販売まで）を可能にした要因のひとつであった。たとえば、大丸は 1960 年に 55% の出資で香港大丸百貨店を創設した。その資本金は 1,000 万香港ドルである。1973 年には三越が香港三越を開業、取得株価は 13 億円で、持株数は 3 万 3 千株であった。同年には伊勢丹、その後相次いでダイエーがで進出し、翌年は西友、1975 年は松坂屋、1979 年にはアパレル販売に成功した（売上の 5 割以上がアパレル）ニチイが進出した。大丸を除く日本企業の出資比率は 100% であった[26]。

一方で、日本の繊維資本は NIEs よりも、東南アジア（インドネシア・マレーシア・フィリピン・タイ・シンガポール・ブルネイ）方面により多く投資していた。1951 年から 1981 年まで、件数では NIEs の 258 件に対し、東南アジアは 319 件、金額では 323 百万ドル対 665 百万ドルで、東南アジアへの資本投資は NIEs をはるかに越えていたことがわかる[27]。その中で、紡績は化合繊維より資本額が多かったが[28]、香港の化合繊維製品の輸入では、半分が東南アジア地域からで、残りの半分はほとんどが日本・NIEs（韓国・台湾）からである（図 4-1）。その原因のひとつは、上で述べた日本の直接投資と関連するが、それとは別に、香港の東南アジアへの進出も関連していたと考えられる。たとえば、「ジョルダヌ（佐丹奴）」は小売りから出発したアパレル企業であるが、1996 年度にはアジアにおける総合的評価の上位 50 社中 14 位となり、チェーン店を中国や東南アジアにまで展開したことで香港では有名であった。また、当時東南アジアにかなりの額の投資も行っていた。東南アジアの人は「不喜歓工作」（仕事が好きではない）と言われているにせよ、日本企業が東南アジアに大きな力点をおいて

24　1972 年にはミシンを 1,500 台保有していた。
25　通商産業省生活産業局編『海外繊維産業事情調査団報告書』1982 年、540 ～ 547 頁。
26　社団法人経済調査協会『企業別海外投資』上場企業と非上場企業編（第 18・22 集）、1988 年、481 ～ 484 頁。
27　通商産業省生活産業局編『世界繊維産業事情』1994 年、179 頁。
28　同上、176 頁。

いた。しかし、それにもかかわらず、香港企業にとっての東南アジアでの経営管理は一番難しかったし、それは中国の大陸、韓国などと比較できないほど文化が異なっていて、そのために、事業もあまり捗らなかったと言う。

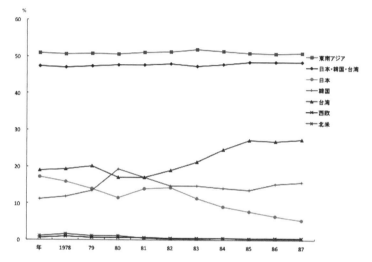

図4-1　香港の化合繊維製品の国別輸入

単位：ステープル・糸・ニット生地はトン／織物はメートル

注1）東南アジア，日本，韓国，台湾，西欧，北米の輸入合計値を100にし，%はそれに対する比率である。
　2）化学合繊は合繊ステープル，合繊フィラメント，長繊維織物，短繊維織物の合計である。
出所）日本化学繊維協会『化繊ハンドブック』1983年，1986年，1990年版による。

　いまひとつは、日本の香港合弁企業が東南アジアにグループ企業群を形成したことと関連している。たとえば、東レのマレーシア・グループは、ポリエステル・ステープル生産から染色およびアパレル生産まで、タイ・グループはポリエステル・フィラメントの生産からアパレル生産（タイ・ガーメント・エキスポート／Thai Garment Export Co Ltd）まで、インドネシア・グループは織物生産を中心に、いずれも日本の上位企業を中心

29　1997年8月30日の同社への訪問調査による。

に取引を展開していた。[30]

　NIEsと東南アジアにおける繊維とアパレル産業の輸出化は非常に異なっている。インドネシアは1970年代から繊維・アパレルの輸出が少しずつ伸び始めたが、ピークである1990年代初期でも総輸出額のわずか18%程度しかなかった。フィリピンはそれよりもっと少なかったし、最も多かったタイでも20%以下で、それも数年間維持できたにすぎなかった。[31]

　香港の化学繊維の国別輸出を見ると（図4-2）、1970年代末からは、東南アジアへの輸出が減少しているのに対して、中国への輸出は上昇していた。同時に日本への輸出も減少しているが、これはアパレル企業による中国への直接投資と関わりがあるのではないかと思われる。

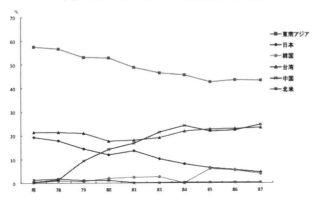

図4-2　香港の化学繊維製品の国別の輸出比率
単位：ステープル・糸・ニット生地はトン／織物はメートル

出所）図4-1と同じ。

30　東レ株式会社出版『東レ50年史』昭和52年、203〜204、417〜421頁。
31　United Nations, Yearbook of International Trade Statistics 各年より。繊維とアパレルとは26+65+84品目の合計値である。

2．アパレルの生産

上節では、日本のアパレル企業による香港への直接投資について見てきたが、この節では具体的な事例を通じて、香港のアパレル企業の事業展開を考察してみたい。

1）大企業の事例

「麗新」は香港で最大のアパレル企業である[32]。綿布の生産から創業し、香港では最も多くアメリカのクォータ（輸入割当）を持つ企業でもある。現在は 33 の子会社を持つ企業グループとして成長している。また、不動産やサービス業など、他業種にも進出している。ミシンなどの設備はドイツ製やアメリカ製もあるが、1997 年時点では 6 割が日本製であった。生産のリードタイムは 50 日から 60 日であり、10 年前の 3 ヶ月と比べると大幅に短縮されたという。

綿布生産から事業を開始したにもかかわらず、現在、素材の多くは自社生産ではなく、台湾・韓国から調達している。アメリカ市場のファッション性とニーズの多様化は、香港企業の受注のミニマム・ロットにも影響を及ぼし、従来の受注ミニマム・ロットの単位が万件であったのに対し、現在は 600 件となっている。これは、消費者の多様化による量産型の変質を意味する。現在「麗新」の自社製品のブランドには、「Crocodile」、「GAP」、「HENRY GRETHEL」などがある。1990 年代に入ってからは上海・北京などへ直接投資を行うとともに、いくつかの地域に直営店を設立している。

2）中小企業の事例

A 社の経営者はデザイナー出身で、兄弟 3 人が 1972 年に縫製から企業[33]経営をスタートさせた。創業時の従業員は 20 人であったが、その後まもなく、日本の大阪での展示会に商品を持ち込み、そこから受注を受けはじめた。事業は順調に伸び始め、まもなく染色業・小売にまで参入していた。日本へのアパレルの販売ルートは、イトーヨーカ堂・鈴丹（SUZUDAN）・ジャスコなどである。日本の中小企業からも注文を受けたという。素材の購入は帝人などからであったが、1997 年には日本から 85%、アメリカから 10%、その他から 5% となっている。日本の友人も多く、経営者は日本

32　1997 年 7 月 26 日、筆者の同社役員への訪問による。
33　1997 年 7 月 27 日、筆者の A 社副社長への訪問による。

語が流暢であったため、製品契約の80%は口頭で行っていたという。それは「長期的取引による信頼関係の結晶」でもあり、「かなり日本的」だと自ら語ってくれた。日本の明治時代のメリヤス取引で見られたように、「信用の根拠は『人情』と『顔』にあって、契約の条文にはないことになる[34]」。このような契約関係は、戦後の日本アパレル業界においても、下請け企業と契約する場合には顕著に見られる。こうした関係は「近代的ではない」という批判も多いが、100年以上もこうした方式が生き残るのには、それなりの合理性があるからだと考えるしかない。これこそ日本独特の経営方法のひとつではなかったか。もちろん、ハイテク産業の発展、情報技術や流通インフラの飛躍的な進展によって、今日、日本のアパレル産業[35]は大きく変わりつつある。

同社の生産した製品は、ほぼすべてが日本へ輸出されている。経営者がデザインした自社ブランドは香港、あるいは中国で売られている。生産技術は取引相手である日本企業の指導によっていた。その多くはサンプル提示、あるいは発注のために香港に来た際に、現場指導を行われたという。同社は1997年には従業員1,000人（パートを含む）という規模を有し、中国広州に三つの工場を設立、サイパンでは飲食店やクリーニングなどのサービス事業にも投資している。

一方、B社は失敗の事例である[36]。1960年の創設以来、イギリスからの受注によって成長してきた。しかし、1979年、イギリスからの発注減少と相まって、中国が市場開放政策を採り始めた。そこで、社長は早速広東などの地域に工場を作り、ワイシャツの生産を始めた。しかし、投資側のイギリス企業は従来の取引慣習に頼り、すべてを現地企業に任せてしまった。現地で採用された役員は仕事に専念せず、70日間で交際費5万香港ドルを食い潰す有様で、納期は守れず、大きな損失を受けて倒産した。

その後、1993年には仕方なく自動車の部品製造に事業転換したという。社長は自分の失敗経験から以下のように語った。香港の対中国投資はオーダー制のため、製造過程では「不管不問」（「干渉しない・指導しない」の意味）が慣習となっていたが、日本の対中国投資は「日本的経営」であっ

34　竹内常善「都市型中小工業の問屋制的再編成について(2)」『政経論叢』第25巻第2号(1975年)、70頁。
35　1999年に日本のアパレル上位企業の順位は大きく変わり、新しい企業数社も入っていた。日本繊維新聞社『繊維20世紀の記録 2000年』2000年5月、288〜290頁。
36　1997年7月25日、筆者によるB社社長のインタビューによる。

たため、オーダーしても責任を持って管理している。中国にとっては「香港の『甘口』より日本の『辛口』が良い」。これは数十年にわたるイギリスとの取引で成功した社長が、わずか数年の対中国投資での失敗から得た経験談であった。発展途上国における企業経営は、未熟な面が多いために、工業製品の生産管理には、先進国の人材投入による経営資源移動がきわめて重要であると考えられる。

　上位企業グループの「麗新」は、アメリカのクォータと大量生産によって発展してきた。しかし、ミシンなどの多くの設備は、当初のアメリカ製から現在の日本製に変えざるを得なかったし、アメリカのクォータによる企業実績も大きく揺れはじめている。成功した中小企業 A 社は、日本市場と緊密な関係を保っただけではなく、生産管理や技術を日本というパートナーから学習し、それを中国での事業展開に応用して成功したことがわかる。B 社の失敗は、イギリスのようなアングロ・サクソン型経営方法の直接的利用の限界を物語っていると言えよう。

3．中国の浮上と香港の役割
1）アパレル製品の貿易

　戦後の香港では、アパレル製品の総輸出額に占める割合が、40 年間にわたって 2 割を越えるという高成長を維持してきた（表 4-3）。1960 年代から 1970 年代末までは毎年 3 割近くを占め[37]、1980 年代から 1990 年代でも平均 2 割弱を占めていた。一方、輸入では、最大の相手国は中国であり、輸入額は 1970 年から 1990 年代にかけて急増していた[38]。

　香港のアパレル製品の輸出は、1960 年代から急速に発展し、1975 年にはイタリアを追い越して世界最大の輸出国に成長していった。また、1960 年ごろは、地場輸出がほぼ 100% を占めていたが[39]、1970 年代末からは、中国の国際市場登場により、香港のアパレル製品の輸出構造が大きく変化し始め、1992 年を境に再輸出が地場輸出を上回ることになった。

　このような転換があったのは、上述の「Ⅱ日本の資本と技術」で検討し

37　アパレル製品の総輸出額に占める割合は 1960 年から輸出が上昇し、1970 年代に入って 4 割弱、90 年代から 2 割弱へ減少している。Census Statistics Department, Hong Kong Trade Statistics, 各年より。

38　Census &Statistics Department, Hong Kong Trade Statistics 各年より算出。1995 年だけは、香港政府統計処、貿易統計資料発布組、Hong Kong External Trade SEPT, EEC, 1995 を参照した。

39　地場輸出とは、国内で生産した製品の輸出を指す。その対象語は再輸出で、多国で生産されたものの輸出を指す。

たように、1950年代から1990年代までの間に、日本の紡績企業・合繊企業・商社による香港のアパレル事業への参入、および日本のアパレル企業の役割が大きかったからである。つまり、日系企業は香港を単なるアパレルの生産拠点にしただけではなく、アジアと連動していくための情報・販売の拠点にしたところに特徴が見出されるべきであろう。

表4-3　香港のアパレル製品の輸出の推移

単位：100万香港ドル

年	地場輸出(A)	再輸出(B)	合計(C)	再輸出構成比 (B)／(C)×100%	地場輸出構成比 (A)／(C)×100%	総輸出額(D)	アパレル対総輸出シェア (C)／(D)×100%
1961	862	10	872	1.1	98.9	3,930	22.2
1963	1,383	12	1,395	0.9	99.1	4,991	28.0
1966	2,035	23	2,058	1.1	98.9	7,563	27.2
1969	3,828	47	3,875	1.2	98.8	13,197	29.4
1970	4,337	53	4,390	1.2	98.8	15,238	28.8
1971	5,464	72	5,536	1.3	98.7	17,164	32.3
1972	6,113	103	6,216	1.7	98.3	19,400	32.0
1973	7,454	187	7,641	2.4	97.6	25,999	29.4
1974	8,752	213	8,965	2.4	97.6	30,036	29.8
1975	10,202	216	10,418	2.1	97.9	29,832	34.9
1976	14,288	289	14,577	2.0	98.0	41,557	35.1
1977	13,908	309	14,217	2.2	97.8	44,833	31.7
1978	15,709	463	16,172	2.9	97.1	53,908	30.0
1979	20,131	935	21,066	4.4	95.6	75,934	27.7
1980	23,258	1,554	24,812	6.3	93.7	98,242	25.3
1981	28,288	2,179	30,467	7.2	92.8	122,163	24.9
1982	28,823	3,021	31,844	9.5	90.5	127,385	25.0
1983	34,365	4,495	38,860	11.6	88.4	160,699	24.2
1984	46,714	6,184	52,898	11.7	88.3	221,441	23.9
1985	44,912	7,652	52,564	14.6	85.4	235,152	22.4
1986	52,162	13,366	65,528	20.4	79.6	276,530	23.7
1987	65,321	18,279	83,600	21.9	78.1	378,034	22.1
1988	67,309	24,697	92,006	26.8	73.2	493,069	18.7
1989	71,874	37,281	109,155	34.2	65.8	570,509	19.1
1990	72,165	47,822	119,987	39.9	60.1	639,874	18.8
1991	75,525	63,577	139,102	45.7	54.3	765,886	18.2
1992	77,156	78,095	155,251	50.3	49.7	924,953	16.8
1993	71,857	90,574	162,431	55.8	44.2	1,046,250	15.5
1994	73,086	92,335	165,421	55.8	44.2	1,170,013	14.1
1995	73,801	90,951	164,752	55.2	44.8	1,344,127	12.3
1996	69,447	100,524	169,971	59.1	40.9	1,397,918	12.2
1998			0	58.0	48.0		13.0

出所）Census Statistics Department,Hong Kong Trade Statistics 各年により作成。

2）中間的役割

香港の役割についてのもうひとつの特徴は、中国と関わる中継貿易港としての役割である[40]。ここで言及しておきたいのは、中国との貿易関係についてより緻密な研究を行った Dr.Tun-oy Woo である[41]。同氏の研究で明らかになったのは、中国の対外開放政策によって、その貿易構造が大きく変化し、1978 年から 1989 年にかけて、香港の貿易総額に占める香港・中国間の再輸出比率が 35.71% から 84.95% に伸びていたことである。そこから同氏は、香港の役割を「仲介者」という言葉で概括していた。1980 年代における外国の対中貿易は、香港を避けては語れないほど重要であったことがわかる。

表 4-4　1986 年における NIEs のクォータ保有量の比較

単位：万ダース

	香港	韓国	台湾
対米国（A）	4,188	2,257	3,450
対 EC	2,969	1,231	529
対カナダ	355	285	351
合計（B）	7,513	3,773	4,330
米国比率（A）／（B）× 100%	56	60	80

資料）安達健作『香港・中国の縫製事情』、日本バイリーン株式会社、
　　　1987 年。
　　　原資料は香港貿易発展局。
出所）小島麗逸『アジアの結節点』アジア経済研究所、1989 年、59 頁。

ただし、これには冷戦時代の人為的な政策によるところも視野に入れなければならないだろう。たとえば、アパレルの貿易を見ると、その影響はより明確に現れている。表 4-4 は 1985 年の香港・韓国・台湾における対先進国のクォータの保有量であるが、いずれも対米の比率がもっとも高いことがわかる。しかし、それよりもっと重要な要素である市場メカニズムによる発展、つまり、具体的な企業間取引に関する分析がより重要であり、今後さらに必要となるだろう。

前掲の表 4-1 にも示した通り、国別の再輸出状況を見ると、台湾・韓国

40　たとえば佐藤幸人、沢田ゆかり、辻美代、杉谷滋などによる研究がある。詳しくは参考文献を参照されたい。
41　Dr.Tien-tung Hsueh, Dr.Tun-oy Woo「中国の対外貿易の発展と香港の役割」エドワード・K・Y・チェン、丸屋豊二郎編『中国の「改革・開放の 10 年」と経済発展』アジア経済研究所、1992 年、166 ～ 171 頁。

Ⅱ　日本の資本と技術　113

は1970年代から香港を中継地として利用しており、ドイツ・イギリス・アメリカ・日本の香港経由による再輸出は、1990年代に入ってから香港の地場輸出を上回った。さらに、中国・台湾・韓国の香港における再輸出構造を見てみると、中国のアパレル製品の場合は日本市場とアメリカ市場向けの輸出が多いが、台湾・韓国のテキスタイルは、その9割が中国向けとなっている。つまり、香港はクォータによる保護のもと、明確に中継的な役割を果たすようになっていたのである。

表4-5　香港における主要原産地域別アパレル製品再輸出シェア

単位：百万香港ドル

| 年 | 中国産 | | | | | | | | | | 台湾産 | | | 韓国産 | | |
	テキスタイル	うち中国向	比率%	アパレル	うち日本向	比率%	うち米国向	比率%	うちドイツ向	比率%	テキスタイル	うち中国向	比率%	テキスタイル	うち中国向	比率%
1992	33,609	12,292	37	76,397	28,502	37	20,949	27	7,696	10	17,759	16,890	95	6,902	6,168	89
1993	34,733	12,528	36	88,934	12,595	14	28,022	32	9,894	11	18,559	17,894	96	7,324	6,653	91
1994	37,888	15,011	40	90,146	15,217	17	31,679	35	8,849	10	21,713	21,012	97	9,163	8,478	93
1995	41,596	17,457	42	88,531	17,624	20	21,009	24	8,360	9	24,138	23,374	97	10,777	9,926	92
1996	40,448	18,499	46	97,716	19,036	19	22,946	23	8,864	9	23,727	22,995	97	10,818	9,945	92
1997	44,821	21,439	48	102,832	15,677	15	25,756	25	8,826	9	22,867	22,069	97	10,557	9,729	92
1998	42,275	19,731	47	93,043	12,226	13	24,284	26	7,898	8	18,722	18,080	97	8,656	8,028	93

注）本データは、香港のテキスタイルとアパレル再輸出から抜き出したものである。
出所）Census Statistics Department, Hong Kong Trade Statistics 各年版による。

　表4-5は、1990年代における香港のアパレル製品の輸出を地域別に取ったものである。テキスタイルは増加傾向を見せているが、中国産のアパレル製品の場合、対日本・対アメリカ・対ドイツという主要先進国への再輸出が減少に転じ始めている。先進国は消費市場の変化に伴い、発展途上国へのクォータ制を弱めざるをえない。これは、香港の中継貿易地としての地位が揺らいでいることを示唆している。

　本章の冒頭でも多少触れたが、ここではより具体的にテキスタイルとアパレルの動きが読み取れる。日本・NIEsのアパレル企業が1990年代に中国への直接進出を増加させたことに照応して、中国産テキスタイルの中国国内への再輸出比率は、1992年の37%から1997年の48%に拡大している。

一方、中国産のアパレルについては、日本・アメリカ・ドイツ向けの再輸出比率がすべて減少に転じている。と同時に、1992年から1998年の台湾産と韓国産テキスタイルの中国向け輸出は、その比率をそれぞれ95%から97%、89%から92%に拡大している。アメリカ市場における貿易摩擦に加え、原産国証明書の厳しい条件における付加もあり、香港のアパレル企業も、アメリカへの輸出製品を中国で生産し、中国から直輸出するようになっている。

III. 中国の浮上とNIEsとの競合

　1980年代初頭までの日本の対中国投資は、香港を媒体にした企業進出が多く、現地法人として中国に直接投資を行っているのは一部にすぎなかった。台湾と韓国は外交問題もあり、1990年代以前の投資はほとんど香港経由であった[42]。1990年代に入ってから、韓国アパレル企業の対中国投資、とりわけ揚子江以北への直接投資が急激に増加した。台湾も当初、香港経由の広東省への進出から徐々に内陸に拡大していき、北京のデパートでも台湾デザイナーによる投資がみられるようになっている[43]。

　台湾と香港の紡織およびアパレル製品は、1970年代から1980年代の日本市場の輸入シェアにおいて1割以上を占めていた[44]。NIEsは、日本での信頼を拡大するまでになってきた。その経験や蓄積もあり、現在アパレルに携わっている総資産1億ドル以上の華人資本家は膨大な数に上る。また、アパレルで資本を蓄積した後、不動産その他の事業に転業した経営者も少なくない[45]。表4-6はNIEsにおける大企業のアパレル参入事例を示している（資産額は1995年時点のもの）。

42　1997年7月の香港アパレル企業と問屋町でのインタビューによる。
43　1998年8月の筆者による北京でのインタビューによる。
44　台湾と香港のアパレル製品の日本におけるシェアは、日本繊維新聞社『繊維年鑑』各年による。
45　1997年7月24日の香港ワコール、7月23日・8月31日のレナウンルック、7月26日の麗新集団、8月30日のジョルダーノなどでのインタビューによる。

Ⅲ　中国の浮上と NIEs との競合　*115*

表 4-6　NIEs（香港・台湾・韓国）の大企業によるアパレル参入

	企業家	出身地（籍）	資産（億ドル）	企業名称	創業業種	参入	中国投資地域
香港	郭炳湘	広東	70	新鴻基地産	不動産	アパレル	北京
	林百欣	広東	10	麗新集団	繊維	アパレル	広東・上海等
	鄭維健	広東	10	永泰集団	アパレル		不明
	田北俊	上海	7	万泰制衣	アパレル		北京
	曹光彪	上海	6.5	永新集団	繊維	アパレル	珠海
	査済民	浙江	4	名力集団	染色	アパレル	無
	胡法光	江蘇	3	菱電集団	電機	アパレル	無
	馮国経	広東	2.6	利豊集団	貿易	アパレル（日本合資）	広東
	黎智英	広東	1.5	佐丹奴集団	小売	アパレル	北京・上海等
	曽憲梓	広東	1.1	金利来	アパレル（ネクタイから発展）		各地
台湾	王永慶	台北	49	台塑集団	台塑	アパレル	不明
	呉東進	台北	45	新光集団	繊維	アパレル	蘇州（小規模）
	徐有痒	蘇州	25	遠東集団	繊維	アパレル	上海
	陣由豪	台南	13.3	東帝士集団	繊維	アパレル	有り
	尹衍梁	山東	6.8	潤泰集団	繊維	アパレル	有り
	翁大銘	浙江	5.7	華隆集団	繊維	アパレル	不明
	呉修斎	台南	4.5	台南繊維	繊維	アパレル	不明
	張伯欣	台中	4	彰化銀行	銀行	アパレル	無
	侯博義	台南	3.6	台南邦股票集団	繊維	アパレル	食品
		系列企業数	売上高（億ウォン／92年）				
韓国	李秉喆	55	376,400	三星	繊維	アパレル	大連など
	具仁會	54	217,500	LG	電子	アパレル	有り
	金宇中	21	161,700	大宇	繊維	アパレル	有り
	崔鐘賢	32	110,300	鮮京	繊維	アパレル	上海湖北省等
	鄭周永	45	362,900	現代	建築	アパレル	有り

出所 1 ）1997 〜 1998 年の香港（麗新・佐丹奴）、上海市商業経済研究中心などへの筆者による
　　　インタビューより作成。
　　2 ）韓国財閥のアパレル参入は、1998 年 10 月の同国における数社へのインタビューによる。

香港の麗新集団は、広東から上海へと拡大してゆき、当初の生産中心か
ら、現在は市場開拓に力を入れ始めている。佐丹奴（ジョルダーノ）集団
は小売が出発点だったこともあり、中国での専門店展開に特色を見せてい
る。消費者に定期的なアンケートを行い、販売員の組み合わせにも心を配っ
ていた。金利来はすでに 600 の専門店を各地に設け、広告、宣伝にも非
常に力を入れている。

台湾の遠東集団は、1999 年の純利益順位では首位の台塑に次ぐ第 2 位
を占める企業集団となっている。創業者の徐有庠は、戦前の上海市にあっ
た遠東織物工場（織造廠）の社長（総経理）だった。台湾でもその名称を
変えず、一貫して紡織業に従事しながら、セメント業・化繊・アパレル（三
男が経営者）・百貨店・運送業等へ次々と参入した。上海への投資は、故
郷への縁もあった。上海では一貫生産を実施し、QR（クイック・レスポンス）
を徹底しようとしている。また、潤泰集団のように、北京大学光華院に投
資を行ったという事例もあった。

韓国のほとんどの財閥が中国でアパレル事業に参入しており、華人・日
系企業との協力関係を築いている。たとえば、大連の大楊企業集団公司の
場合、日本の商社・蝶理と韓国の三星財閥が共同で直接投資を行ってい
る。この日韓の各合弁企業は、子会社名義で同グループの構成員となって
いる。湖北の美爾雅紡織服装実業集団公司へは、日本のクラボウやサンテ
イグループと、韓国の鮮京財閥が投資しており、雅戈尔集団は香港の甬港、
日本の松永・福永などと合弁してグループを形成している。これらの企業
集団は、中国のアパレル産業の構造変化を代表していると言えよう。

さらに、日本を含めた東アジア諸国・地域のアパレル産業は、中国
の市場開放によって、その産業構造全体が再編制されつつある。これ
らの国々・地域は中国への直接投資を契機として、「競争」と「協力」と
いう両面性を持ちながら、それぞれの国・地域内における企業間関係を国
際的な企業間関係にまで昇華させている。

香港におけるアパレル産業の先行研究を踏まえた上で、いくつかの事例
と統計資料を通じて得られた結果について改めて見ておきたい。第一に、

46　販売の効率を高めるために、店舗販売員の人事は志願制を実施していた。つまり、相性のあう店員同
　　士が自発的にグループを形成する方法である。同社のインタビューによる。
47　徐有庠は、1963 年マレーシアにアパレル有限会社をスタートさせ、現在は同企業の会長となっている。
　　中華徴信所『台湾地区集団企業研究』1996/1997 年版、1133 〜 1135 頁。

香港は大陸の紡織資本を基盤に事業を開始している。大東英祐、沢田ゆかり、佐藤幸人、辻美代などの研究はほぼ一致した見解をとっている。第二に、香港はアメリカ市場に大きく依存しながら発展してきたが、現在では、日本をはじめとするアジア市場に転換しつつある。大東の研究でも解明された通り、香港のアパレル産業の発展にはアメリカ市場だけでなく、日本のアパレル企業の役割も大きかった。第三に、日本のアパレル企業による直接投資は、1980年代にとくに活発になり、日本の生産管理や経営管理方式が受け入れられていった点も重要である。中国の市場開放政策とも関連するが、日本国内のアパレル産業の構造変化とアメリカ市場の変化とをセットで見ておかなければならない。最後に、中国市場では、アメリカと日本の生産方式が現地で試練を受けながら、台湾・韓国のアパレル企業との競合関係を経ることで、新たな企業間関係を生み出そうとしている。上述の特徴のうち、本稿が実証を試みたのは、最後の二点についてのみであった。資料と時間の制約は大きかったが、課題認識の一端は示すことができたと自負している。

第5章
中国アパレル産業の周辺的展開

　本章では、東アジアにおけるアパレル産業が、中国の市場開放と冷戦時代の終焉という環境のもとで、いかに再編成されていったかを基本視座とする。それゆえ、まず中国アパレル産業の初期条件である紡織産業について検討し、次に、アパレル産業の時期区分を試み、中国政府の政策および外資による直接投資の役割を解明する。分析の方法は、個別企業への訪問調査とアンケート調査にもとづくことにしたい。

Ⅰ. 初期条件としての紡織産業

　王海波は、中国のマニュファクチャーおよび商品経済は、1840年のアヘン戦争の頃までに芽生えていたが、民族資本の機械化の程度は低く、近代的大工業への発展はできなかったという[1]。その後数回にわたる帝国主義の侵略によって封建社会の経済基盤が揺れ始め、労働市場と貨幣システムの形成とともに初期資本主義が発展し、とくに日中戦争によって官僚・買弁資本主義工業化が進展、戦後中国工業の中で独占的地位（Monopolistic Position）を占めるようになったとしている。また、紡績については、1946年から1947年に上海民族資本の一部が機械化されたが、実際には手工業生産段階にすぎなかったことを明らかにした。

　これに対し、黒田明伸は、中国の紡織業の黄金時代は19世紀末から第一次大戦期であったとしているが[2]、厳中平の実証研究では、紡織業において民族資本が生まれてきたとはいえ、その基盤はとくに高級品の生産力という点では非常に脆弱であったと述べている[3]。紡織設備において、民族紡の錘数は1913年の86万6,000錘から1936年の292万錘にまで増加し、

1　王海波著『新中国工業経済史—1949・10〜1957』経済管理出版社、1994年、57〜63頁。
2　黒田明伸が言う紡織の黄金時代は、中国の歴史の中における位置づけであると筆者は理解する。黒田明伸著『中華帝国の構造と世界経済』名古屋大学出版社、1994年、312〜317頁。
3　厳中平『中国綿紡績史稿』科学出版社、1955年、11〜216頁。

中国では最大のシェアを占めていた。外国企業の錘数を見ると、欧米紡が23万3,000錘から23万錘に減少したのに対し、日本の在華紡は11万2,000錘から248万5,000錘へと大幅に増加し[4]、その錘数は民族紡に接近し、中国の紡錘数の約半分を占めていたことがわかる[5]。

その後、民族紡が錘数のシェアを増やせなかったのは、政治やその他の要素も大きかったが[6]、日本の機械化された高度な生産技術に対抗できず、高級品の生産や市場等を日本資本に奪われてしまったことを指摘しなければならない。この点はきわめて重要だと考える。それが産業全体、ひいては国家の技術力・資本力・経済力および政治力にまで大きな影響を与えたと言えよう。

19世紀末から20世紀初頭にかけて、日本は綿糸において世界の先端を走り、アジアへの直接投資を行っていた。繊維産業の主力であった鐘紡(鐘淵)などの企業は、19世紀末からすでに中国の上海や朝鮮半島に相当な資本投資を行い、広範囲に工廠を建て、設備を投入した(表5-1)[7]。

鐘紡の支配人だった武藤山治は、1896年に中国紡績視察のため上海へ出張するが、これが同社の中国進出の起点となる。鐘紡は1921年から中国に事業所を設立しはじめ、1945年にはその数は180ヶ所に上った[8]。要するに、中国やアメリカ市場における高品質な日本繊維製品の高いシェアは、鐘紡のような上位紡績企業の投資および利潤追求行動と密接に繋がっていたことは明らかである。

---

4 在華紡を展開していた東洋紡に関する研究は、渡辺純子「戦時経済統制下における紡績企業の経営」(『経済学論集』東京大学経済学会、第63巻第4号、1998年1月、72〜75頁)を参照されたい。

5 高村直助『近代日本棉業と中国』東京大学出版会、1982年、98頁。

6 日本綿業の中国への進出は、三菱財閥・三井財閥などを背景に、投資企業は東洋紡・日本綿花・伊藤忠商事・東洋拓殖・東亜興業・富士瓦斯・長崎紡績・福島紡績・東洋綿花・鐘淵紡績・豊田紡績・日清紡績・内外綿・大日本紡績などであった。その国際的歴史背景として、第一次世界大戦によるイギリスの撤退があった。前掲『中国綿紡績史編』179頁。

7 1925年の米国の生糸輸入において、日本のシェアは80%を占め、世界市場の第一位を獲得した。鐘紡株式会社『鐘紡百年史』1988年、115〜980頁。

8 古林恒雄「中国の繊維産業と華鐘合弁事業」『紡績月報』1998年8月号、9頁。

120　第 5 章　中国アパレル産業の周辺的展開

表 5-1　鐘紡株式会社のアジアでの事業展開（1889 ～ 1940 年前まで）

年	国名	事業展開	事業内容	生産規模		
				紡機・錘	織機・台	鐘紡機・台
1899	中国	上海紡績（株）を合弁 （兵庫支店第二工場となる）	綿糸			
1911		上海製造絹糸（後の公大第三廠）の 10 工場を合併	絹糸	12,570		
1919 1922		上海公大紗廠（後公大第一廠）交渉 操業 東・西工場 1922 年操業	綿糸 撚糸	72,752 11,880		
1923 1924		青島公大第五廠第一・二工場 第三工場着工・操業（1922 年） 第四（1922 年）・五工場操業	綿糸 綿布	133,496	4,412	
1925		上海公大第二廠設立 （英人経営・老公茂紗廠を買取）	綿糸 織布	54,524	1,544	
1926		青島製糸所操業（1933 年閉鎖）	生糸			48
		上海公大第三廠内に毛織工場を新設 （後公台第四廠・1931 年）	毛織 綿布	12,000	36	
1927		上海公大第一廠綿布工場操業	綿布		2,254	
1936		天津裕元紡織（有）を買取 （後公大第六廠）	綿糸 綿布	98,632	3,015	
		天津華新紡織（有）を買取 （後公大第七廠）	綿糸 綿布	60,128 34,288	1,530	
1937 1939		新京・天津出張所開設 天津サービス店開店				
1925 1930 1935 1936	韓国	京城製糸工場操業 光州工場操業 全南工場操業 京城工場操業	生糸 綿布	35,000 1,000		60
1938 1939 1942	朝鮮	新義州・平壌・朱乙工場（亜麻）操業 平壌工場操業 春川工場新設	人絹、スフ	17 万坪　工場面積		

注）生産規模は追加後、あるいはピーク期の数字であり、空白個所はデータの欠如である。
　出所）鐘紡株式会社『鐘紡百年史』（1988 年、115 ～ 980 頁）をもとに作成。

　表 5-2 に示したように、1935 年の綿糸の生産量では、英国企業の比率は相対的に低いだけではなく、生産する番手も低かった（番手の数が低いほど糸は太い）。中国の民族紡は、番手が低くなるほど生産量が多くなり、10 番手以下のシェアは 90％ 以上を占めている。綿糸のほとんどが 50 番手以下であり、50 番手以上のものはなかった。対照的に、日本は番手が高くなるほど生産量が多くなり、20 番手以上のものが平均して 70％ を占めていた。[9]

―――――――――――――――――――――
9　前掲『中国綿紡績史稿』378 頁。

表 5-2　中国における綿糸の各国生産シェア（1935 年）

単位：百キログラム

番手別	民族紡	シェア%	日本企業	シェア%	英国企業	シェア%	全体	シェア%
10 番手以下	632,854	97	13,695	2	5,423	1	651,972	100
10 ～ 13 番手	176,791	98	4,109	2	–	0	180,900	100
13 ～ 17 番手	979,171	74	338,004	26	4,227	0	1,321,401	100
17 ～ 23 番手	846,256	64	385,408	29	89,292	7	1,320,956	100
23 ～ 35 番手	141,0167	49	146,840	51	2,034	0	289,891	100
35 ～ 42 番手	93,971	25	274,993	75	–	0	368,965	100
42 番手以上	4,579	18	20,896	82	–	0	25,475	100
未詳	917	100	4	0		0	921	100
総計	2,875,556	69	1,183,948	28	100,976	2	4,160,481	100

出所）原出所）は、国民党財政部統税所編『統税物品銷量統計』および経済研究所文献の写し。
厳中平『中国綿紡織史稿』科学出版社、1955 年、379 頁にもとづき作成。

　この時期、鐘紡の自社開発設備である鐘紡式織機などの近代的設備と近代的経営管理方式、すなわち科学的管理法の登場は、日系企業の高品番[10]製品の生産を可能にした。中国の民族紡織企業はそこで差をつけられ、低品番の製品しか生産できなかった。

　戦後、中国で紡績設備の約半分を占めた日系企業の設備が、中国にそのまま残された。戦後の復興期について、川井伸一の研究では次の点が明らかになっている。「中国資本紡の経営者の間には、旧在華紡工場の民間払い下げ方針をめぐって深刻な対立が生じ」「中国政府自身が旧在華紡工場の経営に当たる方針を決め、中国紡織建設公司（中紡）を成立した」[11]。

　上海旧鐘紡紡績（株）公大一廠は、戦後中国政府に没収され、「上海第十九棉紡織廠」となっている。戦後、中国国内でも、同工廠で生産された綿糸の番手は依然と高いものであったことが判明した[12]。現在では鐘紡と

10　鐘紡の『科学的操業法』『精神的操業法』は、大正元年 12 月と大正 4 年 9 月にそれぞれ制定された。「科学的操業の全工場に対する普及も、どのようにして効率を高め出来高を増加させるかを意図」したものである。武藤山治は「アメリカの留学時代の各種の知見や欧米の模範的工場での実験にヒントを得」、テーラーの科学的管理法が「テーラーシステム」として有名になった 1910 年の 3 年後、つまり 1913 年にそれを導入し、日本の科学管理法の先駆をなした。鐘紡株式会社『鐘紡百年史』1988年、127 ～ 150 頁。

11　久保亨『中国経済 100 年のあゆみ』創研出版、1995 年、18 ～ 19 頁。原資料は川井伸一「戦後中国紡織業の形成と国民政府」。

12　1998 年 12 月、中国紡織大学（現在の東華大学）への訪問調査による。

合弁し、「華鐘グループ」の「顔」として再登場している。また、上位ア
パレル企業のレナウンや有力な中堅アパレル企業と組み、上海だけでは
なく、全国で19工場を持つほどの規模にまで拡大しており、政府から優
良外資企業と称されている[14]。

Ⅱ．産業発展の諸段階

中国のアパレル産業は、上述のような紡織の基盤を有していた。しかし、
戦後の日本やNIEsとは違い、特殊な歴史的背景のもとで成長の道を辿ら
ざるを得なかった。本節では、企業の所有関係と経営方式の変化を中心に、
中国アパレル産業の発展を3つの段階に分けて検討する。

1．企業の国営化段階（1950年代初頭から同年代末まで）

1930年代から1940年代末までに、上海「老字号」およびその他の地
域のアパレル小資本家が、紡織企業の成長に附随して形成されてきた[15]。
1933年には、中国のアパレル企業141社中90社が上海にあり、全国の
65%が上海に集中していた。表5-3は、「上海新光内衣染色工廠」、すなわ
ち現在の司麦脱（スマート・Smart）服飾股分有限公司（以降、司麦脱と
略する）の地位を示している。1933年創業の司麦脱は、短期間のうちに
急速な成長を成し遂げた。

1948年の時点で、司麦脱はアパレル業界内の雇用や設備・生産量で首
位の座にあり、第二位と目されていた企業・光華とは比べものにならな
い差をつけていた。資本額では92.7%にまで達していたが、その比率は
1946年からのものだったという[16]。百貨店への納入を目指してマーケティ
ングに力を入れ、自社ブランド・司麦脱（Smart）の広告を、当時の『申
報』や『新聞報』などの新聞に連続8日間載せた事例さえある。その載せ
方も格別で、最初の5日間は毎日英文字をひと文字ずつ増やし、後の3日
間は「Smart」の全スペルを打ち出した。上海市民は、なぞなぞを当てる

13　1999年3月19日、筆者による同社でのインタビューによる。
14　1994年の中国外資投資協会第5回の表彰大会で、上海華鐘ストキング有限会社と上海紡績有限会社
　　が外資投資優良企業として選ばれた。経済日報社『中国開放年鑑』1995年、341頁。
15　筆者は1997から1998年にまで、3回にわたり司麦脱をインタビューした。同社提供の内部資料に
　　よる。
16　同上。

ような好奇心に沸き、司麦脱のシャツを競って買い、結果、司麦脱は上海「ナンバーワン」ブランドに位置づけられることとなった。当時経営者であった傅良駿は、需要の増加とともに事業内容を紡織・染色・輸出にまで拡大した。また、シンガポール・台湾・香港に子会社を設置し、糸から小売までの一貫生産を達成したのである。[17]

　解放後の1950年代中葉、政府が資金と設備の中央への集中という政策を強行するなかで、紡織工業は重点プロジェクトとして実施されていた。[18]残った小資本家の財産は政府に没収され、それらの多くは現在の国有アパレル企業の前身となっている。上海司麦脱服飾股分有限公司（シャツ）、培羅蒙西服総公司（背広）、北京京工集団（シャツ）、海螺集団（シャツ）、上海開々集団（シャツ）、上海第四襯衫廠（シャツ）などがそれである。[19]

　この時期のアパレル企業の生産・販売・輸出等は、ほとんどが国家の統一指令計画のもとで行われていた。たとえば、司麦脱の貿易輸出先は政府の貿易窓口で決められ、しかも、発注された製品のほとんどは、ソビエトや東ヨーロッパの向けであったという。[20]しかし、長期にわたった国営企業体制は、計画・企画・人事配置やマーケティングなどは言うまでもなく、価格の決定権に至るまで自主性を失わせてしまったのである。世界市場においても、企業としての競争力を持てず、自立的な企業とは言えなかった。このような企業の性格は、中国アパレル産業の後進性と周辺的地位を特徴づける重要な要因であった。社会主義制度のもとで、司麦脱だけではなく、あらゆる国営企業の生産性・労働者の生産意欲・製品の販売等が問題となった。

17　司麦脱服飾股分有限公司の創立は、虹口（上海の地方名）の日本企業（日本）部屋内衣店で働いていた創業者・傅良駿の従弟が兪景琳と共同出資で、3台のミシンからシャツ工廠をスタートしたのを契機とする。しかし、戦後、傅良駿は台湾に逃げ、そこで「司麦脱」ブランドで企業を興し、それが現在まで存続しているのだという。以上は、司麦脱服飾股分有限公司でのインタビューによる。1949年5月の上海の解放時には、上海市の紡織・アパレル資本家の40％強が香港・台湾に逃亡したが、それでも解放後の上海市毛織染色業の43％は戦前の設備であった。
　　香港の紡織に関しては、大東英祐「香港における紡織業の発展」森川英正・由井常彦編『国際比較・国際関係の経営史』名古屋大学出版社、1997年、216〜247頁。沢田ゆかり「香港の繊維産業」林俊昭編『アジアの工業化・高度化への展望』アジア経済研究所、1987年、108頁。辻美代「繊維産業の発展と外資」『中国経済と外資』アジア経済研究所、1998年、203頁。
18　小島麗逸『現代中国の経済』岩波新書、1997年、28〜30頁。
19　筆者は1997年から1999年に、これらの企業を数回にわたってインタビューした。それぞれの企業の内部資料による。
20　当時、上海港は中国の輸出の3割を占めていた。司麦脱の生産したアパレル製品の半分は輸出され、上海市の輸出において最も大きな割合を占めていたという。筆者の同社でのインタビューによる。

124 第5章 中国アパレル産業の周辺的展開

表 5-3 上海シャツ業界における司麦脱（新光）の地位（1948 年）

企業名称	雇用数	比率%	ミシン台	比率%	生産量（ダース）	比率%	資本額（法幣億元）*	比率%
新光（司麦脱・スマート）	1,718	60.7	360	35.3	21,247	47.8	266	92.7
光華	18	0.6	13	1.3	434	1.0	3	1.0
安大	84	3.0	54	5.3	. 2,880	6.5	3	1.0
安利	66	2.3	36	3.5	1,083	2.4	1	0.3
同済	63	2.2	43	4.2	1,800	4.0	2	0.6
志奮	38	1.3	22	2.2	733	1.6	1	0.3
青華	－	－	7	0.7	366	0.8	0	0.0
奇美	60	2.1	50	4.9	840	1.9	0	0.0
南華	98	3.5	36	3.5	883	2.0	0	0.0
振華	27	1.0	8	0.8	500	1.1	0	0.0
華芸	21	0.7	15	1.5	400	0.9	1	0.3
華美	20	0.7	12	1.2	500	1.1	1	0.3
華富	60	2.1	57	5.6	3,022	6.8	1	0.3
栄昌徳	80	2.8	74	7.3	600	1.3	1	0.3
福華	36	1.3	14	1.4	633	1.4	1	0.3
偉新	60	2.1	30	2.9	1,667	3.7	2	0.7
震亜	43	1.5	27	2.6	833	1.9	1	0.2
環球	48	1.7	15	1.5	893	2.0	1	0.3
興記	23	0.8	13	1.3	334	0.7	1	0.2
大方	16	0.6	13	1.3	400	0.9	2	0.5
大光明	50	1.8	37	3.6	366	0.8	0	0.1
兄弟	25	0.9	10	1.0	416	0.9	1	0.2
永備	178	6.3	73	7.2	3,666	8.2	0	0.1
合計	2,832	100.0	1,019	100.0	44,494	100.0	287	100.0

注）＊法幣とは、1935 年以降に国民党政府の発行した貨幣である。
出所）1998 年 12 月 1 日、司麦脱服飾股分有限公司へのインタビューと同社提供の資料より筆者が作成。

2. 国営企業の「工廠化」段階（1950 年代末から 1970 年代末）[21]

この段階では、中国経済はソビエトからの援助が絶たれ、さらに自然災害という二重の被害を受けてながら、独自の中国式社会主義の道を歩んだ時期でもあり[22]、政治革命運動の全盛期でもあった。世界の華人による投資額は 1949 年から 1966 年の期間には累積 1 億ドルあったが、1966 から 1978 年の「文化大革命」期には、完全に中断されてしまう[23]。

1950 年代の「大躍進」とともに、農村人口の都市への自由な流動と移転は制限され、それは 1980 年代初頭まで続いた[24]。国有アパレル企業の

---

21 企業ではなく、「工廠」（日本で言う「工場」に近い概念）という観点を主張、あるいは賛成する学者は、日本では小宮隆太郎などであり、中国では趙鳳彬である。小宮隆太郎『現代中国経済』東京大学出版会、1989 年、66 頁。趙鳳彬「中国における国有企業改革の新課題」『龍谷大学経営学論集』第 34 巻第 1 号、1994 年、34 頁。
22 涂照彦の見解である。1997 年前期講義の内容による。
23 賈康、余天心など編『港澳台財経与華僑華人経済』（香港・マカオ・台湾の財政経済と華僑華人経済）中国財政経済出版社、1996 年、328 頁。
24 張玉林「国家と農民の関係からみた現代中国の戸籍制度」『中国研究月報』594 号、1997 年、14 ～ 15 頁。

労働者は、ほとんどが「親方日の丸」のごとく国家に終身雇用され、労働の質や量にもとづく給料格差は設けられなかった[25]。アパレルの生産量は、1960 年の 2 億枚から 1979 年の 7.4 億枚までに 3.7 倍に増加しているが、人口が 1.5 倍増加したことを考えると、2.2 倍しか増えていないことになる[26]。輸出は 1962 年に 1 億ドルに達したが、その後、1978 年まではあまり上昇しなかった。国営企業には自主的経営権がなく、単なる生産機能しか持たない「工廠（生産ライン）」としての役割にとどまっており[27]、企業にとっては企業たるメリットがないまま「工廠化」していた[28]。

　図 5-1 は、戦後中国の布・綿布・ニット下着とアパレル（服）の供給を示している。1978 年まで、1 年間の 1 人当たりの供給量は、布 9 メートル、綿布 8 メートルで、ニット下着は 1 着にも満たず、最も低かった。1990 年代初期の平均供給量は布 22 メートル、綿布 12 メートル、ニット下着は 3 着に達した。アパレル製品は 1980 年代から増え、1990 年代初期には一人約 7 着まで供給が可能となる。

　1950 年代、とくに初期の頃の布と純綿布の供給は、決して低くはなかった。1970 年代末になってから上昇するのは、化学繊維の生産および輸入による供給増加のためである。綿布とニットは 1990 年代に入ってから増加を始め、ニット下着は 1 年に 1 人 0.4 着の供給となった。しかし、1960 年代の供給量は、1950 年代とあまり変わらなかった。1960 年代の繊維産業の停滞は、企業の役目の異なるアパレル産業の基盤を脆弱化したのみならず、1970 年代以降も、アパレル企業への輸出用素材の提供には品質がネックとなっていたし、生産力も内需を充分には満たせず、高級品素材・デザインの国際競争力を持たないないまま世界市場に突入してしまう[29]。それでも、繊維製品の対総輸出比率は、1990 年代初頭は 30% 以上もあった。しかし、それ以降はアパレル産業が急激に増加し、糸・織物（SITC65）

25　1979 年の改革開放前まで、国有企業の労働者の給料は企業が決定するのではなく、国が決定し、個々の努力と成果は基本的には給料に反映されていなかった。藩岳編『中国国有経済総論』経済科学出版社、1997 年、253 頁。

26　中国国家統計局『中国統計年鑑 1997』（中国統計出版社、69 頁）にもとづき計算。

27　中国の「工廠」は、日本の下請け工場とは違う側面を持つ。「工廠」の場合、生産と販売が政府によって統一的に指定されるのに対し、日本の下請け工場は、取引先あるいは親企業による受発注で決定される。

28　企業の企業たるメリットとは、企業の生産・販売に対する意思決定力、特に価格決定力を指す。

29　生産力低下の要因として、①計画経済体制のもとで労働は「按労分配（労働に応じて分配する）」ではなく、②非公正な報酬により、③働くインセンティブが低下し、④平均主義がいっそう助長される、という点を指摘したい。

を上回る。繊維原料（26）の状況はさらに厳しく、ゼロに近づくほど縮小した。[30]

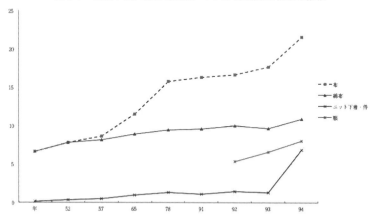

図 5-1　戦後中国における繊維・アパレル製品の供給の推移

注）単位は一人／メートルである。
出所）中国紡織出版社『中国紡織工業年鑑』各年版。

3．外資導入段階（1980 年代から 1990 年代半ば）

　1979 年の経済改革と開放の出発点は、農村だけではなかった。1978 年に国営企業の改革実験が、四川省の 6 つの国営企業の利潤保留・人事と賃金における自主権の供与から始まり、国有企業への新たな規定が明確に提議された。[31] しかし、「自主経営、損益自己負担の商品生産者と経営者になるべき」という理論は、実践と大きな隔たりがあり、数十年を経て形成されてきた企業体制を簡単に再編することはできなかった。自主経営のもと、生産における近代的な技術や品質等の現場管理知識の乏しい「経営者」にとって、それらを学ぶ対象は国外にしかなかった。

30　中国統計信息諮詢服務中心『中国対外経済統計年鑑』各年次の統計対外貿易欄から算出。
31　企業の新たな規定とは「四自」すなわち、①「自主経営権」（企業が自主経営権をもち）、②「自負盈」（企業自身が損益決算を行う）、③「自己発展」（企業自身が再投資と研究開発を行なう）、④「自己約束」（企業自身が監査機能をもつこと）である。ただし、この規定に対し、「四自」は国有制を瓦解させる「企業本位論」である、「資本化、私有化」である等の批判的見解も登場した。周叔蓮『中国経済的両個根本転変』経済管理出版社、1997 年、23 ～ 25 頁。

表 5-4 日本アパレル企業による東アジアと中国への投資

単位：金額／百万ドル

進出先		単位	1959~1985	比率%	1986~1990	比率%	1991	比率%	1992	比率%	1993	比率%	1994	比率%	1995	比率%
アパレル 1)	中国	件	6	1	27	6	9	17	55	22	67	22	59	17	33	
アパレル＋繊維素材 2)	中国	金額	9	8	99	24	87	49	187	74	247	82	283	82	255	75
		件	2	0	53	8	70	32	120	53	232	77	332	67	471	63
	韓国	金額	109	15	25	6	1	1	1	0	3	1	0	0	1	0
		件	171	14	42	6	2	1	1	0	1	0	0	0	11	1
	台湾	金額	94	13	16	4	0	0	0	0	0	0	0	0	0	0
		件	50	4	20	3	6	3	2	1	4	1	0	0	0	0
	香港	金額	78	11	48	12	5	3	11	4	5	2	9	3	12	4
		件	117	10	30	4	3	1	10	4	7	2	8	2	38	5
	タイ	金額	108	15	143	34	52	29	26	10	16	5	12	3	10	3
		件	7	1	170	25	54	25	30	13	20	7	6	1	6	1
アジア	計	金額	705	60	417	63	179	74	252	81	300	60	344	93	339	90
		件	1,182		686	18	217	35	227	53	300	57	496	77	751	72
世界	計	金額	1,175	100	659	100	242	100	311	100	336	100	368	100	376	100
		件	2,083	100	3915	100	616	100	428	100	498	100	641	100	1043	100

アジア計		
1986~1995 アパレル・繊維累積出資金額（A）	2677 （100%）	
中国への出資金額（B）	1278 （48%）	創業時期27社の累積だけであり、人民元と日本円での投資は計算に入れていない
上位アパレル企業による出資金額（C）	66 （5%）	

注1）1995 年の中国へのアパレル企業進出件数は半年の数字である。
　2）（C）は、創業時期に出資した累積額である。三菱総合研究所『中国進出企業一覧』蒼蒼社、1999 年 5 月。

出所1）矢野研究所『中国ファッション市場データ集 '94』より作成。原資料は日本輸出縫製品工業組合連合会による調査。
　2）『アパレル・ハンドブック』1997 年版、64 頁より作成。原資料は「対内外直接投資統計」（大蔵省）。

　1980 年代までの中国国内アパレル製品の品質は、企業の所有形態を問わず依然として劣悪で、周辺的地位に置かれていた。[32] とくに、日本市場への輸出には、受け入れ側の日本企業からの技術指導が要請された。このような中国側の要請に対応して、岐阜県のアパレル企業がちょうどこの時期から先を競って中国への進出を始め、企業数において、日本の中小アパレル企業の対中国進出数の約半分を占めた。[33] 1985 年サンテイグループ（岐

32　馬軍『国際紡織品市場調査と予測』東方出版社、1993 年、223 ～ 236 頁。アパレル製品の低品質と製造の技術問題を指摘している。

33　日本繊維協会常務理事も務める久代譲・岐阜アパレル協会専務理事に教えていただいた。岐阜の進出状況に関しては、平成 3 年の中国生産率は平均 80% に達している。岐阜アパレル協会『岐阜アパレルの進路』1993 年、44 ～ 45 頁。
　1997 年 8 月に中国湖北省黄石美倉毛紡織有限公司でインタビューをおこなった際、副董事長である樋口正吉はサンテイグループの社長常川公男を高く評価していた。常川社長は美爾雅企業集団の創始者であるだけでなく、日本アパレル企業の中国進出においても先頭を切っている。

阜）をはじめ、日本のアパレル企業の対中国直接投資は、全体的に急増している（表5-4）。

　日本の繊維・アパレル企業のアジア投資を、1959年から1985年までの件数と金額で見ると、対韓国・対台湾・対香港では零細企業が比較的多かったが、タイ向け投資は、相対的に大企業によるものであったことがわかる。1985年から1990年代には対中国投資が平均5割以上を占めており、なかでも、中国アパレル創業時期における日本のアパレル上位企業の直接投資累積額は、日本の対中国アパレル総投資額の5％以上を占めていた。

III．アパレル産業政策の立遅れ

　初期段階のアパレル製品輸出の窓口は、貿易公司に限定されており、制度的に一般企業は製品を作っても直接外資企業と取引することはできなかった。中央レベルから地方レベルまで貿易公司の立場は強く、自主経営に向かった企業は自由に輸出ができないため、非常に困難な境遇に陥りやすかった。[34] 1979年7月に「中外合弁企業法」が打ち出された後も、外資企業のアパレルへの投資は見られず、企業の「生存」は、相変わらず貿易公司に握られていた。表5-5に示したように、1984年以降の地方政府による外国投資の認可権限と経済特区の拡大とによって、ようやくアパレル外資による直接投資の許可が下り始めた。ここではまず、投資側の外資企業を見てみよう。

　瀋陽第一針織工場は、イタリア企業からの出資を受けている。江蘇省江都県紡織工業公司には、日本の有力なニット企業である岡本が出資している。1998年、同合弁企業が100％の独資に転じた際、従業員は450人、売上額は530万ドルしかなかった。広東省と江蘇省の残りの2社へ投資したのは、ともに香港のアパレル企業である。

　しかし、政府の誘導政策によって成立したこれらの合弁企業が、それぞれの地域で主導的地位を占めたかというと、必ずしもそうではなかった。むしろその後、郷鎮企業と合弁した外資系企業が各地で逞しく成長して企業集団を形成し、多角化に乗り出していったのである。中国政府による外

34　国有企業は、生産能力がある程度あったとしても、市場への販売チャンネルは非常に貧弱であった。特に外国市場へ輸出するには、貿易公司の不定期かつ複雑な人脈関係の配慮のもとで行なわなければならなかった。

資誘導政策は優れていたが、それを実施する過程において、企業の市場経済に乗り出す力は貧弱であったし（官僚式）、政府も無経験かつ無策であることが多く、具体的な対策が欠如していたと言えよう。

　続いて表5-5の下部分を考察する。1984年に外資企業が技術導入を行った業種別の直接投資金額を見ると、繊維1.6％対し、アパレルはほぼ0％に近い。その他の業種では、交通8.9％、機械業3.7％、食品2.8％、電子2.6％で、いずれもアパレルよりはるかに比率が高かった。つまり、アパレル産業においては、政府の「援助」政策がほとんど見られなかったとも言えよう。[35]

表5-5　政府の許可したアパレル産業における外資企業の直接投資の事例（1984年）

外資企業名称	中国企業名称	出資比率（％）	外資企業投資金額（万ドル）	投資総金額（万ドル）	許可年月	事業内容	合弁後名称
Marcopolo Trading Co.Italy	瀋陽第一針織廠	50	50	100	1984.9	ニット製品	中意針織服装有限公司
Okamoto Nitto Co., Ltd.Japan	江蘇省江都県紡織工業公司	51	36	70	1984	毛織セーター	揚州岡本有限公司
Mulmtrade Co.HK	広東省東莞県発展公司	33	38	114	1984	紳士服20万／年	東尼制衣廠有限公司
Advancetex International Trading Co.Ltd.HK	江蘇省常州市服装三廠	30	24	80	1984.11	アパレル	中大服装有限公司
合計				148			

1984年外資企業の直接投資（契約）			金額（万ドル）				
業種	合計（B）	対外借款	直接投資（A）	（A）比率％	（B）比率		
アパレル	147	－	147	0.1	0.0		
紡織	7,783	786	6,997	2.4	1.6		
電子	12,276	5,867	6,409	2.2	2.6		
交通	42,762	34,596	8,166	2.8	8.9		
食品	13,620	1,621	11,999	4.2	2.8		
機械	17,570	812	16,758	5.8	3.7		
合計（C）	479,136	191,640	287,494	100	100		

出所）中国対外経済貿易年鑑編集委員会『中国対外経済貿易年鑑1985』1,074～1,135頁より作成。

1．繊維産業の技術導入

　次に、技術導入状況を見ると、繊維の場合、中国政府が1965年からすでにクラレの技術導入が始まっていた。表5-6に示した通り、1971年には旭化成をはじめ、1980年まで日曹油化、日揮、東レなどがアクリロニトリルの技術を提供していた。1981年以降許可した外国からの技術導入件数も急増している。39件中、とりわけ日本の大手合繊繊維技術は14件も

35　筆者がアパレル企業を訪問した際、多くの企業から「政府からなんの援助も得られなかった」と言う。なかでもある企業は、「政府から援助されるより、こっちのほうが政府を援助している」と不満を露わにした。

あり、導入された技術全体の約4割（36%）を占めている。また、その他の技術導入先も、ほとんどは繊維技術が非常に発達した有力な国である。

表 5-6　中国の主要合繊繊維原料工廠の技術導入（1984 年）

品種	所在地	生産能力	技術備考	日本企業
カプロラクタム	－	6,500		
アクリロニトリル	大慶	－	自己技術、1971 年完成	
アクリロニトリル	上海	50,000	旭化成	○
アクリロニトリル	蘭州	10,000	西独 Lurgi、1969 年完成	
アクリロニトリル	上海（高橋）	－	国産技術	
エチレングリコール	北京	60,000	日曹油化	○
エチレングリコール	遼陽	45,000	西独 Cwh、1980 年完成	
パラキシレン	上海	17,200	日揮、東レ	○
－	天津	64,000	Uop、1980 年完成	
－	遼陽	123,000	Arco／Engelard、1980 年完成	
－	南京	450,000	Lurgi、1981 年完成	
－	太原	－	Uop、1980 年完成予定	
DMT	上海	25,000	東レ、三井造船	○
DMT	遼陽	88000	西独 D.Nobel、1981 年完成	
DMT	天津	90,000	Witten、1980 年完成	
TPA	南京	450,000	Lurgi、1981 年完成予定	
TPA	北京	－	Lurgi、Amoco 技術、1980 年完成予定	
TPA	上海	－	三井石化等、1983 年完成予定	○
ポリエステル・チップ	北京	40,000	Zimmer（原料 TPA）、1982 年完成	
ポリエステル重合	上海	25,000	東レ、三井造船	○
ポリエステル、レジン	遼陽	87,000	仏 Rhne-Progil、1981 年完成	
ポリエステル重合	天津	80,000	帝人	○
ポリエステル重合	上海	－	鐘紡等、1979 年受注	○
ポリエステル・チップ	天津	26,000	81 年始動	○
PVA	北京	10,000	クラレ、1965 年始動	○
PVA	上海	33,000	クラレ、1976 年完成	○
PVA	重慶	45,000	クラレ、1977 年完成	○
PVA	湖南	10,000	クラレ、1977 年完成	○
PVA	蘭州	7,000	1979 年完成	○
シクロヘキサン	遼陽	45,000	Speichim、IFP、1980 年完成	
シクロヘキサノール	遼陽	45,000	Speichim、IFP、R、P.1980 年完成	
ナイロン塩	遼陽	46,000	同上、1981 年完成	
アジピン酸	遼陽	55,000	同上	
ヘキサメチレンジアシン	遼陽	22,000	同上	
アジポニトリル	遼陽	21,000	同上	
ナイロン 66 塩	上海	小規模	1962 年生産開始	
ナイロン 66 チップ	－		Zimmer、1979 年受注	

注）上記のほかに、国産プラントが相当数ある模様である。
資料）Hydrocardon Processing、日中経済協会、有価証券報告書ほか。
出所）日本化学繊維協会『化繊ハンドブック』各年版より作成。

　日本の場合はたとえば、旭化成・東レ・三井石化・帝人・鐘紡・クラレなどの有力繊維素材企業による技術投資が目立っている。化学繊維の技術導入は、中国国内市場への布の提供に有効であった。しかし、投資先が国営企業であったこと、さらに人的資本の移動が十分伴わなかったこともあり、化学繊維の生産量は、1986 年の 15.4 万トンをピークに徐々に減少し、

1990年には3.8万トンにまで減少した。それに対し、化学繊維の輸入額は増加する一方で、98年には台湾からの輸入額（33億ドル）がもっとも多く、以下、日本・韓国・香港の順になっている[36]。

化学繊維の生産量は、1990年代初期、日本の合繊企業・東レの進出とともに回復し始め、1996年には生産量が11万トンまで増加した。繊維原料（SITI分類26）の輸出は、1973年の対総輸出シェア6％をピークに減少を始めたが、1990年代に入ってからは内需が増えるという転換要因もあった。そのため、1％台での推移が続いている（図5-2）。それとともに、テキスタイル（SITI分類65）の輸出も低減傾向を見せたが、対照的に、政策的恩恵を受けていなかったアパレル（SITI分類84）の輸出が急激にその比率を拡大した。

図5-2　中国のアパレルと繊維の輸出シェア

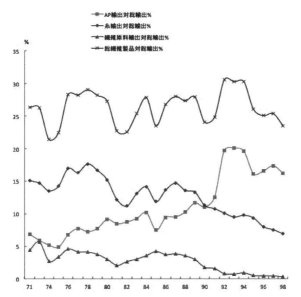

注）繊維原料はSITCの26、糸は65,AP（アパレル）は84番台である。
　　それぞれの輸出額の比率はドルベースで計算した。
出所1）中国対外経済貿易年鑑編集委員会『中国対外経済貿易年鑑』各年版より作成。
　　2）中華人民共和国海関総署編『海関統計年鑑』各年による。

36　日本化繊協会『化繊ハンドブック』2000年版、282頁。

2．アパレル産業の技術導入

アパレル産業における技術導入は、1980年代半ばに一部の国営企業から行われ始めた。ここで司麦脱の事例について分析してみる。1985年4月、司麦脱は市場経済の波に乗り、戦前のブランド名を回復する。そして、政府の政策（補償貿易）[37]によって上海で最も早く、日本から大型染色設備の8ラインの1つを導入した。シャツ生産設備は、その後司麦脱の取引先であるアメリカ企業の主導によって韓国製品を投入している。しかし、新設備は導入されても、経営ノウハウや細かい技術移転は行われなかったため、後の品質向上と輸出拡大に大きなマイナスをもたらしたと見られる。

図5-3に示す通り、1970年代から1980年代まで、司麦脱の生産と輸出は横這いであり、1980年代末から1990年代にかけて生産は増加するが、輸出は1980年と1985年ごろ少し上昇した以外、全体的には下降している。その原因について司麦脱の役員は、政府が染色設備に巨額の資金を集中して投資した結果、シャツ生産と販売にとって大きなハンディになったと述べている[38]。

図5-3　戦後の司麦脱の生産と輸出の推移

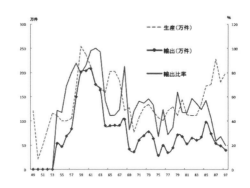

注）1988年の生産量は直営工廠の分だけ集計している。
出所）1998年司麦脱服飾股分有限公司でのインタビューと同社の資料提供により作成した。

37　「三来一補」（来料加工、来様加工、来件加工、補償貿易の略称）は、1980年代に中国政府がとった政策で、その特徴は、資金移動を伴わない、下請的性質をもつ企業間取引である。補償貿易はその中のひとつの形態となっている。
38　この話は、筆者が同社役員に、なぜ経営が不振になったかと聞いたときの内容である。

Ⅲ　アパレル産業政策の立遅れ　133

　司麦脱は戦前、アパレル企業としてシャツだけでも生産量が100万枚を超え、全国8割のシェアを占めた[39]。外国輸出においては、上海で最大の企業であったが、戦後国営企業への転換により、生産と輸出が国家政策に左右され、波瀾に富む曲線を描く。1962年に生産した製品の100%が輸出され、1961年の輸出（208万枚）でピークをつけてから、1985年ごろには一時期上がったものの、全体的に見れば下降傾向が続き、1997年の輸出シェアは20%まで下がった。

　司麦脱が生産したシャツは、国内市場においても淘汰された生地（80%は国有企業から調達）を使用していたため消費者に認められず、結局在庫が深刻な問題となり、資金回収難は、企業の競争力を低下させた。このように、素材の調達が自由にできなかったことも経営不振の原因となったが、それには政府の政策関与が大きかった、と指摘されている。

表 5-7　中国のアパレルと素材設備についての関連数値

年	化学繊維 万トン	新増化学繊維 生産量 万トン	糸 万トン	布 億メートル	毛糸 万トン	原綿紡機 百万錘	新増綿紡機 万錘	原ミシン 万台	新増ミシン 万台	人口の自然増加率 0／000
1951	－	－	－	－	－	－	－	6	－	20
1953	－	－	75	47	0	－	－	5	－	23
1955	－	－	72	44	0	－	－	15	－	20
1957	0	－	84	51	1	－	－	28	－	23
1959	1	－	153	76	7	－	－	65	－	10
1961	1	－	67	31	1	－	－	61	－	4
1963	2	－	68	33	1	－	－	93	－	33
1965	5	－	130	63	1	－	－	124	－	28
1967	5	－	135	66	1	－	－	126	－	26
1969	7	－	181	82	2	－	－	192	－	26
1971	12	34.0	190	84	2	17	0	250	－	23
1973	15	30.0	197	87	2	18	15	294	53	21
1975	15	33.0	211	94	2	18	10	357	63	16
1977	19	89.0	223	102	3	20	25	424	132	12
1979	33	83.3	264	122	4	17	54	587	53	12
1981	53	67.3	317	143	8	18.9	51	1,039	61	15
1983	54	51.0	327	149	10	21.4	31	1,087	21	12
1985	95	134.5	354	147	13	23.2	11	991	－	14

39　同上。

1987	118	13.4	437	173	20	26	34	970	448	17
1989	148	7.4	477	189	25	36	47	956	1	15
1991	191	4.6	461	182	28	42	45	764	–	13
1993	237	4.3	502	203	34	41	16	841	–	11
1995	341	–	542	260	51			971	–	11
1996	375	–	512	209	48			684		10

注）各統計年鑑で数字が多少ずれていたが、原因は不明である。たとえば、布の場合、出所3）
　　の1993年の数字は196億メートルとなっており、同表の203億メートルと約17億メー
　　トルの差がある。「－」は資料の欠如である。
出所1）国家計画委員会・国家経済貿易委員会編『中国工業経済統計年鑑』中国統計出版社、
　　　各年次より作成。
　　2）国務院発展研究中心編『中国統計年鑑』中国統計出版社、1997年、443～444頁を参照。
　　3）中国紡織出版社『中国紡織工業年鑑』1996年版を参考（204頁）。

　次に、生産の主要手段であるミシンの国内供給を見ておこう（表5-7）。
1970年代末から1980年代初期までは旧来型機械の増産が続いたが、そ
れはやがて行き詰まり、停滞に直面した[40]。そこで、外国の設備、とくに
日本からの導入がその後急激に増加した。日本製ミシンの輸入占有率は
1994年に61％を占め[41]、供給構造を転換せざるを得なくなった。
　このように、アパレル産業への政府の政策は立ち遅れていた。そのうえ、
限られた優遇対象はいくつかの国営アパレル企業に集中し、日本から大型
設備が導入されても、技術移転が充分に行われていなかった。結局、それ
がその後の郷鎮企業、あるいは技術移転を行った企業との差を生んだ。競
争力を失い、有力企業に合併・買収されたりして、企業集団化に組み込ま
れた事例も数々現れてきた。

3．人材育成

　中国政府は、繊維産業の人材育成に非常に力を入れてきた。1984年に4
つの大学と6つの専門学部を新たに設立し、全国ではすでに17の大学に
修士課程、3つの大学に博士課程が設けられている。これに対し、アパレ
ル部門の人材育成はかなり立ち遅れていた。1988年にアパレル輸出が10

40　1998年、上海飛人有限公司元社員へのインタビューによる。「飛人」「蜜蜂」「胡蝶」などのブランド
　　は、上海の伝統的な商品でもある。しかし、生産したミシンは国内では売れず、在庫が増加する一方で、
　　旧来型のミシンを海外、とりわけ途上国に輸出している。1996年の生産量に対する輸出比率を見ると、
　　「飛人」「蜜蜂」は約40％、「胡蝶」は約60％を占め、全体の生産量は毎年減少している。現在、上海
　　にある数社のミシン国有企業は有限公司に変更され、1990年代に入ってからは、日本の三菱電機㈱
　　やJUKI㈱などとの合弁の動きが見える。
41　中国海関総署『海関統計年鑑』1994年。

Ⅲ　アパレル産業政策の立遅れ　135

年間で約7倍増加したこととあいまって、同年、中国初の服装大学「北京服装大学」が設立された。研究機構も同様で、中国服装協会は1991年になってから成立している。このような政府の政策のもと、アパレルの人材、特に優秀なデザイナーが欠如していた。そのため、国際市場での競争において、企業は世界水準あるいはそれ以上の高額でデザイナーを招聘しなければならなかった。それは、企業にとってかなりの負担となっていた。

表5-8　中国アパレル企業の規模と経営者

	成立年数	売上	従業員規模	経営者年齢
	年	万元	人	才
0 ～ 5	57	3	15	
6 ～ 10	52		11	
11 ～ 15	8	5		
16 ～ 20	4	2	10	17
21 ～ 25	1			
26 ～ 30		3	11	49
31 ～ 35				
36 ～ 40		1	8	42
41 ～ 45	1			
45 ～ 50		5	3	11
51 ～ 55		1		
56 ～ 60			3	2
61 ～ 65	1		1	
66 ～ 70		1	1	
71 ～ 99	1	2	4	
100 ～ 500			22	42
50 ～ 1,000			15	15
1001 以上			49	

国有企業における地位		
人		
1	Assistant manager	副社長
1	Designer	デザイナー
5	Factory director	工場長
1	General manager	総経理
1	Head of a department	部長
1	Manager	社長
1	Marketing manager	マーケティング部長
1	News reporter	新聞記者
1	Sales manager	販売部長
1	Salesman	セールスマン
1	Secretary	秘書
6	Section chief	部長
3	Section director	局長
1	Technical personnel	技師
1	Vicefactory direct	副工場長

経営者の学歴	人
大学・大専卒	70
中専卒	10
高中卒	30
中小卒	12

経営者の性別	人
男性	98
女性	27

注）125社の有効回答によって集計したものである。
出所）中国東華大学（元中国紡織大学）楊以雄教授、崔琪などの協力によるアンケート調査の結果から作成。

　表5-8は2000年の中国アパレル企業の規模と経営者の素質を見るために行ったアンケートの結果である。対象となった企業はすべて私営企業で

42　1998年8月18日、中国服装協会の会長蔣衡杰とのインタビューによる。

あり、そのうち数社は国有企業であったが、すでに株式を上場している。地域は、沿海地域を中心にしている。まず、企業の成立年数から見ると、88％以上（109社）は10年以下で、ほとんどが1990年代生まれである。売上額では100万元以上の企業が86社あり、その中では1,001万元以上の企業がもっとも多く、49社もある。雇用規模では、100人から500人の企業が42社で、50人以上100人以下の企業は比較的少なかった。

　経営者の年齢は26歳から40歳の間がもっとも多く、その次に多かったのは20代の若者である。経営者の前職については、26人がかつて国有企業で相当の地位に就いていた。経営者の学歴は非常に高く、70人が大学・「大専」（3年制で大学よりランクがやや低いが、高校・専門学校よりは高い）を卒業、中小卒は12人しかない。若い経営者が同産業にかなり集中しており、1990年代アパレル産業の主役となっている。

　以上をまとめると、第一に、アパレル産業発展の第一段階は、戦前の民族紡織資本と日系紡織資本がある程度の基盤となった。しかし、長期的に見ると、企業の国営化により産業全体は停滞に至る。第二に、国営企業の「工厰化」段階では、政府によって輸出産業としての育成が進められた。しかし、精力を注いだ繊維産業であっても輸出は逓減し、外国の直接投資が求められることになった。第三に、繊維産業とは対照的に、政府の政策の立ち遅れたアパレル産業が輸出シェアを急速に伸ばすという逆転現象が起き、政府の政策意図と背反する結果となった（ただし、地方政府の支援や介入方法によって大きな効果を得た特殊企業は差し当たり除外する）。アパレル産業に対する政策は絶えず試行錯誤の段階にとどまって、先導した企業の実態が、むしろ政策を誘導したのが現実であった。また、政府の指導によるアパレルの直接投資は必ずしも成功したとは言えない。経営者の素質は高いが、企業の沿革は短く、経営経験も欠如している。そのうえ、政府のデザイナーなどの人材育成政策が立ち遅れていたために、依然として企画上に大きな問題を抱えている。この点に関するより詳細な分析は、今後の課題に譲りたい。

　最後に、外国からの技術導入・直接投資は、企業の生産力や輸出競争力を大きく左右し、企業自身の大変身は、国有・公営・私営企業の構造を大きく変えた。これにより、産業の全体構造も再編成に直面し、輸出指向型産業への転換が余儀なくされた。「経済体制と経済増加方式」は、中国の

経済発展における 2 つの根本的な転換だという見解もあるが、外資企業[43]の技術移転と直接投資が、いまひとつの重要な転換点であったことを筆者は強調したい。

43　周叔蓮『中国経済的両個根本転変』経済管理出版社、1997 年、241 頁。

第6章
中国アパレル産業における技術移転

　戦前における日本繊維産業の海外進出史を書いた藤井光男は[1]、戦後の同産業の東アジア進出についても新しい研究を行った[2]。同研究で藤井は、東アジアの繊維・アパレル産業の著しい発展は、「日本に続いてアジアNIEs、ASEAN に至る『雁行型』の展開」であり[3]、日本国内のアパレル産業構造の特徴およびその再編によって、繊維・アパレル企業の東アジア進出が生じ、その製品の日本国内への輸入が増加したことによるものだ、と主張している。藤井が指摘する産業の主要な2つの再編動向とは、「合繊長繊維素材やその他合繊混紡織布を素材とした高付加価値と差別化が目指され、川上の原糸メーカーによる織布・染色加工業者などの再編」と、「産地の川中業界やさらに縫製加工業業界でも、それ自体を内包する中小零細業者個々の経営的力量の低さを、さらに異業種間の連携・補完によって支え市場情報の交換や新製品の開発によって販路を開拓しようと」した変化を指している。この点に関し、筆者は、日本アパレル産業の再編成、特に異業種のアパレル産業への参入や提携などによって、従来の企業間関係の変化が産業構造を新たな構造へと再編していった点を明らかにしてきた[4]。

1　藤井光男『戦間期日本繊維産業海外進出史の研究』ミネルヴァ書房、1987 年。
2　藤井光男「日本アパレル・縫製産業の新展開」島田克美・藤井光男・小林英夫『現代アジアの産業発展と国際分業』ミネルヴァ書房、1997 年、91 頁。
3　「雁行型」モデルは、赤松要が 1930 年代初頭に提起した理論であるが、繊維機械の輸入増加とその技術の国内への定着により、同製品の国内生産の拡大によって輸出産業へと成長する発展過程を抽象化したものである。藤井は、同モデルを受け継ぎ、上記の論文で、「新国際分業論（NIDL 論）は 1960 年代から 70 年代のアメリカ多国籍企業の活動に焦点を当てたために、その後の 70 年代から 80 年代の東アジアの急成長に関わる日本製造業の生産システムの特徴などは、フォローできなかった」と指摘している。前掲「日本アパレル・縫製産業の新展開」92、93 頁。
4　筆者は、戦後の日本のアパレル産業構造における再編制を、ラウンドテーブル・チェーン式（Round table chain）とダイレクト・チェーン式（Direct chain）というふたつのキーワードでまとめた。ラウンドテーブル・チェーン式は、戦後日本のアパレル産業構造を分析するにあたって、企業間の取引関係に焦点をあて、その特徴を抽出したものである。筆者は、素材から小売までの取引関係が直線で結ばれていたそれまでの産業構造が、1980 年代の産業の成熟や経営環境の変化、とくに素材企業・商社・小売等の参入によって大きく変えられ、しかも、従来の直線式取引関係から、アパレル上位企業を中心に、異業種企業との共同製品開発・提携・合弁などの形態を通じ、ラウンドテーブルのような構造に変わっていったと考える。康賢淑（康上賢淑）「戦前日本のアパレル産業の構造分析」京都大学経済学会『経済論叢』、第 161 巻第 4 号、1998 年 4 月、87 ～ 109 頁。この論文は、本書第 1 章として収録している。

ここでは、藤井の上述の示唆を評価しつつ、若干の問題点について補いたい。

　第一に、アジアの繊維・アパレル産業における「雁行型」の展開が、主に人件費の上昇によって周辺地域、あるいは後発地域へシフトしたことによるものだという点である。同理論の枠組が中国と日本のアパレル産業の関係にも妥当するのかどうかについては、検討する必要があるだろう。

　第二に、現地への生産技術移転について指摘しておきたい。日本の優れたミシンの導入は「現地の熟練労働の単純労働への分解を大幅に促進し、多数の未熟練労働者、特に若年女性の雇用を可能にして、その安価な労働力を国際競争力に結びつける上で役立」ち、中国のアパレル製品の国際競争力は、ハードである日本製ミシンと、ソフトである安価な若年労働者の結合によるものだ、と藤井は論断している。日本製造業の生産システムの特徴を語るには、その設備と労働者に関する分析が不可避である。ただし、このふたつの結合だけで、その生産システムも日本的となり、国際競争力がついたと言うためには、それなりの論拠を提供しなければならない。

　第三に、第二点と関連するが、中国のアパレル製品の対日輸出に関する要因分析が、投資をする日本側の分析にとどまっており、アパレル製品の「持ち帰り輸入」が急増した決定的要因、つまり受け入れ側の技術受容能力に関する分析が行われていない。また、なぜこの時期に日本のアパレル企業が中国への技術移転を急速に推進し、対中国投資も空前のブームとなり、しかも特定地域、あるいは都会に集中していたかに関しては言及がなされていない。

　劉徳強は、郷鎮企業とアパレル産業の発展関係に関する研究を行っている。劉はワイシャツ、またはブラウスを標本企業とし、1985 年と 1990 年の所有形態を中心に比較分析している。所有形態を国有・都市集団・非連営型郷鎮・連営型郷鎮・合弁という 5 つに分類し、企業の規模・生産性・

5　前掲「日本アパレル・縫製産業の新展開」111 ～ 113 頁。
6　劉徳強「郷鎮企業の台頭とアパレル産業の発展」大塚啓次郎・劉徳強・村上直樹共著『中国のミクロ経済改革』日本経済新聞社、1995 年、99 ～ 121 頁。
7　都市集団とは、都市の政府が管轄する企業を指す。劉徳強の前掲論文では、「郷鎮企業の中には、国営企業や都市集団企業が実質的な経営者となっている連営（連合経営）型企業が含まれている。連合企業はいわば国内の企業同士の合弁企業であり、『本社』にあたる国営企業や都市集団企業から経営陣や技術者が派遣され、利潤は出資比率に応じてシェアされている」との説明があるが、冒頭部分は不明確であり、また非連営型郷鎮の概念について何の解釈もなく、読者に多少の混乱を招いたのではないだろうか。

機械設備・賃金・従業員の構成からアパレル企業の特質を引き出そうとした。結論として、国有企業は生産規模が過大であり、郷鎮企業の中でも連営型企業は非連営型企業より技術力や資金力が優位を占めていること、また、国有企業の機械は輸入比率が最も高いが、逆に生産性は比較的低く、生産性が最も高かったのはむしろ合弁企業であり、その原因は国営企業が利潤動機を貫徹せず、過剰な労働報酬を支払ったことにある、と指摘している。ただし、つけ加えておきたいのは、劉がアパレルという企業を主に所有関係から理解しており、同企業自身の特質[8]、たとえば企業間関連の複雑性・製品の多様性・市場の不確実性等の産業特性について触れていないということである。アジアの工業化にとってのこの産業の意味を考える上では、シャツまたはブラウスという定番型の業種をもって、抽象的なアパレル企業の一般的特質を抽出しようとしたことには限界がある。

　最近では、辻美代と大島栄子の研究がある[9]。辻は、中国繊維産業の先行研究者である。中国繊維産業、とくに紡織における国有企業の競争力低下を経済体制の問題点として把握し、構造調整の必要性を提言している[10]。また、繊維産業の輸出競争力の増大に関しては、その主な要因を「アパレル王国化」、つまり「香港及び日本を中心とした外資系企業に先導されながらアパレル輸出大国」に成長したことにある、と論じている[11]。辻の研究の特徴は、繊維産業の一部門としてアパレル産業を見るところにあり[12]、その点では、アパレル産業をリーディング・セクターとしてみる筆者とは、やや異なった見解を取っている。大島の場合は、日本の合繊資本がアジアにおいて牽引的役割を果たしたとして、藤井の「雁行的」展開と同じ見解に立っているが[13]、やはりアパレルの位置づけが低く、繊維を核にした分析である。

8　康（上）賢淑「日本アパレル上位企業の分析」京都大学経済学会『経済論叢』第 162 巻第 3 号、1998 年 9 月、28 頁。＊本書第 2 章として収録。
9　その他に、韓日アパレル産業の競争優位をマーケティングの視角から分析した金良姫の論文がある。金良姫「韓日アパレルのグローバル MD 主導商品連鎖と競争優位」東京大学経済学研究会『経済学研究』第 38 号、1996 年 5 月、45 ～ 62 頁。
10　辻美代「中国の経済発展と繊維産業」『現代中国』第 70 号、1996 年、118 ～ 119 頁。
11　辻美代「繊維産業の発展と外資－香港・日系企業の牽引による『アパレル王国化』」石原亨一篇『中国経済と外資』アジア経済研究所、1998 年、188 頁。
12　辻美代は、アパレル産業を繊維産業のなかに位置づけ、「縫製工業」あるいは「アパレル工業」と分類している。しかし、アパレル産業は、もはやひとつの独立した産業となったため、「工業」という製造部門だけでは説明し切れない特性を持つ。前掲 187 ～ 224 頁。
13　大島栄子「国際分業の進展と繊維産業」丸山惠也・佐護譽・小林英夫編著『アジア経済圏と国際分業の進展』ミネルヴァ書房、1999 年、143 ～ 175 頁。

本章では、上記の研究事例に見られる諸問題を念頭に置きながら、実態調査にもとづき[14]、まず、中国アパレル産業の輸出指向型への転換過程を、外部要因である日本の直接投資、とくに日本企業の人的資源の移動による技術移転に焦点をあて、中国アパレル製品の輸出競争力について明らかにする。内部要因としては、特に外部の技術を受け入れる受容能力を考察する。最後に、アパレル産業における一般的な特性を産業論的見地からまとめ、そのうえで中国のアパレル産業が、とくに1980年代末から1990年代末にかけて輸出産業として急成長した過程の特徴を抽出することで、本章を締め括りたい。

Ⅰ．中国のアパレル産業の輸出

技術移転は一般的に、技術提携・特許売買・人的資源の移動・直接投資等によって行なわれているが[15]、ここでは、中国アパレル産業における人的資源の移動に焦点を絞って論じたい。図6-1は、戦後の中国アパレル製品の輸出額と生産量の推移を取り上げたものである。1960年代から、輸出額と生産量には多少の増加があったものの、1985年までは横這いにすぎなかった。しかし、ここでの問題は、輸出や生産に示された数字ではなく、むしろ、同製品の生産過程と市場取引との関連が経済的メカニズムに沿っていなかったという制度的要因のほうである。なぜなら、その輸出は市場の自由な取引によるものではなく、国家によって設置された窓口を通して、そのほとんどが社会主義諸国やアフリカ等の第三世界への政治戦略的な供給であったからである[16]。社会主義経済体制下の企業の本質とはい

14　筆者は、現地の研究者や大学機構の協力を得て、個別企業の訪問調査・資料収集を行ってきた。調査項目は、主に企業規模・資本構成・人材育成制度・情報獲得能力・受注と見込生産率・生産現場の管理能力・生産技術水準・製品開発能力・デザイン力・輸出率／流通チャネルなどである。企業の選択は、日系上位企業の数社以外、ほとんどは現地の研究者の協力を得て行った。本章は、3年間にわたって延べ70ヶ所以上の企業・企業集団と研究機関・大学などの役員に行った訪問調査とアンケートのデータにもとづいている。地域的には浙江省・湖北省・上海・寧波・北京・大連などの国営あるいは国有企業・郷鎮企業・外資企業を対象とした。有効回答数は項目によって違うが、郷鎮企業あるいは中小企業の場合、回答率は低かった。

15　技術移転に関する概念・規定は実に多様であるが、本書では山田基成の「人間を媒体とする意識的な計画的活動」であるという規定を前提にした。もちろん、このことだけをもって技術移転すべてを概括することはできない。たとえば、技術の内容、移転される対象国、あるいは企業や人材の如何にもよるからである。小川英次・木下宗七・岸田民樹編『日本企業の国際化』名古屋大学出版会、1987年、57頁。

16　上海は、戦後中国のアパレル生産の最大の基地であった。上海の司麦脱服飾股分有限公司と上海第四襯衫厰の役員への訪問調査によると、製品の生産は国家の「貿易機関」から発注され、ほとんどは社

え、アパレル企業は輸出の自主権を掌握できなかった。改革開放以降、とくに1985年からのアパレル製品は、輸出額と生産量がともに増加し始め、1980年代末以降は急増を見せている。国営・国有・集団・個人および外国資本を含む多様な経済要素の働きと企業自身の旧経済体制からの脱出努力は、図6-1が示すような、急激な右肩上がり現象を生み出した。この点が、筆者が同時期のアパレル産業の成長過程を「スパイラル的展開」として捉える第一の理由である。なお、この概念については、Ⅲの2.において、その成長過程を総括しながら改めて規定する。

図6-1　中国アパレル製品の輸出額と生産量の推移

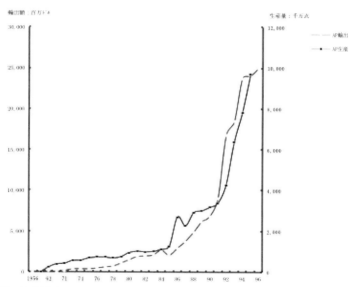

出所）中国総輸出およびアパレル輸出入は中国統計信息諮詢服務中心『中国対外経済統計大全』1992年、23～41ページ。92年以降の中国総輸出およびアパレル輸出入は中国社会出版社『中国対外経済貿易年鑑』各年から引用している。

　会主義圏または中東諸国等向けであったという。全国的に見た場合、たとえば1970年代から香港への輸出は「華潤公司」（中国紡織品公司の代行機関）によって行われた。同公司は金融機能までもち、調整機能を果していた。「華潤公司」は直接の売買はしないが、その下にある多数の「愛国商社」が年2回、広州交易会において買付けをしていた。日中経済協会『東南アジアにおける中国商品』1977年、66～68頁。

1980年代末を分析するには、その基本単位である企業の所有構造の解明が必要とされる。1988年3月、第7期全国人民大会第1回会議が制定した「全人民所有制工業企業法」では、所有と経営の分離を目指すため、中国の国営企業を「国有企業」と改称した[17]。同法では、企業を国有・集体・私有[18]・株式・外資・華人系（香港・マカオ・台湾）企業という6グループに分類している。『中国統計年鑑』各年版によると、1985年から1996年までの固定資産投資に関して各グループが占める比率は、国有企業が65％から53％に減少、集体企業は13％から16％へやや増加、私有企業は21％から14％へ減っている。外資企業は2％から8％と4倍に増加していた[19]。株式と華人系企業は1993年から統計に収録されるようになり、それぞれ4％から8％、2％から4％へと拡大している。全体的に見ると、国有企業の固定投資額比率は依然として高い。しかし、1990年代に入ってからは、統計上ではそれぞれの所有形態の内実を詳細に把握できないこと[20]、さらに、国営・集体・私有・外資企業の要素が複合的な形態で共存しているため、実態の検討が必要である[21]。

Ⅱ．求められる直接投資

本節では、こうした複合的な企業の存在を前提に、中国アパレル産業のスパイラル的展開を可能にした外部要因、とくに、日本アパレル企業の対中国への技術移転を中心に論じたい。

まず、1980から1990年代に行われた日本の繊維・アパレル企業の対中

17　趙鳳彬「中国における国有企業改革の新課題」『龍谷大学経営学論集』第34巻第1号、1994年、33頁。
18　「集体企業」は、中国の国営・国有企業と私有企業の中間にある企業形態であり、地方政府の管轄下にある。「私有」は個人経営者を指す。ただし、統計の数字は実際より少ない。その原因としては、相当の個人経営者が政策上の不利を考慮し、登録時点で集体に編入される傾向が多いためだという（1998年の訪問調査による）。中国の所有形態は非常に複雑な構造を持っているため、本書では中国統計出版社『中国統計年鑑』の基準分類にもとづいて分析を行っている。
19　中国統計出版社『中国統計年鑑』各年版による。
20　劉徳強の研究では、所有形態の分類を試みている。しかし、1990年代に入ってから実態が複雑化したため、その分類方法の限界がいっそう顕著となっている。
21　たとえば企業数の場合、1997年中国の統計資料によると、調査対象になった企業は51,155社に上るが、国有企業は1,521社でわずか3％しかない。それに対し、郷鎮企業は30,566社で60％、三資企業は6,032社で12％になる。この指標だけでは、必ずしも十分ではない。固定投資から見ると、いまだ国有企業が大きなシェアを占めているが、企業数から見ると郷鎮企業が重要となる。上記の統計は、全国的なすべての企業への調査で、1950年代から開始され、1985年と1995年を合わせ、計3回実施されている。ただし分類項目に多少の変化がある。中国統計出版社編『中華人民共和国1995年第三次全国工業普査匯編－国有・三資・郷鎮巻』1997年。＊「普査」は「調査」の意味である。

国への資本投資について、1993 年と 1998 年の統計にもとづき分析した
い[22]（表 6-1）。

表 6-1　日本の繊維・アパレル企業の対中国直接投資の推移

単位：件

年度別	投資金額(万ドル)	繊維	紡織	アパレル								その他	合計
1980	1000 ~ 4999							1					1
84	1000 ~ 4999											1	1
85	10 ~ 49			2								1	3
	50 ~ 99		2					2					4
	100 ~ 499			3		1		1				1	6
86	10 以下								1				1
	50 ~ 99					1							1
	100 ~ 499		1									2	3
	500 ~ 999					1						1	2
	1000 ~ 4999											1	1
87	10 ~ 49					1						1	2
	50 ~ 99					1							1
	1000 ~ 4999							2					2
88	10 ~ 49			5	1							1	7
	50 ~ 99	1		1	1	1	2	3		1			10
	100 ~ 499		2		1	5		2					10
	500 ~ 999					1		1		1		1	4
	1000 ~ 4999												
	金額不明			1								1	2
89	10 以下							1					1
	10 ~ 49			5	1	3		1	1	2	4		17
	50 ~ 99				1	2		2			2		7
	100 ~ 499		2	1	3	3		12					21
	1000 ~ 4999							1			1		2
	5000 ~以上							1					1
90	10 以下								1				1
	10 ~ 49			5	3	1	2	3	2	1	4	2	23
	50 ~ 99		1	1	2	2		1			2		9
	100 ~ 499			2	1	3	1	2			1		10
91	10 以下					1							1
	10 ~ 49	1		22	2	5		7		1	1		39
	50 ~ 99			6	1	10	1	1			2		21
	100 ~ 499	1	1	4	6	15	4	6	1	1	3	1	43
	500 ~ 999				2	2							5
	1000 ~ 4999					1		2					3
92	10 以下			4				1			1	2	8
	10 ~ 49		2	47	12	18	4	29	3	3	13	1　2	134
	50 ~ 99		9	26	10	22	2	26	3	2	8	1	109
	100 ~ 499	1	6	16	7	29	6	19	1	4	7	2	98
	500 ~ 999	1				4	1	2			1	1	10
	1000 ~ 4999		2		1			1	2				6
	金額不明	1											1

22　三菱総合研究所編『中国進出企業一覧』1994 年版と 1999 年版の統計を引用している。その理由は、
　　同資料が非常に広範囲にわたり、日本企業の対中国進出に関しては、もっとも多く、かつ詳細に収録
　　した統計資料だと見られるからである。

年	金額														計
93	10 以下			1				1							2
	10 ～ 49		6	95	21	27	4	27		5		15		5	205
	50 ～ 99		6	40	18	21	2	21	2	1		11			122
	100 ～ 499	2	6	22	15	29	6	20	1	1		11	3	1	117
	500 ～ 999	2	3	1	1	2		2				2			13
	1000 ～ 4999	2	4	2		1		5						1	15
	金額不明			1	1	1		1				1			5
94	10 以下			2											2
	10 ～ 49	1	4	35	20	13	4	13	4	4		17		1	116
	50 ～ 99		5	19	9	13	3	9				10		3	71
	100 ～ 499	3	3	8	10	18	3	17	2	1		9	2		76
	500 ～ 999	2	2		1	2	3	4				2	1		17
	1000 ～ 4999	4	5	2	2			2				1	1		17
	5000 ～以上		1												1
	金額不明		1		1			1							3
95	10 ～ 49	2		19	5	8	2	6	2	1		11			56
	50 ～ 99		1	12	4	3	4	8		1		8		1	42
	100 ～ 499	3	3	4	4	13	2	9	1			9			48
	500 ～ 999	1	2	1			1	1							6
	1000 ～ 4999	1	5	1	1	1		1				1	1		12
	5000 ～以上	1				2		1							4
	金額不明							1							1
96	10 以下					1		1							2
	10 ～ 49		1	15	1	2		3				10		1	33
	50 ～ 99			4		2	1	2				4		1	14
	100 ～ 499		3	5	2	1		2				5			18
	500 ～ 999		1		1			2				1			5
	1000 ～ 4999	1	5	1								1			8
	金額不明	1												1	2
97	10 以下					1									1
	10 ～ 49		1	6	1	2	2					1		1	14
	50 ～ 99			4	1	1									6
	100 ～ 499			1	1	1		3	1			2		1	10
	500 ～ 999					1						1			2
	5000 ～以上											1			1
98	10 ～ 49		1	6	1			1				2			11
	50 ～ 99							1							1
	100 ～ 499			1	1	1		1							4
	5000 ～以上					1									1
99	100 ～ 499			1											1
年度不明	10 以下					1		1							2
	10 ～ 49	1		7		1		7				3			19
	50 ～ 99		3	8	1			4							16
	100 ～ 499		4	1		2		5				3			15
	500 ～ 999	1													1
	1000 ～ 4999		1			1									2
	金額不明	1	7	23		3	1	4				1			40
合計		35	112	499	183	304	62	317	25	30	2	205	13	24	1,811

注1）同表の企業数は、1998 年までに登録されたものである。年度や金額が未記入のものが計 114 社あった。ただし、一部のデータは重複や欠如により、多少のズレがある。

2）香港ドル、韓国ウォン、日本円は同年の為替レートを基準に換算して記載している。

3）業種は提供された資料に基づいて分類した。

出所）三菱総合研究所編『中国進出企業一覧』蒼蒼社、1994 年、1999 年版より作成。

1998 年末時点で、中国の三資企業は約 32 万社に及ぶが[23]、日本企業が NIEs に設置した子会社による投資もかなりの比率を占めている。それを除外すると、日本企業の直接投資によって設立された全産業部門の企業は 1 万 6,000 社に上っている。同統計には、その 7 割（12,216 社）が収録されており、そのうち繊維・アパレルは 1,847 社で製造業の 15.1% とトップを占め、第 2 位の食料品・飲料等 10.6%、3 位の電気機器 9.1% を大きく上回っている。また、地域別の進出では、上位 8 位までの進出先（上海、江蘇省、遼寧省、浙江省、北京、山東省、天津、広東省）の合計は 1,657 社となり、全体の 89.7% を占める。立地は藤井が主張している周辺地域ではなく、沿海地域と都会に集中している。その理由には、投資者の動機も大きく関係している。たとえば、劉昌黎の研究によると[24]、1990 年代の外国から中国への直接投資では、実際の投資額で日本が香港を上回って首位を占め[25]、そのなかでもアパレルは、最も多額の直接投資が行なわれた業種のひとつであった。また、大連市への外資による直接投資の中で黒字を出しているのは、ほとんどが日本の直接投資した企業で、その経営も「おおむね良好」と評価されている。しかも、日本の投資者の中には、植民地時期に大連に生まれ育ち、大連に郷愁を感じる人がかなりいると言う。事実、鐘紡が上海に再投資して「上海華鐘企業グループ」を成長させたように、日本企業による山東省青島・江蘇省南通・浙江省寧波などへの投資にも、これと同じような事例が多く存在している。

　藤井は、「名岐地区（特に岐阜・関地方）のアパレル・縫製業者が日本の国内で東京と大阪の二大ブランド産地に狭まれた定番品産地の苦悩を克服するために、賃金高騰のスピードの速い中国の沿海都市部を避けてより奥地の潤沢な労働力を擁する湖北省黄石市に進出した事例であろう」と言うが[26]、実は黄石市に最初に進出したのは華僑の企業であった。関市のサンテイがその華僑企業に技術指導を頼まれて行ったのが、進出のきっかけ

23　三資企業とは、技術提携による合作企業、両国の出資側や共同経営による合弁企業、外資の 100% 出資による独資企業を指す。

24　劉昌黎「中国の外資政策と日本対中直接投資」（名古屋大学国際経済動態研究センター研究会報告論文、2000 年 1 月 18 日）の 5 〜 15 頁と第 5 表を参照している。

25　筆者も 1991 年まで中国統計資料での実際利用された外資資本額を算出してみたが、国別の利用額は劉の結論と一致している。国家統計局貿易物資司編（国家統計貿易物資局）『中国対外経済統計大全・1979 〜 1991 年』中国統計信息咨詢服務中心出版（中国統計情報コンサルティングサービスセンターより出版）、1992 年、287 〜 336 頁。

26　前掲「日本アパレル・縫製産業の新展開」101 〜 102 頁。

となったのである。その後、サンテイの紹介により、小島衣料など、岐阜の関連企業による黄石市への進出が続々と始まった。つまり、黄石への投資を土台に、上海・南通・寧波などへ事業を拡大していったのである。藤井のいわゆる「雁行型」的展開論では、日本側の投資契機に関する分析が欠落しており、そのため、岐阜の同地域へ投資に関する特殊事情を見逃すことになっている。

日本の繊維・アパレル企業の直接投資を件数別に見ると、繊維・紡績は184件、アパレル企業は1,627件で89.7%、約9割を占めている[27]。投資金額では、繊維・紡織を合わせて、1,000万ドル以上5,000万ドル未満が30件、5,000万ドル以上は3件しかない。一方、アパレルはそれぞれ35件、6件もあり、繊維・紡織より多く、上位アパレル企業の進出も目立っていることが分かる。

表6-2は、筆者による聞き取り調査の結果の一部である[28]。ここで強調すべき点は以下の4点である。

中国各地域で牽引力を持っているアパレル優良企業は、ほとんどが日本企業との合弁、あるいは技術提携[29]、設備投資、人的資本などの関係を持っている。

日本の上位アパレル企業は、比較的早期から国有企業との合弁を行い[30]、韓国・台湾・香港なども、日本からの技術移転による経営ノウハウの蓄積を媒体にしてアパレル直接投資を積極的に行っていた。

国有企業、三資企業、郷鎮企業の資本関係は相互に重複していた。

欧米諸国は、中国側にエージェントやオフィスを設置し、契約による取引形態を採っており、アメリカ・イタリア・ドイツの直接投資はとくに少なかった。

27　筆者は同上の統計資料にもとづき、繊維・紡織・アパレル（総合アパレル、高級外衣類、カジュアル、ニット・メリヤス製品、下着・水着、子供・老人服、和服、カバー、蒲団などの付属品）・染色・その他などに分類した。

28　筆者は、それぞれの地域（広州・上海・寧波・武漢・北京・大連など）で牽引力を持っている上位アパレル企業にアンケートと訪問調査を行った。いずれも、現地の研究機関および大学から推薦された優良企業である。

29　技術提携と技術合作は、英語ではともにTechnical Cooperationであり、同一の概念として理解されている。

30　ワコールは、1986年に北京の「紅都集団」という国営アパレル企業と合弁し、イトキンは、1988年に上海市服装進出公司と合弁している（筆者による1997年8月の各社への訪問調査による）。

表 6-2　1970 年代末以降の中国大手主要アパレル企業の所有形態の変遷

70年代末	80	81	82	83	84	85	86	87	88	89	90	91	92	93	94	95	96	97	98
1	1	1	1	1	1	1	1	1	1	2	2	2	4JA	4JA	4JA	4JA	4JA*	4JA*	4JA*
1	1	1	1	1	1	1	4JO	4JO	4JO	4JO	4JO	4JO	4JO	4JO	4JO	4JO	4JO	4JO	4JO
1	1	1	1	1	1	1	1	1	1	2	2	4JO	4JO	4JO	4JO	4JO	4JO	4JO*	4JO*
1	1	1	1	1	1	1	2	2	2	2	2	4JO	4JO	4J	4J*	4J*	4JO	4J*	4J*
1	1	1	1	1	1	1	1	1	1	2	2	3J	3J	3J	3J	3J	3J	3J	3J
1	1	1	1	1	1	1	1	1	1	4	4 ?	4	4	4	4	4	4	4	4
1	1	1	1	1	1	1	1	1	1	2	2	2	2	3J	3J	3J	3J	3J	3J
1	1	1	1	1	1	1	1	1	1	2	2	3J	3J	3J	3J	3J	3J	3J	3J
1	1	1	1	1	1	1	1	1	1	2	2	合併か・倒産							
1	1	1	1	1	1	1	1	1	1	2	2	合併か・倒産			3J	3J	3J	3J	3J
1	1	1	1	1	1	1	1	1	1	2	2	合併か・倒産							
1	1	1	1	1	1	1	1	1	1	2	2	合併か・倒産							
1	1	1	1	1	1	1	1	1	1	2	4	4	4	4	4	4	4	4	4
1	1	1	1	1	1	1	1	1	1	2	2	4	4	4	4	4	4	4	4
1	1	1	1	1	1	1	3J	3J	3J	3J	3J	3J	3J	3J	3J	3J	3J	3J	3J
1	1	1	1	1	1	4	4	4	4	4	4	3J	3J	3J	3J	3J	3J	3J	3J
1	1	1	1	1	1	1	1	1	1	2	2	3JK							
1	1	1	1	1	1	1	1	1	1	2	2	合併された							
1	1	1	1	1	1	1	1	1	1	2	2	倒産							
1	1	1	1	1	1	1	1	1	1	2	2	合併された			3JK	3JK	3JK	3JK	3JK
1	1	1	1	1	1	1	1	1	1	2	2	合併された							
1	1	1	1	1	1	1	1	1	1	2	2	4・3JK 数ヶ国		4・3JK 数ヶ国	4・3JK 数ヶ国	4・3JK 数ヶ国	4・3JK 数ヶ国	4・3JK 数ヶ国	4・3JK 数ヶ国
1	1	1	1	1	1	1	1	1	1	2	4JK	4JK	4JK	4JK	4JK	4JK	4JK	4JK	4JK
1	1	1	1	1	1	1	1	1	2	4JK	4JK	4JK	4JK	4JK	4JK	4JK	4JK	4JK	4JK
1	1	1	1	1	1	3JK	3JK	3JK	3JK	3JK	3JK	3JK	3JK	3JK	3JK	3JK	3JK	3JK	3JK
1	1	1	1	1	1	1	3JK	3JK	3JK	3JK	3JK	3JK	3JK	3JK	3JK	3JK	3JK	3JK	3JK
1	1	1	1	1	1	1	1	1	1	2	2	3JK	3JK	3JK	3JK	3JK	3JK	3JK	3JK
1	1	1	1	1	1	1	1	1	1	2	2	2	2	4	4	4	4	4	4
1	1	1	1	1	1	1	1	1	1	1	4	4	3K	3K	3K	3K	3K	3K	3K
1	1	1	1	1	1	1	1	1	1	1	1	2	2	2	2	2			
5	5	5	5	5	5	5	6KJ	6KJ	6KJ	6KJ	6KJ	6KJ	6KJ	6KJ	6KJ	6KJ	6KJ*	6KJ*	6KJ*
–	–	–	–	–	–	–	–	5	5	5	5	5	5	5	5	5	8	8	8
5	5	5	5	5	5	5	5	5	5	6JK	6JK	6JK	6JK	6JK	8JK	8JK	8*	8*	8*
5	5	5	5	5	5	5	5	5	5	6HJ	6HJ	6HJ	6HJ	6HJ	6HJ	6HJ	6HJ	6HJ	6*
–	5	5	5	5	5	5	6J	6J	6J	6J	6J	6J	6J	6J	6JK	6JK	6KJ*	6KJ*	6KJ*
–	–	–	–	–	5	5	5JO	5JO	5JO	5JO	5JO	5JO	5JO	5JO	5JO	5JO	5JO*	5JO*	5JO*
–	–	–	–	–	–	–	–	–	–	–	–	–	–	–	–	8J	8J	8J	8J
–	–	–	–	9J	9J	9J	9J	9J	9J	9J	9J	9J	9J	9J	9J	9J	9J	9J	9J
–	–	–	–	–	–	–	–	–	–	–	–	9J	9J	7KJ	7KJ	8KJ	8KJ	8KJ	8KJ
–	–	–	–	–	–	–	–	–	7	7	8KJ	8KJ	8KJ	8KJ	8KJ	8KJ	8KJ	8KJ	8KJ
–	–	–	–	–	–	–	–	–	–	–	–	–	–	–	–	–	9G	9G	9G
–	–	–	–	–	–	–	–	–	8H	8H	8H	8H	8H	8H	8H	8H	8H	8H	8H
–	–	–	–	–	–	8H	8H	8H	8H	8H	8H	8H	8H	8H	89H	8H	8H	8H	8H
–	–	–	–	–	–	–	–	–	8H	8H	8H	8H	8H	8H	8H	8H	8H	8H	8H

										9H	9H	9H		9H	9H		9H	9H		9H	9H	9H
−		−	−	−	−	−	−	−	−	9T	9T	9T		9T	9T		9T	9T		9T	9T	9T
−		−	−	−	−	−	−	−	−		9T	9T		9T	9T		9T	9T		9T	9T	9T
−		−	−	−	−	−	−	−	−	8T	8T	8T		8T	8T		8T	8T		8T	8T	8T
−		−	−	−	−	−	−	−	−	8AJ	8AJ	8AJ		8AJ	8AJ		8AJ	8AJ		8AJ	8AJ	8AJ

注1）1）1は国営企業、2は国有企業、3は国有企業＋外資企業、4は国有企業と外資企業との合作、5は郷鎮企業、6は郷鎮企業＋外資企業との合弁・合作、7は私有企業、8は私有企業＋外資企業との合弁、9は独資企業である。

2）Jは日本、Kは韓国、Hは香港、Tは台湾、Aはアメリカ、Gはドイツ、Oはその他を指す。企業名の1～57は累積数字で57社の意味である。

3）各企業のデータは、ほとんどの場合、直接企業から入手したものであるが、間接的に入手したものも一部あるので、多少の誤差はあると考える。

*）は企業集団化し、株式上場の意味である。

出所）筆者によるインタビューとアンケートにもとづき作成。

1988年まで、中国のアパレル・繊維産業に投資したいわゆる先進国企業は、日本が23社であったのに対し、アメリカはほぼ半分の12社、イタリアは2社、フランスは1社しかなかった。欧米のこのような間接的取引形態は、中国の輸出拡大に寄与していたとしても、現地企業、とくに民営企業の未熟な経営と管理にとって、必ずしも効果的であったとは言えない。中国側からすれば、むしろ日本などの直接投資のほうが歓迎されていたし、今もされている。それもあって、同表のアパレル48社の所有形態は、1985年ごろから変容し始め、1990年代には大きく変化し、非常に複雑な構成を示している。

　これとまったく同時期、とくに1980年代後半に入ってから、日本のアパレル産業構造は大転換期に直面していた。アパレル産業は事業数・従業員数・出荷額や利潤率などにおいて、すでに繊維産業と逆転構造を示しつつあり、関連あるいは他産業によるアパレル参入も始まっていた。その主要な形態は、たとえば、商社や素材企業の海外におけるアパレル合弁・独資企業の設立である。1990年代に入ると、海外への直接投資は、急速に中国へ集中していった。同時に、中国のアパレル企業では、香港・台湾・韓国企業との合弁・合作が活発となり、郷鎮企業も含め、直接外資と手を組む必要性が高まり、貿易公司を外そうとする傾向が出てきた。1993年になると、その流れがようやく政策に反映され、政府は直接の輸出権を企業に与えはじめた。

31　三菱総合研究所『中国合弁企業一覧─日米欧700社─』㈱蒼蒼社、1988年版。

32　本書第1章「戦後日本アパレル産業の構造分析」を参照されたい。

33　筆者の1997年から1999年の訪問調査による。

その結果、中国アパレル製品の日本への輸出は、直接投資と正比例して急拡大していった。日本市場における中国製アパレル製品の比率を製品別に 1988 年と 1994 年で比較すると、メンズ・インナーウェアーが 8.2％ から 13.9％ へ、ナイト・ウェアーが 12.8％ から 25％ で約 2 倍、伸びがとくに著しいのは、メンズ・ウェアーで 3.2％ から 22.5％ へ 7 倍に、他にレディズ・ウェアーが 2.6％ から 12.3％ へ、レディズ・インナーウェアーが 0.9％ から 6.3％ に伸びている。[34]ナイト・ウェアーのような比較的定番型の量産下着は、外衣ほどファッション性を持っていない。そのため、技術レベルも相対的に低い。それに対し、とくに男女外衣類と女性のインナーウェアー類のような嗜好によるパターン変化の激しい製品についても、中国での生産が増えつづけており、高度な技術レベルの移行がそこに反映されている。

上述した中国アパレル産業における外資導入は、日本のアパレル産業構造のラウンドテーブル・チェーン式（Round table chain）への転換と連動しており、[35]複雑な所有関係を前提に行われた。日本企業の中国への直接投資先やその要因分析で明らかになったように、その展開は、藤井光男らの「雁行型」的展開とは異なり、周辺や低賃金地域よりも、出資者の投資契機や人脈関係に大きく係わっており、むしろ（周辺とは逆の）都会に集中している。それは、アパレル情報を重んじざるを得ないファッション性にも理由があり、日本側の市場要請が中国への技術移転に拍車をかけたとも言える。そこで成長した一部の優良企業の中には、日本等の先進国へ進出を始めた企業もある。たとえば雅戈尔集団が最も良い例であろう。日本企業による相手国への直接投資は、必ずしも安価な労働力を求めて、その国の周辺や後発地域へ展開していくわけではなかったのである。

Ⅲ．日本の人的資源の移動

表 6-3 は、日本のアパレル企業による中国進出の推移である。まず、時期から見ると、サンテイグループ（以降、サンテイと略する）、ワコールが最も早く、続いてワールド、鐘紡、グンゼ、三景、三陽商会、エフワン、富田、オンワード樫山、トミヤ、山喜、ゴールドウィンなどが次々に進出した。その特徴は、アパレル上位企業が主導する進出である。化合繊のよ

34　矢野研究所『中国ファッション市場データ集 '94』1994 年、154 ～ 155 頁。
35　本書第 1 章「戦後日本アパレル産業の構造分析」参照。

うな繊維素材企業、染色企業、綿紡織企業は、アパレル企業より進出が明らかに遅く、投資金額や、とくに進出件数に関してもアパレル企業との間に大きな格差が生じている[36]。ただし、1970年代前後には、繊維素材企業において中国側の政策による技術合作も見られたが、同時期の直接投資は改革開放と異質な性格を持っているので、検討対象からは除外した[37]。

表6-3　日本のアパレル上位企業（事業部）による中国進出と資本構成

日本企業名称と出資率（%）	設立稼動年	資本金（万米ドル）日本側投資(創業時期)	形態	事業内容	生産(万件)／年	合弁企業名称
伊藤忠・サンラリーグループ	1985	不明	合作	外衣	40	大連第七服装廠
サンラリーグループ（25）	1985	370	合弁	紳士服	80	美爾雅服飾有限公司
ワコール（51）紅都集団（49）	1986	80・350（1997年）	合弁	婦人下着	–	北京華歌爾服装有限公司
サンラリーグループ（50）	1987	130	合弁	メンズスラックス	120	上海香花橋三泰服装有限公司
ワールド（51）上海服装集団（49）	1987	150・640（1997年）	合弁	婦人服	–	上海世界聯合服装有限公司
鐘紡（50）	1987	2.5億円	合弁	パンティストッキングなど	600万デカ	上海華鐘（ストッキング）有限公司
サンラリーグループ・桜井縫製など（50）	1988	160	合弁	外衣	73	南通時装有限公司
シルキー／西爾克㈱*（55）	1989	127	合弁	アパレル	564	南通喜爾奇服装有限公司
富田・グンゼ・室谷（36）	1989	76	合弁	紳士服	1.5	沈陽黎富服装有限公司
大丸通商㈱（37）	1989	30	合弁	アパレル	30	昆山大多時装有限公司
三景㈱*（64）	1989	10	合弁	アパレル	120	上海三景服装有限公司
サンテイグループ（50）	1990	140	合弁	メンズスラックス	36	上海香泰制衣服装有限公司
グンゼ（80）三井物産（20）	1991	214・1208（1997年）	独資	下着	–	坤姿時装有限公司
香港三陽商会（100）	1991	3,500百万円	独資	婦人服	–	北蔡繍衣廠

36　1979年、岐阜の一部のアパレル企業は、中国で製品生産を始めていた。つまり、公表されていないだけで、中小アパレル企業は上位企業より中国への進出が早かったと言えよう。畠山信の自伝『わが人生に悔いなし』1996年、130頁。

37　この時期、中国へ技術提供した日本企業は、年度別順にクラレ（1965年始動）、東洋紡と旭化成（1981年始動）、帝人（1986年始動）などがあった。これらの技術契約にあたって、両国間では「相当の紆余曲折」があったという。1972年の日中国交正常化直前でもあり、李正光団長（紡織工程学会責任者であり、1963年に日本と技術契約する際の契約者でもある）らは、クラレ、三菱油化、旭化成などに対し合繊技術考察を要請し、同年3月から4月末まで、約2ヶ間の見学を行った。この視察は、その後の技術契約に大きな影響を与えたと言えよう。しかし、これらの技術導入は、輸出競争力には結びつかなかった。その主な原因は「文化大革命」の悪影響であるが、それ以外の原因解明は今後の課題である。日本化学繊維協会『化繊ハンドブック・1987年』繊維総合研究所出版、308、309頁。日中経済協会『中国主要産業の現状』1978年、140～146頁。

鳥取エフワン㈱ 三井物産㈱*(55)	1991	110	合弁	高級アパレル	－	北京島取愛服王有限公司
三輪縫製㈱*(25)	1991	125	合弁	化繊アパレル	200	南通三友時装有限公司
八木通称㈱松村縫製㈱*(51)	1991	100	合弁	シルク高級アパレル	12	上海八木高級服装有限公司
Evert㈱*(56)	1991	128	合弁	アパレル	90	南通魔登服装有限公司
富田㈱・東華基金会社(55)	1991	115	合弁	アパレル	4.5	上海富田服装有限公司
サンテイグループ(30)	1992	60	合弁	紳士服等	45	寧波羅蒙三泰時装有限公司
蝶理など(49)	1992	700万元	合作・合弁	紳士服等	60万	大通公司 (大楊企業集団子会社)
ダイドーリミテッド(68) 伊藤忠(7)	1993	2693	合弁	紳士服と婦人服	6.35	上海同豊毛紡織時装有限公司
サンテイグループ(33)・丸紅(17) 美爾雅服飾有限公司(50)	1993	100	合弁	紳士服	6	湖北美紅服装有限公司
丸紅(25)	1994	3000万元	合弁	アパレル (紳士婦人外衣)	60万	大連碧海企業集団公司
オンワード樫山(55)	1995	150	合弁	紳士服	－	上海恩瓦徳時装
丸紅・トミヤ(50)	1995	1048万元	合弁	シャツ	350	上海第四襯衫厰
自重堂(60) 伊藤忠商事(32)*	1995	300	合弁	ユニフォーム	－	昆山自重堂時装
香港山喜(100)*	1995	100	独資	ドレスシャツ	5万枚／月	上海山喜服装
ゴールドウィン(100)	1995	750	独資	スポーツウェア	不明	北京奥冠英有限公司
フレックス・ジャパン(24) 伊藤忠商事(20) 中国側(45)*	1995	50	合弁	カジュアルシャツ	42万枚	武漢福菜克斯時装
住友商事(40) ニッキー(50) 富山ニッキー*(10)	1995	250	独資	スノーボードウェア・アウター	30万枚	中山紬姫時装
丸紅・蝶矢・日清紡(40)	1997	85	合弁	シャツ	不明	閖々免湯制衣有限公司

出所）＊印の部分は他社からの提供資料、その他は筆者の1997年から1998年のインタビューによって作成した。

　次に、グループ進出の出資率から見ると、上位アパレル企業は20％以上で、とくに50％から100％が多数を占めるが、商社や繊維企業は10％から20％くらいで、アパレル企業に組み込まれて進出したのが実態である[38]。一般的に、出資率は現地企業において、経営上の議決権あるいは決定権にかなりの影響を与えている[39]。

38　日本のアパレル企業の評価を尋ねたところ、縫製技術はもちろん、製品の企画力、卸や小売への販売ノウハウも、日本のアパレル企業が優れると言われた。1998年、上海のアパレル企業への訪問調査による。

39　この件に関する典型的な事例は、ワコールとワールドであった。表6-4を参照されたい。

さらに、現地の指導について見ると、ワールド・ワコール・レナウンルック・グンゼ等12社の上位アパレル企業では、経営者の常駐は言うまでもなく、技術者や管理職が技術指導で年に10～15回以上現地に赴くのが一般的であった[40]。日本の上位アパレル企業の役員と技術者の派遣回数は、「有価証券報告書」に記されている(表6-4)よりも実際の数のほうが多い。また、企業の再投資によって派遣人数も変動し、本社からの技術者あるいは役員の兼任・出向による派遣も増えている。中国側からの派遣に関しては、市村真一、伊藤正一、富田光彦、草薙信照教授らの実証研究がある。同研究によれば、中国側は日本への派遣を非常に重視し、その結果、技術移転による不良率の低下・工程作業の改善・製造原価の削減・生産性の向上に顕著な効果があったとされている[41]。

表6-4　日本のアパレル上位企業の役員と技術者の派遣

	企業名称（日本）	現地企業（中国）	役員派遣人数	技術者または社員数	議決権所有割合 %（1998年）	技術力逆転年
アパレル	ワコール	北京華歌爾服装有限公司	3	1*2	49→60	1996
	ワコール	広東華歌爾時装有限公司	3 (1)	2 (4)	100	
	ワールド	上海服装公司（世界聯合服装）	7	6	45→57	1998
	グンゼ（三井物産）	坤姿時装有限公司	2	3	100（三井20）	
	ルシアン	大連露香時装有限公司	4	－	50	
	ゴールドウィン	北京奥冠英有限公司	3	*1以上	81	
	ダイドーリミテッド	上海同豊毛紡織時装有限公司	1*7	*19	68	
	サンテイグループ	美爾雅服飾有限公司	2	6／相互循環	25	
	鐘紡	上海華鐘レナウンニット	4	－	25	
	三陽商会（蝶理）	上海北蔡繍衣廠	2	4	不明	
	デサント	北京迪桑特有限公司	－	4	63	
その他	兼松	兼松（上海）	－	3	100	
	東レ	TAL Knits Limited	－	3	70	
	東レ	Taltex Limited	－	2	95	
	ダイワボウ	蘇州大和針織服装有限公司	3		72.3	

注）*はインタビュー時の実数であり、－はなし、（　）内の数字は1997年のものである。
出所）筆者による1997～1999年のインタビューと『有価証券報告書総覧』各年版により作成。

品質の向上においては、外資企業、とくに日系アパレル企業の現場での指導が、最も重要な位置を占めている。それをまず、生産側の調査結果か

40　訪問調査の内容は、事業を展開する際、日本を標準に各項目の内容にしたがって、訪問企業を劣・普通・良・優の順で採点した。結果、優・良への記入が最も多かった項目は生産現場管理能力で、12社が記入していた。
41　市村真一編著『中国から見た日本的経営』東洋経済新報社、1998年、147～148頁。

ら検討しなければならない。たとえば、合弁企業「旭日」における品質上昇率を見ると、1993年1月から1996年1月までの間に、不合格率が6.75%から1.25%に減少した。多くの合弁企業が、この事例と類似した品質向上を見せている[42]。中国アパレル製品のアメリカへの大量輸出を可能にしたのも、このような細かい技術指導による生産技術の向上が大いに関わっていると考えられる。

日本のアパレル企業の技術移転は[43]、人的資源の移転によるものが非常に多く、これが大きな特徴のひとつとなっている。前述のように、欧米企業の場合はエージェントあるいはオフィス形式での契約取引が主流であるために、日本ほど人による技術移転は行われていない。日本のアパレル企業の技術移転における最大の難点として[44]、かつてはハードにおける操作能力としての縫製技術・ソフトにおける品質感覚・責任感・習慣等が挙げられていたが、現在ハード面における問題は、ほぼ克服されたという。

しかし、ソフトの面においては、問題がまだ完全に解決されていない。そこで、サンテイが採用した戦略は、技術者の派遣・常駐の方法として、1ヶ月中国に滞在し、その後10日間日本に帰国するというローテーション・システムの導入であった。経営者は、現地側の管理者の育成と位置づけを非常に重要視していたのである[45]。

同論点をより詳細に検討するために、サンテイの中国進出年次と出資率、および合弁先の人材派遣を事例として取り上げる（表6-5）。同社の中国現地企業（湖北省黄石）に行って訪問調査を行った際、現場での奮発振りを見て、ただちに中国社員に評価を聞くと、「日本人は仕事に命を懸けている（玩命）」と言われた[46]。日系アパレル企業は、選抜した社員を日本へ研修に派遣しており、彼らの多くは中国へ帰国後、現場のリーダーとなって

42　応路「現代紡織服装企業生産管理研究」1998年修士論文。東華大学（元中国紡織大学）所収資料による。

43　サンテイは、会長の常川公男が岐阜の紳士服の卸から興した企業で、中国投資における開拓者でもある。サンテイの受注先は三菱商事・住友商事・三井物産・伊藤忠・丸紅・日商岩井・オンワード樫山・大丸・瀧定などで、背広だけでも年間80万着の生産量を誇る。1997年から現在まで、筆者は数回にわたって同社への訪問調査を行ってきた。

44　日本のアパレル企業の現地役員に訪問調査をした結果である。

45　1997年8月、筆者によるサンテイ中国現地企業への訪問調査による。

46　中国語の「玩命」とは、直訳すれば「命を弄ぶ」であるが、そこから派生した意味は「一生懸命」である。その努力の姿は、郷鎮企業と独資企業も同様であった。筆者が感心した企業は大連のグンゼ（坤姿）で、日本でも見られないほど秩序だっていた。玄関に入ったところから、靴の置き方が整然としている。生産現場に入って仕事ぶりをカメラに収めている時でも、目を反らす者は一人もいなかった。休憩時間や食事の時間の行列は乱れず、秩序良く行われていた。国有企業の場合、現場が比較的散漫で仕事への執着度が足らず、お茶のコップをミシンの横に置いている光景も珍しくなかった。

いた。[47]歴史的経験による現場管理能力や蓄積されてきた知的資源は、人的資源の移動とともに中国に移植され、政府の政策よりも企業自身の努力によって競争力を向上させた。ただし、この研修制度は、現在も多くの問題点を抱えているのも事実である。[48]

表6-5　サンテイグループの日本への研修生受け入れ・外国への技術者派遣制度

単位：人／年

企業名	外国研修生短期(1)		中期 (2)		長期 (3)		日本技術者	
	開始年	人数	開始年	人数	開始年	人数	開始年	人数
美爾雅	1985	*4	1992	15	1992	2	1985	2
湖北美常	1992	4	-	-	1992	-	1985	2
湖北美紅	1987	4	-	15	-	-	1993	2
南通時装	1987	4	1987	3	1993	3	1987	2
羅蒙三泰	1992	4	1999	3	1993	1	1992	2
上海三泰	-	-	-	15	-	-	1990	3
上海香花	1987	4	-	-	-	-	1987	4
上海香泰	1990	4	-	-	-	-	1990	1
ベトナムサンドラ	-	4	-	-	-	-	1991	1
第2サンドラ	-	4	-	-	-	-	1991	1
サンティ・サイゴン	-	4	-	-	-	-	1991	1
昆山聯誼	1991	4	-	-	-	-	1991	1

注1）短期は滞在期間15〜30日の研修を指す。
　　2）中期は半年〜1年間を指す。
　　3）長期は1年以上を指す。
　　4）美爾雅・美紅・上海三泰合わせて15人で、それぞれの人数は多少変動がある。
　　5）中国側の研修者は、会社によって選ばれた人であり、日本側は会社の技術者である。
　*）1993年から各社が毎年4人ずつ派遣していた。
出所）1998年7月13日、サンテイへの訪問調査にもとづき作成。

　総じて言えば、成長へのスパイラル形成の第一側面、つまりその外部要因は、外資による直接投資、とくに日本のアパレル上位企業の主導による、企業の積極的な人的資源の移動を通じての技術移転である。それは製品品質の向上に大きく寄与し、アパレル製品の輸出とそれによる外貨獲得に巨大な貢献をした。1990年代、中国のアパレル製品の総輸出におけるシェ

47　研修を目的に中国から日本へ派遣された研修生は、1983年には1,525人でアジア研修生の16%を占め、1993年には15,688人で同45%にまで達した。林倬史「東アジアの技術蓄積と日本的技術移転システム」陳炳富・林倬史編著『アジアの技術発展と技術移転』文真堂、1995年、68頁。

48　上海地域からの研修生は、日本での研修が終わった後、必ずしも同社で働くとは言えないし、地方の非常に貧しい地域から来た研修生は、不法滞在する傾向が多いと言われている。岐阜アパレル協会の専務理事・久代譲氏と株式会社チェリーパル元社長・畠山信氏へのインタビューによる（1999年7月24日）。久代氏からは、岐阜アパレル産業の発展史を詳しく紹介いただいた。

アは、平均２割以上を占めており、1994年には約３割を占めていた。[49]さらに、表6-2で示したように、中国のアパレル産業の所有構造も大きく変化させている。それゆえ、日本のアパレル企業、とくに上位企業の直接投資による人的資源の移動は、技術を移植していく決定的な要因となり、中国のアパレル産業が輸出産業として成長していく不可欠の要因ともなった。特定時期に、特定地域への日本のアパレル企業による直接投資と人的資源による技術移転が、中国のアパレル産業を外貨蓄積の主役に一気に押上げたと言えよう。[50]

IV．中国アパレル産業の追い上げ

　本節では、「スパイラル的展開」の二つめの側面として、1980年末から1990年代に中国のアパレル産業が輸出産業への転換を果たした内的要因について見てみよう。まず、産業論的見地から、アパレル産業における一般的な特性を次の４点にまとめておきたい。１）企業規模は相対的に小さく、創業が比較的容易であり、より少ない資本で高付加価値を創出し、アイデアを容易に商品化し得る。[51]　２）自動車・コンピュータなどの耐久商品と違い、特殊なものを除いて、ほとんどが消耗商品であり、生産と消費のサイクルが非常に短い。[52]　しかも、素材が多種多様でパターン変化が激しいため、製造過程の自動化は経営上高コストになりやすく、専用機械の導入は抑制されがちである。３）市場の顧客は家族単位よりも小さい個人であるため、企業はそれぞれの異なる価値観や消費レベルに見合う製品を絶えず創出し、新商品開発を行わなければならない。４）デザインも模倣しやすいので競争相手が生まれやすく、業態転換すら激しく行われる。[53]　このために他の繊維産業と比較しても、アパレルは寡占度が非常に低い。[54]　以下では、上記の４つの特性を意識しながら、技術の受容能力を検討する。

49　中国統計信息諮詢服務中心『中国対外経済統計大全』1992年、1992年以降は中国社会出版社『中国対外経済貿易年鑑』各年による。

50　アパレル製品の輸出による外貨の獲得額は、1987から96年の10年間の累積を見ると1,385億ドルに達している。

51　ここでは繊維産業と比較して論じる。つまり、同じ素材を末端商品として売るより、それをアパレル製品にして売ったほうが付加価値を高めるからである。

52　上層社会、民族衣装（和服など）、名ブランドなどの一部特殊製品は除く。

53　アパレル企業がサービス業やその他の産業への転換をさす。

54　康（上）賢淑、前掲「日本アパレル上位企業の分析」29頁。

1．スパイラル的展開

　すでにⅡの冒頭において、アパレル産業が輸出産業として成長した過程を「スパイラル的展開」という概念で表現したが、ここで整理してみよう。

　図6-2はサンテイの事例であるが、同社では1980年代中期に投資資本金100万ドルを母体（原資として）に、上述したローテーション・システム方式での生産技術の指導と、日本への研修生派遣によって品質向上の目的を達成した。1990年代初期までは、中国は日本から生地を輸入し、日本へは製品を輸出という加工貿易が中心であったが、企業の資本蓄積の急速な増加に伴って企業集団化が実現され、1990年代中期には資本金が216倍までに拡大し、株式上場を果たした。さらに、国際的展開を目指して韓国の鮮京グループ、日本のクラボウと合弁し、協力・共存・競争のシステムを形成した[56]。このような、日本と中国の1980年末から1990年代までの循環的な人材移動と、輸出市場の拡大、利益の短期間内での変動等の現象をいかに有機的に把握するかという問題意識から、ここではアパレル産業の特性を前提に、「スパイラル的展開」という概念を具体的に以下の3点で規定したい。

1）蓄積された経営能力と多くの私営企業との出会い[57]

　1980年代末から1990年代にかけて、中国のアパレル産業は、私営企業やその他の関連企業も含め、日本の上位アパレル企業の主導下に組み込まれた。そして、主に人的資源の移動を通じて日本からの技術移転が行われ、短期間のうちに品質向上と輸出競争力の強化が実現、外貨による資本蓄積も達成できた。

2）外部からの技術移転とそれを受容する内部条件との適合

　合弁企業による日本の技術者の中国への派遣・中国従業員の日本への研修制度を通じて技術移転が行われ、しかも内部留保による再投資と再合弁・合併によって、生産管理能力とマーケティング能力が急速に向上し、企業集団化している。

55　同図は本社の常川雅通社長に確認していただいた。

56　ここでは企業の蓄積を強調しておきたい。ただし企業グループ化が如何なる方向に展開して行くかは、今後の研究課題でもある。

57　郷鎮企業は、輸出向けアパレル製品の8割を生産していると言われているが、統計には不明なところがある。この数値はあくまでも参考値である。『中国紡織報』1997年6月24日。

3）消費市場の急成長と生産能力の拡大との適合

中国アパレル産業の所有構造の変化とあいまって、高度な技術の受容能力が現地企業にも備わった。それに伴う輸出の拡大は、短期間でアパレル企業による高品質製品の生産を可能たらしめただけでなく、同産業の輸出型産業への転換を加速させた。ただし、対日本貿易の黒字は、日系企業が輸出入の主役を担ってきたため、大量の素材輸入によって一部相殺されている。

図6-2　人的資源の移動によるスパイラル的展開

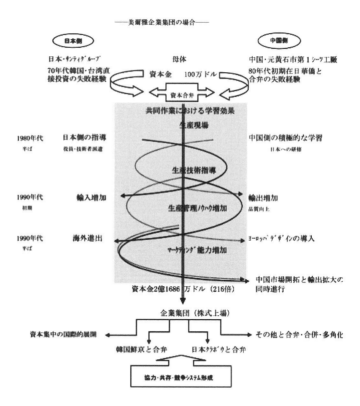

注）企業集団の資本金は1996年18億人民元を同年対米8.3で計算した。
出所）筆者の1997～99年のインタビューにより作成。

「スパイラル的展開」という概念は、中国の市場開放以降のアパレル産業、特にアパレル企業の生産と輸出の変化に焦点をあてた規定である。しかし、

Ⅳ　中国アパレル産業の追い上げ　*159*

これをより一般化するためには、NIEs の経験にも言及しなければならない。この点は今後の研究課題としたい。

2．技術の受容条件

　表 6-6 は、中国アパレル企業の日本技術の受容能力に関する調査結果である。同表の評価基準は、日本のアパレル企業を対象とし、優・良・普通・劣という 4 段階の評価を行った。評価項目は、大きく 1）日本技術の受容能力、2）製品開発能力、3）アパレル企業の人材の養成と供給方法、という三大項目であった。訪問調査では、原則的に現地側との対話型による調査表の記入方式を採用した。[58] 中国側の企業での調査対象者は、基本的に日本での研修や見学・訪問等の経験を持った役員であった。調査企業数は、1997 年から 1999 年にわたり計 70 社以上に及ぶが、そのうち有効回答を得た 50 社のデータを集計したものである。[59]

　第一の技術受容能力については、[60] 9 個の細目を考察してみることにした。ここで、いくつかの細目に説明を加えたい。技術提携製品の生産能力とは、主に技術の提供側のデザインにもとづいた従業員の生産能力であり、導入技術への理解能力とは、企業が新しい技術を導入する際の技術者の理解能力である。製品改良デザイン力と生産力は、発注側のデザインに対して現地側のデザイナーが修正できる能力と、それにもとづく従業員の生産能力を指す。製品改良のデザイナー数に関しては、充分であるかないかを判断の基準にした。表 6-6 は、50 企業の有効回答を、各段階の企業数にもとづいて数値化したものである。

58　訪問調査する際に、日系企業はグンゼとゴールドヴィン、ダイドーリミテッドは日本側のみであり、それ以外の企業は数回にわたる訪問の中で、現地側の意見を採用した。

59　訪問の際、中国の一部の役員は慎重な態度をとり、また、一部の企業では「企業秘密」の範囲や概念が確定されていなかったため、ほとんど調査ができなかった。ある企業では厄介払いされたこともあった。そのような体験から、中国アパレル企業の未熟さと幼稚さの一側面を感じた。ただ、先進国である日本（一部の中小企業）、あるいはそれに等しい地域である韓国・香港の上位アパレル企業でも類似の経験は多々挙げられる。

60　以下すべての項目は、訪問調査を行う前に設定し、現地企業の役員とともに記入した。具体的な内容は同表を参照されたい。なお、同表の作成にあたり、アジア経済研究所の水野順子先生に大変お世話になった。

表6-6 中国アパレル企業の日本技術の受容能力

単位：%

技術受容能力

	技術提携製品生産能力	操作技能	技能者の熟練度	製品改良生産能力	デザイン能力	技術提携への協力能力	製品改良設計能力	製品改良整備状況	製品改良操作技能
優秀	23.3	20	23.3	23.3	30	20	20	36.7	13.3
良	56.7	56.7	50	36.7	23.3	30	40	43.3	53.3
普通	13.3	16.7	16.7	33.3	36.7	40	26.7	16.7	23.3
劣	6.7	6.7	10	6.7	10	10	13.3	3.3	10
合計	100	100	100	100	100	100	100	100	100

設備・生産・販売・製品開発能力

	生産設備状況	生産能力	販売能力	マーケティング能力	製品開発能力	新製品開発能力	各研究情報利用能力	デザイナーの質	デザイナーの数
優秀	43.3	6.7	10	10	20	16.7	10	13.3	3.3
良	40	50	33.3	36.7	36.7	30	36.7	46.7	33.3
普通	16.7	40	43.3	33.3	20	33.3	30	33.3	30
劣	0	3.3	13.3	20	23.3	20	23.3	20	33.3
合計	100	100	100	100	100	100	100	100	100

人材の養成と供給方法

	人的資源	確保状況	デザイン技術者の数	生産技術者の数	職長の質	社内養成制度	人材育成体制	資質の向上対策	日本以外の外国で育成
優秀	20	23.3	13.3	13.3	13.3	20	20	12.9	6.7
良	46.7	43.3	33.3	46.7	43.3	26.7	36.7	35.5	16.7
普通	26.7	30	40	30	40	33.3	30	29	43.3
劣	6.7	3.3	13.3	10	0	13.3	10	22.6	33.3
合計	100	100	100	100	100	100	100	100	100

	養成供給方法	大学高専での教育	国内での教育	高等学校職業訓練での教育	技能高校レベル	大学高専の再教育	国内外の学会での研修・見学	職業訓練センター公的機関	社内教育コース充実
優秀	13.3	6.7	20	10	13.3	9.7	22.6	9.7	16.1
良	36.7	33.3	26.7	33.3	16.7	22.6	19.4	19.4	25.8
普通	43.3	40	40	40	30	29	32.3	35.5	35.5
劣	6.7	20	13.3	16.7	40	38.7	25.8	35.5	22.6
合計	100	100	100	100	100	100	100	100	100

注）日本との合弁企業70社のサンプルに対する50社の有効回答で、％は平均値したものである。
　　評価の基準は、日本のアパレル企業とした。中国側のスタッフ・役員は、日本の研修あるいは見学などを経験しており、日本に非常に詳しい。
出所）筆者による1997年から1999年の訪問調査により作成した。

　集計の結果、技術提携製品の生産能力において、優・良は平均値で80%も占め、改良製品を生産する生産設備とともにトップの成績であった。さらに、導入された技術操作能力は優・良合わせて76.7%、技能者の熟練度は同73.3%、改良製品の生産能力は同70%と、相当高い受容能力を持っていることがわかる。一方、最も低かった項目は、デザイン能力であり、提携技術への協力能力、改良製品の設計能力などは優・良合わせても60%

か、それ以下となっている。次に、設備・生産・販売・製品開発能力についてである。生産設備の評価は優・良合わせて83.3%で最も高いが、製品開発におけるデザイナー数、つまり充足度は同36.6%で最も低く、マーケティング能力なども同40%前後で推移している。企業集団の製品開発能力は高いが、全体状況から見ると技術受容能力との間には相当の差がある。ただし、大きく成長している企業集団の場合、製品開発力が比較的高いためか、自己ブランドを持っている企業が少なくなかった。また、流通チャネルも非常に豊富である。雅戈尔集団の場合、国内に3,000以上のチャネル（販売店）を持ち、日本にまで子会社を置いている。[61]

　人材の養成と供給方法については、人的資源、人材の確保、そして生産技術者数における優・良企業の比率は、66.7%、66.6%、60%で、それほど悪くなかった。これは、アパレル企業がその一部を除き、沿海地域に集中していることに関係している判断される。しかし、その他の項目、たとえば、「デザイン技術者の数」「職長の質」から同項目の最後「日本以外の外国で育成」までは、ほとんどが50%以下で、アパレル人材の養成と供給について、深刻な問題が窺われる。また、アパレル産業の人材育成に関する政府の政策的支援は非常に乏しく、他産業と比べても低い水準なのではないかと思われる。現実に、中間層の離職率は特に激しいと現場から言われた。そのなかで、一部の優良企業は、人材養成方法を工夫しており、[62]それが企業存続の重要な条件となっている。

　1990年代、アパレル製品の輸出によって中国の外貨蓄積（ドル建て）は年々急増していた。これは、同時期の他産業では決して見られず、唯一、アパレル産業にのみ出現した現象だと見て良い。しかし、その成長過程においては、すべての外資企業が良いパートナーに恵まれて成功したとは限らない。これまでの、一定の発展を可能にした要因は、技術移転と直接投資によるところが大きかっただけではなく、内部要因である技術の受け入れ側の受容能力、とくに受け入れ側のトップによる経営管理方式も大きく関わっていた。生産過程において、絶えず変わっていくパターンに対し、個々の作業技能が対応できるか否かは、製品の品質を決める決定的な要因

61　1998年7月と1999年7月の同社からの提供資料による。
62　たとえば、月一回（週一回という企業もあった）、他社や自社内の見学を行う制度もあった。1998年8月11日から13日に行った、上海市のアパレル企業6社への訪問による。

となり、結果、作業者全員の熟練度も厳しく問われる[63]。

　アパレル産業は、絹・綿・麻などの天然素材と、化学工業やハイテクによって発展してきた新合繊素材という両極の素材を用い、多様な民族・文化によってもたらされるデザインや消費者嗜好の激しい変化に合わせ、定型化が困難な商品を次々に作り出さなければならない。それは、ますます重要な対象となっていくアパレル産業に大きな課題を提示している。前述のように、アパレル産業は４つの特性を持つ。すなわち、1）企業規模は相対的に小さく、アイデアを容易に商品化し得る。2）ほとんどが消耗商品であり、生産と消費のサイクルが非常に短く、専用機械の導入は抑制されがちである。3）市場の顧客は一個人であるため、新製品を絶えず創出し、新商品開発を行わなければならない。4）デザインも模倣しやすいので競争相手が生まれやすく、業態転換すら激しく行われる[64]。したがって、その技術移転は簡単であるとは言えない。とくに、中国の場合、社会主義制度の下で企業側が市場と連動するためには、巨大な努力を尽くさなければならなかったのである。

　中国アパレル産業の主要な外部要因である日本のアパレル産業を見ると、1980 年代にはすでに繊維産業から脱皮しており、ひとつの独立した産業として展開していた。日本の上位アパレル企業は素材企業へ特注を行い、それを独占することでより高付加価値の獲得に成功している[65]。また、素材企業との取引における価格の決定権も、アパレル企業のほうが優位を占めている[66]。これに伴い、関連産業のアパレルへの参入方式は、従来のダイレクト・チェーン式産業構造をラウンドテーブル・チェーン式に転換していった。商社・素材企業・小売などのアパレル産業への参入は、共同開発や提携関係の締結、あるいは海外への共同出資や独自出資という形での進出を特徴とする。中国のアパレルが輸出産業として成立し、「スパイラル的展開」を示したのは、日本のアパレル産業の構造転換の一環として形成されたからである、と捉えなければならない。この点では、藤井光男と筆者の見解は一致するが、「雁行型」の展開という理論的枠組によって、

63　たとえば、きわめて簡単な例であるが、縫製ラインの蛇行か直行かが、製品の優劣を決める一基準になっている。

64　アパレル企業が、サービス業やその他の産業への転換することを指す。

65　日本上位企業への訪問調査による（1998 年 12 月）。

66　本書第 1 章「戦前日本のアパレル産業の構造分析」参照。

日中間アパレル産業の関係を解くという点には疑問がある。また、中国ア
パレル産業の所有形態は、1990 年代からいっそう複雑さを増し、劉徳強
の挙げた分類方法が適用できないほど複雑になっているため、再検討の余
地がある。日本のアパレル企業は、投資者の郷愁や人脈関係に左右される
こともあり、対中国投資においては地域性を強く帯びてきた。また、投資
額や規模の面においては、アパレル企業は繊維企業より大きく、染色・小
売等の対中国直接投資をリードし、主役を演じてきたと言えよう。この
点は前述したように、大島栄子や辻美代のように、アパレルを繊維産業の
一環として捉える見解とは多少異なっている。

　中国のアパレル産業が輸出産業として急成長したのは、個々の企業、と
くに日本からの人材の移動と技術移転を梃子としながら、企業自身が旧体
制から脱するために、国家の力を借りずに自助努力を行ってきた結果で
あった。中国アパレル製品の発展はまた、その生産拠点を NIEs から中国
へ移動させることで、アメリカとの貿易摩擦を回避し、輸出を多チャンネ
ル化させようとした日本および NIEs のアパレル産業の国際戦略とも密接
に関係している。

　中国のアパレル産業の発展を見ると、国内の自生的発展は、内部だけで
はなく、外部である日本および NIEs の直接投資と技術移転という、国際
的連関に大きく係わっていることがわかる。その両者のダイナミックな相
互規定的発展過程を「スパイラル的展開」という概念でまとめてみた。ア
パレル産業が、ふたつの要因の相互関連的発展であったことを強調してお
きたい。

67　日本の対中国直接投資は、1980 年代は首位を維持したが、1990 年初期から香港に追い抜かれてしまっ
　　た。それにはいくつかの要因が存在している。1) 中国側の華人優遇政策、2) それによる香港・台湾
　　資本の大量の流入、3) 韓国・日本の香港子会社による対中国投資の増加（日本の三陽商会は上位アパ
　　レル企業であるが、香港に子会社を作り、香港名義で中国に直接投資を行っていた。筆者の 1998 年
　　12 月のインタビューによる）、4) 1992 年の鄧小平による「南巡講話」（2 月）の影響などである。同
　　年六月、鄧小平の講話によって国務院は、「第三次産業の発展の加速に関する決定」を公布した。同
　　決定は、開放改革以後の外資企業の成果がなかったら打ち出されなかった。つまり、外資企業の業績
　　がその前提になっているのである。

第 7 章
中国アパレル産業における企業集団化

　中国の「企業集団」（以下企業集団と称す）という概念は、日本から導入したと言う[1]。しかし、それは日本の六大企業集団概念とは違い、むしろその多くは下谷政弘の主張する親・子関係型の「企業グループ」に近似している[2]。同研究は、企業グループと「企業集団」の区分を所有関係、つまり株式の相互持ち合い関係か、それとも一方的な所有関係かによって明確に分け、さらに両者は相互に重層関係を持っていることを明らかにしている。同理論に照らすと、現在、中国のアパレル産業においては、企業集団といっても株式の相互持ち合いは少なく、ほとんどは株式の一方的所有関係であるので、企業グループ概念のほうがより適切だと考えられる[3]。金融業への参入を試みるアパレル企業集団も一部現われたが、すぐ撤回した[4]。それゆえ、中国アパレル産業における企業集団概念は、厳密に言えば、日本の企業グループの概念に相当すると考えられる。

　以上の見解をもとに、本章では次のふたつの問題を中心に展開する。第一に、中国のアパレル産業の「企業集団」化と輸出との相関性を解明し、その成長要因を政策との関連で考察する。アパレル産業では従来、企業のほとんどが国営あるいは国有企業であったが、その比率は 1995 年に 5%にまで減少し[5]、その他の経営形態が圧倒的な比率を占めるようになっている。同年、中国政府は国有企業改革で「抓大放小」（大企業を支援し、中小企業は自由化させる）政策を打ち出していた。「大」の対象は、通信・交通・電力・ハイテク産業・一部の重工業などの 1,000 社、および労働集

1　李有栄主編『中国現代企業集団』中国商業出版社、1994 年、3 頁。
2　下谷政弘・坂本和一編『現代日本の企業グループ』東洋新報社、1992 年、2 〜 7 頁。日本の企業集団の研究は、そのほとんどが 6 大企業集団を中心としている。企業集団の存在を産業における支配的存在と見ている代表的な研究者としては、二木雄策や坂本恒夫、佐久間信夫、奥村宏などが挙げられる。
3　董迎、豊島忠の「中日企業集団化の比較」論文もあるが、前掲の下谷政弘らの理論を踏まえたものである。愛知学泉大学・中国国家経済体制改革委員会・経済体制管理研究所編『中国の企業改革』税務経理協会、1995 年、第 6 章、169 〜 209 頁。
4　杉々集団と雅戈尔集団のインタビュー時に教えてもらったが、撤回の原因は不明。
5　1998 年 8 月 18 日、中国服装協会の蔣衡杰会長へのインタビューによる。

約的一般加工業やサービス分野などの基礎産業や支柱産業であり、政策の目的は、規模の経済化を達成することであった。そうしたこともあり、1995 年の企業集団数は 28,600 社に上った。

ただし、留意すべき点は、国有企業集団における非国有部門の成長をどのように見分けて分析するかという問題であるが、これは非常に困難で、しかも重要な課題である。その意味で、国有企業と郷鎮企業における企業集団化は、中国アパレル産業を解明するための不可欠なキーワードであり、また、それは日本の「企業集団」と区別して検討しなければならない。「集団企業」という呼び方もあるが、筆者は中国政府が日本の企業集団を導入しようとした当初の目的に従い、あえてそのまま使うことにする。

第二に、資本集中の手段たる企業集団化と日本企業との資本関係はどのように結ばれ、それが産業全体の発展にいかなる影響を与えたかを検討する。アパレル国有企業のごく一部は、政府の重点育成対象範囲に入っているが、必ずしも競争力が育てられたとは言えない。たとえば、国営企業であった司麦脱服飾股分有限公司は 1987 年、自発的に申達聯合公司（企業集団）に加入したが、1993 年に政府の干渉により、強行分離されている。つまり、企業集団に入る時には企業の意志が大きかったが、退出するときは政府の意向が大きかったとも言える。その結果（ほかの要因もあったと考えられるが）、まもなく生産量と輸出量ともに減少した。それとは対照的に、少なからぬ郷鎮企業は外資と合弁することで、外国の生産管理を多く学べるようになった。しかも、輸出に敏感に反応し、競争力を持ちつづけた結果、優良企業集団も登場している。それを可能にし得た要因分析は、中国経済の研究において、不可避な課題でもある。

I. 産業政策と企業集団

1. 産業政策

1949 年以降、中国の産業政策は表 7-1 に示している通り、重工業化がその中心であった。まず、政府の工業投資額を見ると、重工業への投資は 1950 年代で平均 82% であるが、軽工業へは平均 20% にも満たない。にも

---

6 「企業グループ」の性格を有しているのは企業集団が圧倒的に多いが、その他一部の「総公司」も含めている。

7 1998 年 8 月、12 月 1 日に行った筆者による同企業役員へのインタビューによる。

かかわらず、同時期の工業総生産値を見ると、軽工業の生産比率は平均で約70%を占めていた。その後、その比率は減少したものの、1990年代までは4割以上を維持していた。政府による実態にそぐわない非効率的な投資は、数十年間にわたる生産財と消費財生産の悪循環をもたらした重要な原因でもあろう。

表7-1 中国の軽工業と重工業における投資と総生産値の構成

1)（時価）	工業投資総額（100万元）	軽工業の割合（%）	重工業の割合（%）
1950年	420	n.a	n.a
1951	850	n.a	n.a
1952	1,690	24.0	76.0
1953	2,840	17.6	82.4
1954	3,830	17.6	82.4
1955	4,300	12.3	87.7
1956	6,820	13.8	86.2
1957	7,240	15.2	84.4
1958	17,300	12.6	87.4
1959	20,400	30.0	70.0
2)	工業総生産値（億元）	軽工業の割合（%）	重工業の割合（%）
1949	140	73.6	26.4
1952	349	64.5	35.5
1957	704	55.0	45.0
1966	1,624	49.0	51.0
1978	4,237	43.1	56.0
1979	4,681	43.7	56.3
1980	5,154	47.2	52.8
1981	5,400	51.5	48.5
1982	5,811	50.2	49.8
1983	6,461	48.6	51.5
1984	7,617	47.4	52.6
1985	9,716	47.4	52.6
1986	11,194	47.6	52.4
1987	13,813	48.2	51.8
1988	18,224	49.3	50.7
1989	22,017	48.9	51.1
1990	23,924	49.4	50.6
1991	28,248	48.9	51.1
1992	37,066	47.2	52.8
1993	52,692	44.0	56.0

注）「出所2)」のデータは、村以下の工業生産値も含まれており、同年価格にて計算している。
出所1）1959年までのデータは、A・エクスタイン、W・ガレンソン編、劉大中・市村真一監訳『中国の経済発展』創文社、1979年、505頁による。
　　2）中国国家計画委員会・国家経済貿易委員会『中国工業年鑑』1994版、1987頁により算出。

消費材生産の低下と政治路線闘争のため、国民の消費生活は低下し、1970年代には国家経済が実質的に行き詰まった状態となり、それが政府

に経済政策の転換を余儀なくさせた決定的な要素であった[8]。たとえば、1974年から1976年にかけて「四人組」によってもたらされた損失は、工業生産額で1,000億元（約14兆円）、財政支出で400億元（5兆6,000億円）、鉄鋼2,800万トンであった[9]。ただし、中国の陳富権は損失は空前のものであるが、「第三次五ヵ年計画の実施状況では一定の発展はある」と政府の政策について肯定的な評価もしている[10]。

1960年代の経済的損失は、統計データ上ではある程度測定できても、その後に与え続けたダメージは計れない[11]。そこで、中国では鄧小平が1962年に提唱した「白猫黒猫」論が有効だと認められるようになる。1986年の全国人民大会第6期4中全会では、消費財工業の3大重要項目が決定され、国務院は軽工業における「六個優先」原則、すなわち、1）原材料・燃料・電力供給、2）革新・改造等、3）基本建設、4）銀行融資、5）外貨と技術導入、6）交通運送を決定した。

軽工業に属する繊維業界については、その後、政府が『シルク公司成立に関する意見』を公表し、生産と流通の一体化の目標を設定した。1983年の綿布生産量の増加とともに、綿布切符制度が廃止され、綿布と綿糸の輸出は世界一になった。繊維人材の教育面においては、アパレル産業より早い時期から力を入れており、国務院は1984年に第2回目の、全国の4つの大学と6つ（専門学部と合わせると17）の専門科目に博士と修士課程の設置許可を下した[12]。しかし、繊維原料等の素材産業への政府による多額の投資にもかかわらず、テキスタイル等を含む繊維製品は、輸出に結びつかなかった[13]。とくに原料は1994年になると、輸入が輸出の3倍にまで増えていた[14]。

8　もちろん、その他の要因もあった。1970年代には国内政治だけではなく、外交でも大きな変化があった。1971年7月のアメリカ・キッシンジャー国務長官の訪中、9月のいわゆる林彪事件、1972年の日中国交回復、1974年10月の鄧小平復活、1976年の四人組の失脚、1977年の鄧小平の再復活など、これらの事件・出来事は、1960年代の文化大革命の「果実」と言えよう。1960年代末の中国は「自力更生」の旗印のもと、外国援助はほとんどない状態であった。都市住民の食料が不足していたのは言うまでもないが、農村では雑穀さえもろくに食べられなかった。

9　西村嘉夫『中国経済研究』（晃洋書房、1992年）23～37頁を参照。

10　陳富権「十年動乱期間的国民経済」（十年動乱における国民経済）高尚全、王夢奎、禾村『中国経済改革開放大事典・上巻』北京工業大学出版社、1993年、16～17頁。

11　たとえば、国有企業経営者の経営能力の低下などが挙げられる。

12　1985年には『中国紡織報』も創刊され、全国へ繊維・紡織の情報を伝える有力な媒体となった。

13　日本化繊協会『化繊ハンドブック』2000年版、282頁。

14　1971年の繊維原料の輸出は100百万ドル、輸入は110百万ドルで大きな差はなかったが、1994年にはそれぞれ1,093百万ドルと2,983百万ドルとなり、貿易上の赤字を生じていた。中国紡織工業出版社『中国紡織工業年鑑』各年版を参照した。

アパレルでは、1979年にピエール・カルダン（Pierre Cardin）が中国で開いた展示会（1989年には専門店を創設する）が、同業界に大きな影響を与えた。[15] 翌1980年から、中国の大都会では洋服ブームが起き、同年代半ばには、ミニスカートもブームに乗り始めた。輸出面では、1971年のテキスタイルの輸出額はアパレルの2倍であったが、1981年にはテキスタイルの輸出額26億米ドルに対し、アパレルは約19億米ドルと、アパレルがテキスタイルの輸出額に急速に接近していた。そうしたこともあり、全国人民大会第6期4中全会では、アパレル産業（服装工業）が正式に消費財工業の3大重要項目のひとつと決定される。しかしながら、人材育成においては上述のように、政府の政策は常に実態より遅れていた。

価格改革は、全国民に注目された改革でもあった。[16] 1983年から始まり、数年の間に価格決定権は企業に移譲されていった。経済特区については、1979年にまず深圳・珠海・汕頭・厦門の4都市から始まり、徐々にその範囲を拡大していった。[17] なお、同年の中外合弁企業法（いわゆる合弁法）の成立以降、[18] 外資企業の流入により、資本主義式の企業経営やその管理ノウハウが持ち込まれている。[19] その後、企業に関するさまざまな法律が相次いで定められた。

2．企業集団

ここでは、中国のアパレル産業展開の基礎条件となった企業集団化を三つの段階に分けて考察したい。その基準は、政府の政策変化と企業集団の

15　1987年に全国服装新製品展示会が開かれ、一般消費者のファッション意識も大きく変えている。

16　価格改革政策は1983年、1988年、1989年、1990年にわたり実施され、決定権を中央から地方、企業へ徐々に移転した。

17　1984年には、沿海開放都市の天津・上海・大連・青島・広州など14地域が経済技術開発区に指定され、1984年から1988年には32地域にまで拡大した。1990年に上海浦東開発区とその他の保税区（上海浦東を始め13地域に拡大）、92年には長江沿岸と内陸省都市・辺境地域の13都市と5つの地域を開放都市・地域と決定した。王健編『中国的経済発展戦略与国際協力』アジア経済研究所、1996年、12〜21頁。

18　1983年9月、中国政府は合弁法実施細則を制定、また、1984年には14の経済技術開発区を指定し、外国からの投資についての認可権限を下級政府に下放した。1986年4月に施工された外資企業法では、外国からの投資を奨励する規定を盛り込んだ。1993年12月には「公司法」の成立、これに先立つ1988年4月の憲法改正では、私営経済や土地使用権の有償譲渡を容認した。さらに、1990年12月には外資企業法の実施細則、1993年2月には製品品質法、1995年7月には労働法、同年9月には中外合作経営企業法の実施細則が決定された。前掲『中国経済改革開放大事典・上巻』。

19　小宮隆太郎は、中国の国有企業は単にモノを作る日本の「工場」であり、公司は行政機関という性格が強く、実際には中国では「企業不在」と痛烈に批判していた。しかし、社会主義下の企業を、資本主義の競争原理の下で育った企業と比較することにそもそも無理があったと筆者は見る。小宮隆太郎『現代中国経済』東京大学出版社、1989年、66〜76頁。

結合のあり方に置く。

1）企業集団の第一段階（1980 年代）

　中国の国有企業の企業集団化は、上述のような政策環境のなかで行われるのだが、それは 1980 年 7 月 1 日、国務院の「関与推動経済聯合的暫定（経済連合推進についての暫行規定）」公布により始まる。当初は、「経済連合は長所を発揮し短所を補い、各経済単位の優位を発揮して経済効率を高める」のが目標であった。その後、1986 年の「関与進一歩推動横向経済連合的若干問題的規定（横型の経済連合の推進に関する若干の問題についての規定）」公布により、同年、中国第一号の企業集団である上海康達紡織染印服装集団が成立した。同企業集団は、純綿布などの生産優位を生かし、アパレル製品の輸出を倍増させると同時に、獲得した外貨でアメリカの電子企業と合弁して「北美熊猫電子公司（北米パンダ電子公司）」を創立する。[20]康達紡織染印服装集団は、上海地域だけでなく、全国に大きなインパクトを与えた。その影響もあり、上海では一年間で約 150 の企業集団が誕生した。1986 年に国務院が重点許可した企業集団は 14 社、国家レベルの許可（以降、国家許可と記す）は 1,000 社もあり、地方での許可は 6,833 社に達した。1987 年の国家許可は 2,000 社で、前年の倍となる。1988 年には、繊維系大学の成立からかなり遅れて、中国初の服装大学・北京服装学院が創立する。同年、紡織企業集団は、国家許可が 128 社（その他は 1,630 社[22]）、地方許可が 1,500 社[23]に増えた。1989 年は国務院の重点許可が 15 社、国家許可が 4,000 社となり、1986 年の 4 倍にまで増加する。第一段階の企業集団化の特徴は、紡織企業が先頭を切った重工業から軽工業への転換であり、外国資本、とくに「三来一補」形態による横型連携であったと言えよう。[24]

20　李有栄、前掲 26 頁。

21　1990 年まで集団数は金益洙『中国の企業集団育成現況と展望』対外経済政策研究院、1992 年、37 頁を参照。

22　国務院の「重点許可」とは、国家の最高機構国務院の特別で重要な許可のことを指すが、「国家許可」とは全国人民代表大会での許可のことを、「地方許可」は各省以下の地方政府の許可のことを指している。

23　地方許可の数字 1,500 に対して、ある統計には「一定規模に満たした企業集団が 1,500 社である」となっている。中国企業集団編集委員会『中国企業集団（公司）』第二巻、経済科学出版社、1991 年、1 ～ 3 頁。

24　「三来一補」は外国から提供された原料、設計、部品で生産と補助貿易を行うことを指す。

2）企業集団の第二段階（1990年代初期から1990年代半ばまで）

　上記のような企業集団の乱立状態に対し、国務院は、1991年12月『関与選択一批大型企業集団進行試点的請示（一部大型企業集団を選択し試行を行うことについての申請)』を公表した。その主な内容は、一部の企業集団について国家・所有制・地域・産業・業界を跨いだ横断的な企業集団へと発展させる内容であった（同年には中国服装協会が成立している）[25]。主に企業集団の機能（資本や事業内容など）と（核心企業による）内的関連性を強めることが目的であった。そこで政府は、非効率な企業集団を篩にかけ、有力と思われる企業を付け加え、第一期の試験的企業集団を55社に決めた。1990年に、繊維製品の輸出が政府（紡織工業部）の達成目標100億円をはるかに上回る178.8億円に達したこともあり、紡織業界が重点支援業界に指定された。1991年、全国の企業集団はすでに2,500にまで増加していた。

　1990年代には都心部で賃金が増加し始め、消費者のブランド志向が強まる傾向を見せていた。中国のアパレル輸出が世界トップの座を占めた1993年には中国国際服飾博覧会CHIC'93が開催され、外資企業、とくに日本・香港・台湾・韓国の投資が急増した。1996年に国務院が最初の「重点許可」を下した企業集団は繊維素材企業であり、それもたったの1社であった。1990年代初期から半ばまでを第二段階と分類するが、その特徴は、政府主導による一部の国有企業集団化と、三資企業による郷鎮企業の企業集団化、つまり両者間の熾烈な競争がはじまったことである。

3）企業集団の第三段階（1990年代後半以降）

　1995年ごろになると、大手シャツ企業だけでも4,000社に達し、これらの企業はシャツ総輸出の42%を占めていた。この頃、シャツ企業は毎年400社ずつ増え、郷鎮の企業集団は続々と株式を上場していた。たとえば、雅戈尔集団、杉々集団、美爾雅集団、大楊企業集団公司などである。しかし、その反面、国有アパレル企業の倒産が相次ぎ、買収や合併による企業集団の拡大化と株式上場といった現象が見られるようになる。1998年には中国紡織工業協会が設立され、アパレルを3年間、紡織工業の「龍頭」にせざるを得なかった[26]。

25　1993年には中国紡織総会が成立された。
26　1995年、上海紡織工業局では「一条龍（アパレル生産・販売を龍の頭とし、糸・織物生産は胴、原

II　日本のアパレル企業による直接投資　171

　非国有部門や中小企業が圧倒的に多いアパレル産業の企業集団化は、繊維産業と比較して、一部の巨大な国有企業を除けば政府による干渉が相対的に弱い領域で行われ、比較的自由に成長してきたのではないかと考えられる。第三段階の特徴としては、企業の自主性による企業集団化と、外国資本との結合による優良アパレル企業集団の株式上場化であると言えよう。

II．日本のアパレル企業による直接投資

　この節では、分析の焦点をアパレル企業集団化のプロセスにおける政府の政策、日本企業による直接投資と地域との相関関係に置きたい。

1．日本のアパレル企業による直接投資

　国有企業や郷鎮企業等にとって、対外貿易公司による受注生産は、輸出市場へ接近する第一歩となっている。1970年代末から1980年代初期、輸出生産を担ったアパレル企業の品質問題は大きなネックとなり、発注側である外資企業の技術指導が必然的に要請された[27]。外資企業の直接投資も、このような歴史的背景のもとで誕生したと認めざるを得ない。

　日系企業の中国への発注生産は、1972年の日中友好関係の回復から始まる。中小企業の発注はそれより早くから行われていたが、関係回復後のアパレル上位企業の発注は多かった。たとえば、福助とニチメンの1979年における中国の紡織品公司への発注内容は、肌着が年間100万枚、ドレスシャツ60万枚、ジャンパー30万枚であったが、この夏には輸出されている。同年のアパレル上位企業である山喜・ワコール・エフワン・サンリット産業・カネボウエレガンス、商社ではニチメン・イトマン（2.5万着服の委託加工）・蝶理・三井物産・伊藤忠等が、大連・山東省・北京・上海・浙江省等、多地域に発注を行う。その内容は、いずれもアパレルの委託加工であった[28]。1980年代半ばから日本企業の進出が始まり、1990年代初期

　料生産を尻尾とする）」の実験的な改革（案）を最初に提出した。辻美代「中国の経済発展と繊維産業－『一条龍』の行方－」『現代中国』第70号、1996年7月、114頁。ところが、その発想は、それより早い早期にアパレル企業側から提出されていたという。1998年8月9日筆者による上海市商業局でのインタビューによる。

27　馬軍『国際紡織品市場調査と予測』東方出版社、1993年、220～230頁。

28　吉岡政幸「中国」アジア経済研究所『発展途上国の繊維産業』1980年、91頁。

172 第7章 中国アパレル産業における企業集団化

にピークに達している。これは吉岡政幸が指摘する通り、中国政府の積極的な呼びかけもあったが、筆者はむしろ、当時の中国の経済実情と、その呼びかけ政策に呼応した日本アパレル産業の構造変化にも原因があったと見ている。

表7-2のように、中国アパレル産業における企業集団の形成は、日本の上位アパレル企業との合弁が顕著であった。日本のアパレル企業の投資率はワコールをはじめ、佐田・タカキュー・デサント・グンゼ・山喜ドレス・イトキン等、ほとんどが50％以上のシェアを占めている。これらのアパレル企業の対中国進出は、同時期の日本アパレル産業の構造変化、つまり、関連産業の参入行動によるダイレクト・チェーン式（Direct chain）からラウンドテーブル・チェーン式（Round table chain）への転換と期を一にしており、鐘紡等の有力素材企業や、伊藤忠・丸紅・蝶理といった商社等と中国アパレル企業との合弁も目立っている。さらに、いまひとつの特徴として、アパレル企業は投資比率だけではなく、生産ノウハウなどの面においても、リード的な役割を果たしたことが挙げられよう。

表7-2　中国アパレル企業集団と日本資本の構成

現地企業名（中核）	日本企業	日本投資 %	中国アパレル企業集団
北京華歌爾服装有限公司（合弁）	ワコール	60%	北京市紅都時装公司等（集団）
北京佐田雷蒙服装有限公司	佐田、京連興業、日商岩井、ファーストマン	47%、6.5%、6%、?	北京市京工服装工業有限公司
北京高久雷蒙時装有限公司	タカキュー、クーデイ、伊藤忠商事、香港企業等	44%、5%、10%、7%	北京市東工服装実業集団公司
北京迪桑特有限公司	デサント、伊藤忠商事	63%、25%、7%	北京先鋒集団有限公司
北京吉思愛針織有限公司	グンゼ産業	50%、10%	中興金虎（集団）有限公司、中国絲綢進出口総公司
瀋陽黎富服装有限公司	冨田、グンゼ産業、室谷	38%、5%、10%	瀋陽黎明服装集団股芸有限公司
大連三喜時装有限公司	三喜ドレス	50%	遼寧省服装進出口公司
大連華星服装有限公司	蝶理	44.4%	大楊企業集団
大連三葉針織有限公司	三井物産	35%	オルドスカシミヤ集団公司
大連絲金時装有限公司	イトキン、住友商事	70%、20%	遼寧省絲綢進出口公司、遼寧省分公司
大連創世有限公司	蝶理	50%	中国大楊企業集団
上海冨田服装有限公司	冨田、グンゼ産業	45%、10%	上海服装進出口公司、上海虹商投資実業公司
上海三愛時装有限公司	三愛	46%	上海服装（集団）公司、中信工業有限公司
上海雅蝶時装有限公司	ワコール、蝶理	20%、10%	上海雅楽婦女用品廠、上海服装公司

29　本書第1章「戦前日本のアパレル産業の構造分析」参照。

Ⅱ 日本のアパレル企業による直接投資 173

上海富士克製線有限公司	フジックス、八木通商	70%、10%	上海申達（集団）有限公司
上海熊田時装有限公司	熊田コーポレイション	26%	上海市服装進出口公司、宝山区月浦工業公司
上海華愛織造有限公司	三山、日本繊維企業3社	17%、60.8%	上海針織（集団）公司
上海通和針織有限公司	三和染工	75%	上海協通集団公司
上海世界連合服装有限公司	ワールド、ナカボー、山崎メリヤス	45%、4%、8%	上海市服装総公司
上海か通製衣有限公司	コダマコーポレーション	25%	上海申新針織服装公司
上海欣紅紡織有限公司	丸紅、稲留紡織	65%、10%	上海紡織発展総公司
上海蝶矢時装有限公司	CHOYA、伊藤忠商事、日清紡	48%、16%、16%	上海市時装集団公司
上海新蝶田中服飾有限公司	田中繊維工業、蝶理	45%、30%	上海新関集団
上海開免タン製衣有限公司	丸紅グループ、日清紡、CHOYA	15%、15%、10%	上海開開実業
張家港富士製衣有限公司	富士ダルマ	92%	江蘇国泰国際集団有限公司
昆山三愛司服装有限公司	サンエス、W.O.I（香港）	23%、55%	江蘇新東湖集団公司
昆山新富達服装有限公司	丸紅、トミヤアパレル	16.7%、16.7%	上海市新聯紡進出口有限公司等
無錫東聯製衣有限公司	東工コーセン	50%	無錫市中潤（集団）有限公司等
無錫奥田服装有限公司	グンゼ産業、奥田縫製	14%、54%	江蘇劉潭集団有限公司、中興金虎集団有限公司
江陰陽光中伝毛紡織有限公司	丸紅、丸紅（中国）、中伝毛織	17%、2%、19%	江蘇省陽光集団
南通森大蒂蝶理服飾有限公司	蝶理	25%	江蘇森大蒂集団公司
常州太平洋時装有限公司	大橋衣料、ジェイアールシー	40%、21%	常州服装集団公司
江蘇誠富服装有限公司	トミヤアパレル、住友商事	24%、24%	江蘇晨風集団有限公司
杭州伊都錦時装有限公司	イトキン、蝶理	60%、20%	浙江省絲綢進出口有限公司、杭州富強絲綢廠
中冠（寧波）紡織製衣有限公司	松永、進堂、中冠印染等	45%	雅戈爾発展公司とその他
寧波太洋杉杉服装輔料有限公司	太洋商事、エイコウ現代	95%	寧杉杉実業有限公司
寧波雅戈爾松永製衣有限公司	松永、進堂、中冠印染等	60%	寧波雅戈爾集団股分有限公司
紹興八木服装有限公司	八木通商	50%	浙江省中大集団股分有限公司、紹興市第一服装廠
青島絲金時装有限公司	イトキン日東貿易	50%	山東絲綢進出口（集団）公司、山東抽紗公司
山東華発絲綢服装有限公司	ヤギ	20%	山東絲綢進出口（集団）公司
溜博華綿製衣有限公司	ニチメン	50%	溜博市服装二廠、山東省服装進出口公司
美爾雅装飾有限公司	サンテイ	25%	美爾雅（集団）股分有限公司

注）資本と投資額が万ドルで表示された企業は道標に入れていない。「廠」は工場の略語である。
出所）三菱総合研究所『中国進出企業一覧』蒼蒼社、1999年5月。

2．地域性およびその特徴

　ここでは、地域における企業集団の形成について、より具体的に見ていくことにする。中国アパレル産業の産地形成は、1980年代初期には始まっ

ていた。香港周辺地域にあたる広東省・浙江省の寧波・上海周辺の揚子江地域・湖北省黄石市・四川省・山東省・遼寧省には、それぞれのアパレル産地が生まれ始めていた。外資企業の進出も、地域によって特色づけられる。遼寧省と山東省への進出は日本・韓国のアパレル企業が圧倒的に多く、広東省へは香港・台湾の企業が、揚子江地域へは比較的多様な国の企業が進出していた[30]。各地域の輸出先を見ると、大連のアパレル製品は日本向けが 1989 年の 32% から 1994 年の 59% へとほぼ倍増したが、同時期の香港向け輸出は 22% から 11% に半減している。上海の場合は、同時期の日本向け輸出が 15% から 25% へ、香港向けが 18% から 20% へと、ともに増加している。広州市の場合は、日本向け輸出が 3% から 2% に減少したが、香港向けは 65% から 77% に増加している。つまり、上海以北の日本向け輸出の増加は、日本企業による直接投資と相関しているのである。広州市は香港企業の進出が多かったが、その中には、日本や NIEs の子会社、あるいは取引（受注）企業も多く含まれており、香港の再輸出増加の原因ともなっている[31]。

　企業集団における日本アパレル企業の直接投資にも、地域性が表れている（表 7-3）。美爾雅紡織服装実業集団から上海市服装進出（集団）公司までは、黄石・北京・南通・青島・大連・寧波・上海という 7 つの都市に集中していた。なかでも、投資件数と金額が最も集中していた都市は上海であり、次いで多かったのは、投資金額では寧波だが、件数では依然として大連となっている。合弁企業の資本金においては、上記 7 都市への投資が全体の 55.4%、投資額で 52.7%、件数では 56.1% を占めており、投資先がかなりの程度集中していたことがわかる。このような日本繊維・アパレル企業の投資は、中国政府の政策と無関係に動いていたという点を見逃してはならない。

30　中国対外経済貿易年鑑編集委員会『中国対外経済貿易年鑑』各年版による。
31　筆者が 1997 年から 1998 年に行ったインタビューによる。広東省の輸出傾向については、丸屋豊二郎編『広東省の経済発展メカニズム』アジア経済研究所、1993 年、164 〜 167 頁。

表 7-3　日本企業による直接投資と地域との関係

単位：億ドル

日本個別企業	操業年度	企業集団名称	子会社数(1998年)	創業地	所属市	合弁企業資本金額	(%)*	日本企業投資金額	(%)	日本企業投資件数	(%)
サンテイグループ	1985	美爾雅紡織服装実業集団	33	黄石市	黄石市	0.3	(1)	0.2	(0.6)	15	(0.8)
ワコール(佐田など)	1986	北京紅都時装公司(北京京工服装工業集団)	(17)	北京市	北京市	1.3	(4.9)	1.4	(4)	125	(6.9)
サンテイグループ	1988	南通三泰制衣(有)		南通市	南通市	1.3	(4.9)	1.8	(5.2)	84	(4.6)
イトキン 日東貿易など	1989 1988	山東絲綢進出公司		青島市	青島市	0.6	(2.4)	1	(2.9)	118	(6.5)
蝶理	1991	大楊企業集団	40	楊樹房	大連市	1.8	(6.7)	1.6	(4.6)	143	(7.9)
松永など	1993	雅戈尓集団	26	勤県	寧波市	2.2	(8.2)	3.3	(9.5)	60	(3.3)
イトキン・蝶理 ワールド (グンゼ富田等)	1989 1993 1992	上海市服装進出公司 上海市服装集団公司 上海市服装進出公司		上海市	上海市	7.3	(27.3)	9	(25.9)	473	(26.1)
日本アパレル・繊維企業による対中国投資		7都市の合計				14.8	(55.4)	18.3	(52.7)	1,018	(56.1)
		総合計				26.7	(100)	34.7	(100)	1,811	(100)

注）＊ここでの（％）は、総額と総件数における比率である。
出所1）三菱総合研究所『中国進出企業一覧』蒼蒼社、1999年5月。
　　2）子会社数は、筆者が行った1997年から1998年のインタビューによる。

Ⅲ．企業集団化と輸出産業化

　前節の続きとして、ここでは企業集団のなかでも対照的な郷鎮企業と国有企業を取り上げ、その生産と輸出との関連性を検討する。

1．郷鎮企業の企業集団化

　大きく成長した郷鎮企業の企業集団は、外資企業、とくに日系企業と合弁したものが多い。たとえば、大連の大楊企業集団公司は蝶理、美爾雅紡織服装実業集団公司はサンテイグループ、浙江省の雅戈尓集団は日本の松永・進堂、杉々集団は丸紅等の技術指導が主流となっている。企業集団のなかで、合弁した企業、あるいは子会社の輸出と生産の関係を示したのが、図 7-1 である。[32] 見込生産のシェアは、明らかに国有企業のほうが高いが、内製は国有企業がやや高い程度で、それ以外、たとえば受注生産や日本の設備導入については、郷鎮企業が高い比率を示している。

32　本データは、1997年から1998年にかけて、筆者が延べ70社に訪問調査を行った結果の一部である。

図7-1　アパレル系郷鎮企業と国有企業の輸出および生産との関係

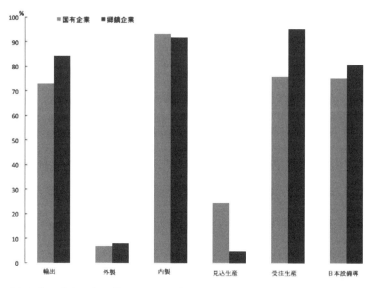

注）郷鎮23社と国有25社の日本との合弁企業をサンプルにした有効答案で、%は平均値である。
出所）筆者の1997～98年のインタビューにより作成した。

　1991年におけるアパレル郷鎮企業の地域構成を見ると、輸出比率の高い上位10地域は、上海市・江蘇省・浙江省・広東省・北京市・福建省・天津市・遼寧省・山東省・湖北省となっており、アパレル製品の生産に対する輸出の平均比率は約60%を占めているのに対し、テキスタイルはその半分の35%を占めるのみである。また、これらの地域は、前述した日本の繊維・アパレル企業による投資が多い地域とほとんど一致している。つまり、同地域への日系企業の投資は、アパレル製品の輸出と密接な相関性があることを説明している。
　郷鎮企業の高い輸出率は、実際に発注あるいは受注関係に現れている。ここでは具体的な事例として、日本の蝶理と大楊企業集団公司を挙げておく（表7-4）。

33　総計数字はそれぞれの地域におけるアパレル・テキスタイル・シルクの合計である。株式会社矢野研究所『中国ファッション市場データ集'94』1994年出版、77頁。

Ⅲ　企業集団化と輸出産業化　177

表7-4　蝶理と大楊企業集団との合弁の推移

年	合弁後名称／資本金 3)*（資）	投資額 3)*（投）	投資率 %	経営内容	蝶理による役員派遣	指導内容	時間常駐歴
1979	大楊創業時期／ミシン70台			アパレル加工			
1988		貿易公司を通じて大楊と発注関係あり		アパレル加工			
1991	大連華星服装有限公司	(投)1350万元	35%→44% 1)	紳士用スーツ・婦人服などの生産	大楊企業集団への技術者工場長・現場部長派遣	生産技術	数回／毎年7・8人／年
1992	大連環球服装有限公司／（資）1500万元	(投)1850万元	40%	ワーキングウェア、スクールウェア、スポーツウェアなどを縫製輸出			
1994	大連創世有限公司／（資）92万ドル	(投)115万ドル	50%	「創世」ブランドの紳士用スーツ・コート、婦人アパレルの製造・販売	総経理、副総経理	経営全般企画販売	約5年約2年
1994	保税区（貝思特）国際貿易、物流有限公司	(資)180万ドル	40% 2)	物流、輸送貨運代理	総経理（センコーより出向）	経営全般	約2年
1996	大連創新服飾輔料開発有限公司	(資)172万ドル	51%→60%	アパレル附属品	総経理副総経理は太洋商事より出向	経営全般生産技術	約3年約3年

注1）　44%と60%は、1998年度の投資比率である。
　2）　40%は蝶理とセンコー㈱の出資率で、内訳は不明である。
　3）　*資本金は創業あるいは合弁時期の金額であり、投資額は1998年度の金額である。
出所）筆者による1998年大連の大楊、1999年9月3日蝶理のインタビューより作成した。

　大連の大楊企業集団公司は、東アジア最大のアパレル企業である。当初はミシン70台と貿易公司からの受注生産により事業を始めた。創業者の李桂蓮は、受注のために貿易公司を毎日訪れ、まめまめしく斡旋し、その強い責任感により、貿易公司だけではなく、蝶理の信頼をも得た、とは地元の人の言である。蝶理は本格的な投資を開始し、1991年から1996年の間、ほぼ毎年一社のスピードで合弁企業を設立し、役員や技術者の派遣を通じて生産技術・企画販売・経営全般の指導を行った。派遣された役員や技術者の常駐期間は2年から3年で、比較的長期であった。資本の投資率は、ほぼ40%以上であり、ブランド「創世」をはじめ、中国国内における市場も拡大している。ただし、大楊に対しては蝶理だけではなく、韓国の三星も投資しているという。大楊企業集団は、1999年には7つの子会社を擁していたが、蝶理と合弁した企業は6つもあった。

　日本側、すなわち蝶理への発注先を見ると、図7-2で示しているように、アパレル企業からのものが多い。なかにはアパレル上位企業、たとえばオ

ンワード樫山などもあり、素材はアパレル企業が直接 NIEs から調達しているという。素材の一部は欧米から調達されているが、その割合は 10% に満たない。このように、日本で受注したものを蝶理はセットで大楊企業集団に発注する。受注が多い時には、大楊は周辺の郷鎮企業や家族にまで下請発注を行っている。同企業集団の役員はほとんどが現地の人で、創業同時の社員は、現在それぞれの子会社の役員になっている。生産した製品の約 90%（従来は 100%）は日本に輸出されている。受注が企業内でまかなえなかった時期（1990 年代初頭）には、村全体が総動員状態になっていたという。[34]

図 7-2　蝶理と大楊企業集団公司との発注関係

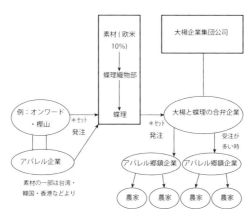

注）→は発注方向を示している。
　　「*セット発注」は、デザインと企画書（素材と副資材、枚数など）を指している。
出所）筆者による 1998 年 8 月大連の大楊、1999 年 9 月東京の蝶理本社への訪問調査により作成。

　郷鎮企業からスタートして、創業時期に在庫で行き詰まり、それを売ることによって販売ノウハウを覚えた雅戈尔集団の李如成総裁も、日本の設備導入と同時に、合弁による技術移転を重んじていた。それこそ、同集団が大企業集団に成長した主要因のひとつである。その後、同集団は地域社会への多大な貢献だけでなく、中国アパレル産業における有力企業として、リーダー的な役割を果たしている（表 7-5）。

34　1998 年 8 月、筆者による大連市大楊企業集団公司へのインタビューによる。

表7-5 雅戈尔企業集団における企業集団化の諸段階

	組織変遷		年	投資金額（万元）	生産量（万件）	対前年度増加率（%）	売上（万元）	対前年度増加率（%）	子会社数推移	出資率（%）
1980年代初期・中期	縫製企業	最初の経営自主権の獲得	1986							
			1987		123		1,410			
			1988		168	36.6	2,201	56.1		
			1989		206	22.9	2,594	17.9		
特徴	開開企業集団の下請（賃加工）									
1990年代初期	①中外合資南光青春（有）	主に日本より生産設備を導入	1990	300セット	266	29.2	3,629	39.9	2	75
	②中外合資寧波雅戈尔制衣（有）	圧縮機械企業買収	1991		294		5,013	72.4	1	100
	③寧波長江制衣廠（②が投資）	2年間の組織調整、土地購入	1992	100万㎡	255	-13.17	7,152	46.7	5	
	④中外合資寧波房地産（有）（①が投資）			70						
	⑤中外合資寧波華盛針織（メリヤス）時装（有）		1993	60	267	4.7	12,537	75.3		
	⑥寧波彩印包装品（有）	アルミサッシ工廠を併合		60						
	⑦中外合資寧波中冠紡織制衣（有）	毛紡廠を政府の要請で併合	1994	8,000	294	10.2	19,818	58.1		
		日本の松永と香港中冠がそれぞれ20%ずつ出資。事業内容：子供服の生産								
	⑧中外合資寧波雅戈尔制衣実業（有）	外国からの受注（子供服）加工だけで500万ドル／年の売上を達成		5,000						
	不動産で2500万元利潤	スーツ生産に最新設備投資								
	4社貿易で1800万元利潤	シャツ生産工廠設立								
	ジャケット工廠買収									
特徴	数社の赤字企業を買収、企業集団化開始	中国トップ企業順位で268位 **							合計	26
1990年代後期・中期	雅戈尔小学校・専門学校		1995	600			24,790	79.9	26	
	日本子会社設立	全国の流通チャネル3,000店を達成	1996				40,963	65.2	28	販売事業部
	⑧を「雅戈尔服飾有限公司」に名義変更し株式上場 寧波松永制衣有限公司成立（雅戈尔集団が40%出資）	大学と合作関係を持つ 道路・敬老院など設立	1997				61,167	49.3	42	
		輸出額で業界14位 **	1998	1,100			87,834	43.6	12	
特徴	集団の拡大化* と輸出増加								合計	108

注）（*）は企業集団メンバーの増大を指す。（**）は国家経済貿易委員会・国家統計局による評価順位である。

出所）筆者による1997年8月、1998年8月、1998年11月の3回にわたる訪問調査により作成。

具体的に見ると、雅戈尔は、創業初期にはもともと上海の国有企業開開の下請企業であったが、1990年代初期に蓄積した資本で日本の設備を導入し、1990年代中期には合弁企業を急速に増加させた。同時に事業を拡大してゆき、買収と合併で子会社を26社にまで増やす。1995年からは、企業集団化の後期とも重なり、子会社の拡大と輸出増加を見た。学校や福祉など、他産業への参入も始め、1996年には日本に子会社・ヤンガージャパン㈱（1998年に資本金2,000万円を5,000万円に増資）を設立、1998年には輸出額で業界第14位の地位を占めるまでになった。中国服装協会の資料によると、1995年から1998年9月まで、売上率・利益率・納税率で業界トップとなり、子会社の数は108社と、飛躍的に増加した。

閉鎖的な計画経済から対外開放の市場経済への移転にあたっては、外国から設備や技術を導入するための外貨の欠如が最も重大な課題となった。そのような状況のなか、外資企業、とくに日系アパレル企業による直接投資と技術移転によって成長した郷鎮企業等のアパレル輸出による外貨獲得が、後の資本蓄積の源泉になったと言えよう。[35]

2．国有企業の企業集団化

国有企業集団による本格的な資本の集中は、1990年代初期から本格化した。1980年代半ばまでの国有企業は、資本力も脆弱で、輸出は貿易公司に依存せざるを得なかった。ところが、1980年代末から1990年代初期にかけて、少なからぬ国有アパレル企業が子会社を外資（とくに日本企業）と合弁させ、輸出市場を確保しただけではなく、経営管理、とくに生産管理のノウハウも取得するようになってきた。しかし、単に設備を導入しただけの国有企業、たとえば「司麦脱」は、人的技術移転を疎かにしていたため、それが後の品質向上や輸出を行き詰まらせた主要たる原因だったのではないかと思われる。[36]

それとは対照的に、もともと国営企業で、小売からスタートした「開開」は、外資企業との合弁の重要性を認識していた。その理由は言うまでもなく、下請け企業であった雅戈尔企業集団の目覚ましい成長である。開開は、1993年に日本企業と合弁を結び、日本企業と取引することによって、技術導入も本格的に行い始めた。表7-6は、開開の子会社の資本率変遷を表

35　アパレル製品の輸出による外貨獲得額は、1985から1995年の累積で、944.7億ドルに達している。
36　1998年8月の同社提供の資料による。

III　企業集団化と輸出産業化　*181*

わしたものである。合弁対象は日本企業であり、丸紅とも取引関係をもっている。

表7-6　開開の子会社の資本率変遷

企業名称	形態	資本金登録年月	資本金(百万元)		株資本率（%）		主要業務
			1996 年	1997 年	1996 年	1997 年	
上海開開製衣公司	子会社	1992.4	200	200	100	100	シャツの卸売・小売
上海開開商城	子会社	1996.9	1,000	1,000	100	100	日用品
上海開開毛織セーター有限公司	子会社	1996.1	100	100	100	100	毛織セーターの小売
上海開開商厦	子会社	1994.1	100	100	100	100	日用品
上海開開シャツ総工場	子会社	1994.3	100	100	100	100	シャツ
上海開開羊毛セーター総工場	子会社	1994.3	100	100	100	100	羊毛セーター
上海開開集団上蘆シャツ工場	子会社	1995.5	700	700	100	100	シャツ
上海開開紡織品有限公司	子会社	1994.1	50	50	100	60	素材の卸と小売
上海開開天徳製衣有限公司	日本と合弁	1993.1	71	129	55	55	シャツ
上海開開紳士服有限公司	子会社	1997.4	100	不明	100	24.4	紳士服
上海開開ノンアイロン製衣有限公司	合弁	1997.8	673	不明	60	不明	シャツ
上海開開国際商城	子会社	1997	-	145	-	100.0	服・工芸品の小売
上海開開国際貿易有限公司	子会社	1997	-	85	-	100.0	素材・服の生地輸入
上海開開広告公司	子会社	1997	-	50	-	100.0	広告制作
蘇州開開天徳製衣有限公司	日本と合弁	1997	-	224	-	24.4	羊毛セーター
折江開富製衣有限公司	日本と合弁	1997	-	123	-	25.9	羊毛セーター
開開集団桐郷市新華羊毛セーター有限公司	合弁	1997	-	275	-	25.0	羊毛セーター

出所）筆者による 1998 年 8 月、1998 年 12 月 1 日のインタビューと、同社提供の資料により作成。

　アパレル国有企業の企業集団化においては、現在も政府の干渉が多少ある。しかし、問題は「すべきところよりも、してはいけないところに干渉が多い」という不満である。北京京工（JING GONG）服装企業集団の企業集団化過程は、国営企業が外資企業と合弁した例だが（表7-7）、インタビューでわかったことは、同集団内において、北京襯衫廠や日本と合弁した佐田雷蒙服装有限公司・高久雷蒙時装有限公司等以外の企業は、すべて経営不振か倒産寸前だったのである。

37　1998 年 8 月に北京京工服装企業集団の核心企業・北京襯衫廠と佐田雷蒙服装有限公司を訪問した際、受付で待つ間に、数人の社員と会話をするチャンスができたので、同点について話を聞いた。

182　第7章　中国アパレル産業における企業集団化

表7-7　北京京工服装企業集団の企業集団化過程

企業集団名	企業名称	内容
北京京工服装企業集団 集団化時期： 1990年代初期	北京市襯衫廠（シャツ工廠）	合弁
	北京市友誼時装工廠	不明*
	北京長城風雨公司	不明*
	北京市服装一廠	合併
	北京市服装二廠	合併
	北京市服装四廠	なし*
	北京市童装廠	合併
	北京市服装八廠	合併
	北京市童装二廠	合併
	北京市服装五廠	合併
	北京市童装三廠	合併
	北京市服装六廠	合併
	北京市紅旗室内装飾品公司	倒産
	北京市華麗襯衫廠	合併
	北京佐田雷蒙時装有限公司	日本企業と合弁
	北京雷蒙和百貨商場	創業
	北京市羽絨製品廠	創業
	北京市鳳凰時装装飾品公司	創業
	北京市高久雷蒙時装有限公司	日本企業と合弁
海螺集団（上海二襯） 集団化時期： 1995年 （第三次合併）	上海第一襯衫廠	合併
	上海第二襯衫廠	合併
	上海第三襯衫廠	合併
	上海第二服装廠	合併
	上海第十二服装廠	合併
	上海挟克工廠（ジャケット）	合併
	和平帽廠	合併
	十六羊毛衫廠	合併
	楓林（当て字）	合併
	遠東紐扣廠（ボタン工場）	合併

注1）　北京京工服装企業集団はもともと1940年上海雷蒙紳士服店として成
　　　　立したが、1956年北京に移した。
　2）　(*) は筆者のインタビューによると、合併されたか、あるいは倒産し
　　　　た可能性が高い。ただし、詳しい状況は明らかにできなかった。
出所）　筆者による1997年から1998年にわたる企業インタビューをもとに作成。

　有力な郷鎮企業の企業集団化と国有企業の企業集団化を比較してみる
と、郷鎮企業の場合は、政府の政策の恩恵を受けられなかったにもかかわ
らず、福祉などにおける資金の提供者となって政府を補完し、輸出と国内
市場の開拓によって、地元に大きな貢献をしている。一方の国有企業の場
合、当初は政府の援助が大きかったものの、経営不振に陥ると、政府から
見放されるのではという危機感と郷鎮企業の成長による刺激もあり、外国
企業と手を組んで競争力を強化していこうとする動きが見えてきた（たと

えば、開開・京工など)。

　海螺集団の前身は、上海の「龍新内衣廠」(下着工場)であったが、戦後、資本家が香港に亡命してしまった。1951年に残った数人が集まって「襯衫廠」(シャツ工場)を操業し、製品に「禄葉」というブランド名をつける。当時は「化学領(化学衿)」が流行しており、同社の役員が香港で数キログラムの化学薬品をようやく入手した。その薬品を用いて生産したシャツは市場で大ヒットしたが、薬品が切れてしまうと生産が難航した。そこから同化学薬品の研究を本格的に始めたという。しかし、1957年に第一次合併が行われ、「龍新」を含む環球・聯発・中亜・新中・慶豊・安利・振華など10社が上海第二襯衫廠(シャツ工場)となった。中国初の流れ作業ライン生産管理方式を導入したが、問題はその方式が市場開放前まで変えられていなかったことであり、それが技術上の停滞をもたらした。

　1970年代の半ば、政府は北京の「天壇」ブランドと同社のブランド「海螺」(かつての禄葉)を国家レベルのブランドに指定する。しかし、役員数人が海外を見学した際に自社製品の品質の低さを知り、製品を輸出して外貨を稼ぐのはとても無理だと感じたため、早速「偸学」(盗み勉強)が始まったという。対象は外国人が頻繁に出入りするホテルであった。外国人宿泊客がクリーニングに出したシャツを解剖し(バラバラにして)、シャツのデザインを研究した。その結果、1980年代初期には、上海市で上海第一シャツ工場に次ぐ2番目の輸出業績を上げるまでになったのである。

　しかし、1980年代も末になると、輸出の窓口である外貿公司の発注システムが変わり、「拿来的果」(盗み勉強で得た成果)も長くは続かなかった。そのうえ、棉花・布の価格が上昇したため、国内市場に方向転換せざるを得なくなった。1993年の第二次合併は、まさにこのような背景で行われた。企業集団に転身しようと政府に申請したが、規模が小さいという理由で最初は却下された。1994年に、倒産あるいは赤字の国有企業を大量に合併・買収した結果、販売チャネルだけでも延べ1,500店に達し、政府から特別許可が下りた。さらに1995年の第三次合併では、上海市の第一・第二・第三襯衫廠や第一・第十二被服廠(アパレル工場)などと合併し、現在の海螺企業集団となった。海螺の役員によれば、製品販路については依然国内市場が中心となっており、在庫問題がなによりも深刻な同社の課題なの

38　「化学領(化学衿)」とは、ある化学薬品で衿を処理し、シワを出にくくしたところからその名がついた。1998年12月1日、筆者による海螺企業集団へのインタビューによる。

だという。

3．輸出指向型産業への転換

　小島麗逸は、中国の 1979 年の繊維製品輸出に関して、同製品が総輸出の 40% 以上を占めており、「外貨獲得を目的で一種の飢餓輸出を強いられた」と主張しているが、この時期の輸出は、社会主義圏内の貿易が主であり、個々の企業によるものではなかった。ここで、議論すべき問題は、まず「飢餓」という表現が妥当かどうかということであろう。たとえば、国民の貯蓄レベルから見ると、1978 年は 210.6 百万元に達しており、1970 年（79.5 百万円）の 2.6 倍強にまで増加している。「飢餓」というなら、むしろ 1950 年代末から 1960 年代末のほうが適切であろう。次に数字の問題であるが、1979 年の繊維製品の対総輸出シェアは、小島の言う 40% ではなく、実際には 28% にすぎない。その比率は、1980 年代になるとさらに下回るか、横這いを保つという状態であった。さらに、国内需要よりも輸出を優先したのは敗戦後の日本や NIEs 諸国でも同様であり、これは、東アジアの経済出発点における一般的な特徴として捉えるべきであろう。

　1998 年の中国海関統計によると、1997 年の対アジア貿易額は 1,165.2 億ドルに達している。そのうち、日本は 5 年連続で中国最大の貿易相手国となり、両国の貿易総額は 1997 年だけ見ても 608.13 億ドルで、アジア全体の半分以上を占めている。また、無償援助と政府借款においても最大の供与・貸与国であり、資本と技術導入においても重要な相手国となっている。中国のアパレルおよび紡績原料の対日輸出の比率は 29.2% で、第 1 位であった。ちなみに、中国の対世界総輸出におけるアパレル製品の占有率は 1974 年の 5% から 1993 年の 18% にまで上昇し、世界市場においても

39　小島麗逸がどのようにこの数字を算出したかは、データの出所）や注などが明記されていないので、分かりかねる。小島麗逸『現代中国の経済』岩波新書、1997 年、28 ～ 30、143 ～ 145 頁。データの食い違いに関しては、小島麗逸編著『中国の経済改革』勁草書房、1990 年、250 ～ 251 頁。データの出所）も再確認したが、筆者が採用した中国統計信息諸詢服務中心『中国対外経済統計年鑑』と完全に一致していた。小島麗逸の後書では軽工業と紡織品を合わせた輸出率であるが、それでも 36.1% にすぎない。

40　中国統計出版社『中国統計年鑑』1997 年、193 頁。筆者の経験から見ても、1970 年初頭までは、稲作農民は配給された「粗糧」（トウモロコシの皮）さえ食べられなかったが、1975 年以降は白米が食べられるようになり、好転し始めていた。

41　日本・韓国・北朝鮮・モンゴル・インドネシア・マレーシア・フィリピン・シンガポール・タイ・インド・ベトナム・中東諸国を合わせた 25 カ国との貿易を指す。経済科学出版社『中国対外経済貿易白皮書』1998 年、210 ～ 211 頁。

最大の16％というシェアを占めるようになっている。1990年代半ばに入ってからは、日本のアパレル製品輸入における中国のシェアは毎年70％を越えて最大の生産提携国となっており、アパレル産業は、相互に深い関係に組み込まれている。さらに、日本と合弁した多くの企業は、当初は製品のほぼ100％が持ち帰りであったが、1992年度のワコール（北京）の持ち帰りは75％、ワールド（上海）は83％、蝶理（大連）95％と、現地販売比率が高まっている。

　輸出製品のための素材調達においては、1996年まで5割以上はNIEsからの輸入でまかなっていたが、1997年からは国産品が5割以上を占めるという逆転現象が見られた。ただし、一部の高級素材は、日本の上位アパレル企業が中国国内で特注したものであり、独占性が強く、高付加価値の獲得にも成功したため、輸出の急増に繋がったと推測できる。

　中国のアパレル産業における資本蓄積、とくに外貨蓄積の出発点は、1970年代末からの国際下請け、すなわち、主に日本やNIEsからの受注生産であった。その後、それらの国による直接投資の増加に伴い、生産管理能力・マーケティング能力を急成長させた企業は、産業内で「スパイラル（Spiral）的展開」の主役を演じ、リーダー的な役割を果たすようになっていった。現地販売率の増加、輸出における現地素材の調達率の上昇は、いずれも外資企業との合弁があって初めて達成されたものであり、そこでは外貨だけでなく、経営資源（ノウハウ）や技術などが潜在的に蓄積されてきたのである。

　このような産業間の結びつきは、低賃金労働市場への資本移動というだけでは説明し切れない。日本の多くのアパレル企業は、コスト削減を求め、大挙して東南アジアや東アジアに進出した。しかし、それは冷戦期からその終焉の時期までに限られる。日本のNIEsへの直接投資やNIEsの工業化による成長の構図は、中国の開放政策によって新たな次元に組み込まれ

42　この数字は数量ベースで計算したものである。繊維工業構造改善事業協会・繊維情報センター『アパレル・ハンドブック』各年版による。

43　矢野経済研究所『中国ファッション市場データ集'94年』1995年。

44　この逆転現象の主な原因は、1990年代の日本やNIEsの素材企業の中国進出である。

45　1998年12月21日、筆者による日本のアパレル上位企業・三陽商会へのインタビューによる。

46　「スパイラル」とは、中国のアパレル産業がある特定時期に、1）蓄積された経営能力と多くの私営企業との出会い、2）外部による技術移転とそれを受容する内部条件との適合、3）消費市場の急成長と生産能力の拡大の適合によって急成長する現象を指す。詳しくは、本書第6章「中国のアパレル産業における技術移転」、あるいは「中国のアパレル産業における技術移転－ふたつの決定的な要因分析－」名古屋大学経済学会『経済科学』第49巻、第1号を参照されたい。

たと言える。東アジアの成長は、まさに NIEs から ASEAN、そして中国と、一見「雁行形態」のように見える。しかし、産業や企業の諸側面に視点を合わせてみると、経済だけの仕組みでは説明し切れないところがあり、むしろ特殊な歴史的背景や政治的要因、各国の初期条件の差異を考慮に入れて見ていかなければならない。同じ産業の中でも、それぞれ国・地域の発展段階において、自立と外存の両層があり、企業固有の競争力のみによって輸出力のすべてを語ることはできない。中国の繊維産業は、企業集団化の初期段階では充分な発展は遂げられず、輸出するアパレル製品との内的連関を持っていなかった。日本および NIEs の企業進出と、それによる素材調達があってこそ、はじめて世界の生産大国・輸出大国になれたのである。

　中国アパレル製品の輸出は、日本が 1995 年に香港を抜いて最大となった。日本が中国にとっての最大輸出先となり得たのは、日本のアパレル企業の主導による技術移転と切り離せない。それは、中国のアパレル製品の品質を向上させ、1993 年には香港を追い越し、世界最大のアパレル輸出国にまで成長する要因となった。1990 年代に入ってからもアパレル製品の輸出の増大は続き、韓国向け輸出は 1992 年の 2.2 億ドルから 1996 年の 6.5 億ドルへ、台湾向けは 1994 年の 1.3 億ドルから 1995 年にはピークの 2.2 億ドル、1996 年の 1.87 億ドルと推移している。[47] アメリカ市場への輸出拡大は、中米貿易摩擦の発端ともなり、日本・韓国・台湾も含め、先進国のクォータ制約のために、多くのアパレル企業が生産は中国本土に、輸出の拠点は香港に置き[48]、欧米への輸出を拡大していった。[49]

　中国アパレル製品の輸出の成長とともに、国有企業と郷鎮企業の集団化・グループ化が急速に進み始めていた。その急速な発展の要因を、前述の「スパイラル」という概念でまとめてみた。本章ではまず、政府の政策と絡み合った企業集団化の性格を解明した。次に、企業集団の結合のあり方に着目し、国有企業と郷鎮企業との比較分析を通じ、日本企業による直接投資

47　中国社会出版社『中国対外経済貿易年鑑』1994 年〜 1996 年を引用。また、中国紡織出版社『中国紡織工業年鑑』各年版を参考にした。

48　小島麗逸『アジアの結節点』アジア経済研究所、1989 年、59 頁。

49　台湾・韓国製品について、香港・上海の卸市場やデパートでのインタビューで明らかになった。輸出できない不良品や在庫商品を国内で値下げして売るのだという。輸出先は主にアメリカ・イタリア・ドイツ等とのことであった。

と輸出との相関性を明らかにしようとした。[50]

　中国の上位アパレル企業集団の裏には、日本のアパレル上位企業・有力な素材企業・商社が存在しており、とくに大きく成長した郷鎮企業集団にその特徴が見られる。また、国有企業の中の非国有部門は、資本関係だけではなく、経営面においても郷鎮企業と同様、比較的柔軟性を持っていたことがいまひとつの特徴となっていた。その多くは外資、とくに日本企業との合弁を通じて技術移転を達成し、急速な拡張を見せた。このような特徴は、中国が東アジア地域に属していたからこそ実現できたものであり、どの地域でも同じパターンが出現することはない。

　中国におけるアパレル産業の素材開発・情報のフィードバック・生産と販売の機能は、1990年代の日本・NIEs・華人企業などとの提携によって大きく変わっている。たとえば、日本の上位アパレル企業は、中国企業と合弁企業を通じて企業集団を結成し、販路を現地に求め始めている。しかし、生産と販売の断層は大きい。市場経済に適合した企業経営者の欠如と官僚の腐敗によるところが多いと見られるが、それに関する研究は次の課題としたい。また、三資企業の複合的な存在は会計上の矛盾を引き起こしている。[51]さらに、多くの郷鎮企業は一旦外資からの注文が途絶えると、航海図と磁石を一挙に無くした舟のごとく、大きな倒産の危険性を抱えることになる。つまり、企業そのものの市場競争力はいまだに強くないのである。1990年代半ばから不可避となっていた過剰生産は、[52]企業間の厳しい競合関係、とくに製造から販売への競合関係を生じさせ、それは「企業集団」化とともに、いっそう注目を集めることなっている。

50　中国の企業集団化を見ると、国有企業はミツバチの女王のように、卵のときから「女王」と決められ、しかも特別な部屋で特別な餌を食べながら育っていたが、政府による政策の恩恵を受けすぎたか、それとも政策に頼りすぎたか、現実には多くの問題を抱えている。そこで、一部の企業（たとえば開開）は、政府からの脱皮を外国の資本と技術に求め、国際市場における競争力を高めようとした。以上のような国有企業とは対照的に、郷鎮企業は、生まれつきの「働きバチ」であり、外国資本と結んだ企業は、優れた技術と経営ノウハウを習得してきた。そのおかげでより多くの蜜（外貨）を採取し、企業集団化とともに輸出に貢献している。すべての郷鎮企業がこれと同じ道をたどったとは言えないが、その多くは「自らを中核（親会社）とする典型的な『系列的』企業グループを形づくって」いったと言えよう。前掲『現代日本の企業グループ』4頁。

51　一部の上場企業は、それが原因で裁判にもなっていると聞いた。

52　中国ではワイシャツの極端な過剰生産によって、ワイシャツ15億着が在庫になっているにもかかわらず、1,000社に上るメーカーが毎日計百万着ものワイシャツを生産しており、在庫が増え続けている。腕時計の在庫は1,000万個以上、自転車の在庫は2,000万台以上、洗濯機・冷蔵庫・カラーテレビも、生産ラインの稼働率が30%〜50%にすぎないメーカーがある。『経済参考報』1996年12月2日。

第8章
中国アパレル産業集積の高度化分析

　中国は、1990年代末に世界のアパレル製品の3分の1を生産する世界最大の生産国になったが[1]、その消費でも、2009年には日本に次ぐ世界第2位の消費国となっている。とくに、2001年のWTO加盟以降の発展は著しい。それは、冷戦終了後、中国政府が市場開放に踏み出し、原材料の調達と加工品の販売を海外に依存する「加工貿易」[2]、つまり「両頭在外」の政策を通じ、外国企業の中国への進出を促し、従来の国営企業からなる産業体質を徐々に市場型に切り替えたからである。繊維産業とアパレル産業は、真っ先に国営企業改革を行った産業として、その先端を走る「開拓者」的役割を果たしてきた[3]。他方、この機を捉えたのが日本の繊維・アパレル産業である。日本の繊維・アパレル企業は、世界のどの国よりも早く中国へ輸出指向型の直接投資を行った[4]。その後の30年で、日本は中国の最大の輸出市場となり、中国の繊維・アパレル産業は、外貨稼ぎの最大の担い手となったのである。

　アパレル産業は、ファッション性・情報・デザイン・アイデアなどの特性が強く、また、外資企業の投資先はほとんどが沿海地域だったこともあり、同地域では産業の急速な集積が見られた。こうした沿海地域の発展は、内陸部との経済格差を広げ、社会問題も顕在化してきたため、政府もそれに対して手を打つようになり、内陸部の開発政策や産業の高度化（中国語で「産業昇級」）政策が次々発表されている。2006年発表のアパレルの生産・販売情況を見ると、前年、成長の最も速かった上位15社の所属省は

1　中国国家統計局の統計によると、中国の2005年のアパレルの生産総額は全国生産総額の約10%を占め、外貨獲得は2001年以降、5年連続で第1位と、巨大な貢献をしている。

2　一般的に委託加工貿易を指す。アパレルの場合、外国企業が地場のアパレル企業に発注・契約する、委託による加工生産方式である。外資系アパレル企業は、原材料と補助材料・仕様・デザイン・商標などを提供し、中国の地場工場で生産した同製品を引き取り、加工賃のみ支払う。筆者の10年間にわたる現地調査によれば、日本・韓国・台湾・香港企業には、中国の地場企業に対し、委託製品を生産させるために技術指導や必要な設備・資材を一部提供している企業も少なくない。

3　本書第7章「中国アパレル産業における企業集団化」参照。

4　康（上）賢淑「中国のアパレル産業における技術移転－ふたつの決定的要因－」名古屋大学経済学会『経済科学』第49号第1号、2001年。

河南・江西・湖南などの内陸部の省であり、生産高の対前年比伸び率は、それぞれ 51.37％、32.63％、27.10％ であった。また、2009 年上半期のデータを見ると、繊維・アパレル企業の利益は、中部地域が全国の利益総額の 12.11％ を占め、同産業の生産拠点の沿海地域から内陸部へのシフトが窺われる。内陸部への投資額も、2 桁の増加を見せている。一方、沿海地域のアパレル企業は、この 20 年間で、従来の加工貿易型の OEM（Original Equipment Manufacturer）生産から、ODM（Original Design Manufacturer）生産、あるいは OBM（Original Brand Manufacturing）生産への転換が見られるようになった。これらの変化は、まだ沿海地域のごく一部の産業集積地域で見られるのみだが、少数の中国系大企業の間では、世界ブランドを目指し、海外市場においてさえ激しい競争を展開するようになっている。

　本章では、中国政府の提唱している繊維・アパレル産業の沿海地域から内陸部へのシフト政策がどこまで可能かを意識しつつ、中国内陸部で早い時期から直接投資を行っていた岐阜のアパレル企業・小島衣料の湖北省黄石市での約 20 年間の直接投資事例を分析、その事実を通じ、中国アパレル産業集積の高度化の可能性と問題点、および課題を検討したい。

Ｉ．産業クラスターの研究方法

　マイケル・ポーターによる産業クラスター（Industrial Cluster）の定義は、特定の地区内で企業が互いに競争しつつ、関連する企業・専門化された小売・プロバイダー・政府およびそれと関連する機構（たとえば大学・企画機構・シンクタンク・職業訓練機構・協会など）と協力して競争力を生み出し、イノベーションを実現するものだと規定している。その発展モデルは、理論上は一般的に以下の 3 種類に分類されている。1）市場発展モデル、すなわち、誘発・自発的形態なもの、2）政府による発展モデル、すなわち、政府が計画的に企画し、強制的に育成されたもの、3）混

5　国家発展改革委員会、中国経済導報『2007 年アパレルリスク分析報告』北京世経未来投資咨詢有限公司、2007 年。「紡織服装週刊」第 458 期、第 465 期。
6　劉志彪その他著『長江デルタの牽引した中国製造』（長三角托起的中国制造）中国人民大学出版社、2006 年、8 ～ 19 頁。
7　Porter, Michael. E（2001）『国家競争優位（The Competitive Advantage of Nation）』（中国語版）華夏出版社、210 ～ 289 頁。

合発展モデル、すなわち、政府が産業クラスターを早期に識別し、有効に育成したものである。ただしこの定義は、先進国やその他の欧米諸国を主な対象として研究・分析したものであるため、今日急成長している東アジア、とくに中国と先進国との関係においては、共通する面もあれば、そうでない面もある。たとえば、経済的システムや文化・価値観・歴史的背景の違いである。

　ところで、橘川武郎は「スミスと異なり、産業集積固有の現実をある程度念頭において、それを、産業の地域的集中（localization of industry）がもたらす経済効果という観点から議論した経済学者に、アルフレッド・マーシャル（Marshall）がいる」[8]と指摘している[9]。ポール・クルーグマン（Krugman,Paul Robin）も、産業の地域的集中の意味について早くから関心を持ち、「外部経済（external economies）」に着目し、地域間取引の重要性の解明に大きな成果を上げた。ちなみに、その業績によって、彼はノーベル経済学賞を受賞し、世界的に注目を浴びている。クルーグマンは産業集積を、ポーターの競争力とは異なる経済学の視点から説明したのである。

　中国の産業集積に関する研究において、丸川知雄の研究は、中国の地場産業の集積地域として注目される温州について、インタビュー調査を通じ、新たな視角から分析を行っている[10]。彼は、温州の産業集積の源流を、市場経済が未発達だった時代に求めている。この指摘は、筆者にとって有益な示唆を与えてくれるものであった。

　本章では、上述の理論や先行研究も踏まえながら、初期条件の異なる国、すなわち日本のアパレル産業と比較しつつ、輸出加工貿易からどのように産業集積が発生したかを、しかも競争優位を保持したかを、ミクロレベルから確認する。岐阜県に本社を持つ小島衣料と、中国湖北省黄石にある美島等の企業を対象に、中国の内陸部における産業集積の高度化問題を検討していく。

8　原資料は Marshall,A.,Principle of Economics, 8th ed., London: Macmillian. ,1920、永澤越郎訳『経済学原理　第二分冊』岩波ブックセンター信山社、1985。

9　橘川武郎「産業集積研究の未来」伊丹敬之・松島茂・橘川武郎編『産業集積の本質』有斐閣、1998年、301 ～ 316 頁。

10　丸川知雄「産業集積の発生：温州での観察から」中国経済学会『中国経済研究』第 5 巻第 1 号、2008 年 3 月。

Ⅱ．アパレル産業の実態

1．国際競争力

まず、中国のアパレル産業の国際競争力を指数化するため、貿易の競争力指数を用いて、その推移を確認しよう。[11] 指数は、1980 年から 0.92 以上を維持しており、2006 年には 0.98 で英・仏・米等の先進国をはるかに上回り、香港・台湾よりも強い国際競争力を示している。さらに、近年のアパレル産業の企業規模を検討してみよう。2003 年、8,847 の企業の固定資産の純価値は 598 億 8,000 万元で、一社あたりの純資産額は 700 万元となっている。2006 年には、企業数 1 万 1,988 社、一社あたりの純固定資産価値は 800 万元となり、4 年間で 100 万元増加している。ここで確認できることは、中国のアパレル産業の参入障壁の低さであろう。ところが、2003 年から 2005 年までの 3 年間は、中国アパレル産業の絶頂期で、急激な拡張段階でもあったが、2006 年以降、産業の生産高が徐々に下がりはじめている。今後、企業間の競争は一層激化し、市場も成熟化していくだろうが、当分は良好な発展が見込まれる。雇用面においては、1980 年に 613 万人であった雇用者数が、2004 年には 1,900 万人にまで増加し、製造業総雇用者の 20％を占めている。アパレル企業は依然として、中国製造業における最重要の雇用源であることがわかる。

2．国内市場

アパレル産業の国内市場について見てみよう。多くの統計や文献が指摘するように、専業市場ではすでに投資が過熱しており、多くの不動産開発企業がアパレル専業市場に触手を伸ばしている。しかし、大部分のケースでは、業界への理解と分析が不足しており、数字任せの経営をしている。これは、アパレル専業市場が過去 2 年間拡大した原因でもある。2006 年の統計によると、281 カ所のアパレル専業市場に 56.6 万の店舗がひしめき合い、経営（売り場）面積は 3,300 万平方メートル、年間売上高も 6,000 億元近くに達している。[13] ちなみに、アパレル市場の構造を見ておくと、

11　ここでの競争力指数は、輸出－輸入／輸出＋輸入として算出したものであり、その値はマイナス 1 からプラス 1 の間を動く。輸入超過であればマイナス、輸出超過であればプラスとなる。

12　中国の現行統計制度では、固定資産の純価値 500 万元以上の企業のみが、公式に統計に組み込まれている。これは、日本の中堅・大企業に相当する。

13　国家発展改革委員会『中国経済導報：2007 年アパレルリスク分析報告』北京世経未来投資咨詢有限

192 第8章 中国アパレル産業集積の高度化分析

同年、国内のアパレル市場構成は、女性用ファッションブランドが全体の25%、女性用フォーマルスーツなどが10%、男性用スーツが10%、男性用カジュアルが5%、そのほか、スポーツウェア10%、カジュアルが40%である。年齢層別の市場構成は、18〜30歳が1.8億元、30〜45歳が3.3億元で最も多く、45〜65歳は2.7億元、65歳以上は1億元である。

　次に、アパレル産業のブランドに関する現状について検討したい。1949年の新中国建国後、アパレル品にはいくつかのナショナルブランドがあったが、改革開放以後、それが急増した。しかし、中・低級のブランドは国内のショッピングセンターにはなかなか入りにくく、そうしたブランド品は、専業市場から徐々に国内の一般市場へ入っていった。北京の35の高級店では、商品の60%が輸入ブランド品であり、トップクラスの店のなかには、輸入ブランド品が90%以上を占めている場合もある。上海淮海路には2,000余りのブランド店があるが、その60%が海外ブランドで占められている。そのため、民族系ブランド品の主要市場は、国内のアパレル専業市場となるのである。ただし、ブランドの種類は非常に多く、また近年は品質の向上も著しいので、一部の高級ブランド品のイメージはかなり良く、サービスも刻々と改善していると言っていい。[14] なお、2006年の自主ブランドは170万に達しているが、世界的に名の通った中国ブランドを作り出すには至っておらず、2005年度の「世界ブランド500」にランキングされたものは数えるほどしかなかった。今後の展望もあまり明るくない。企業の平均存続期間が7.3年にすぎないのに対し、ブランド品のそれは平均で2年にも満たないのである。そのうえ、知的所有権や核心技術を持つとされる企業も、1万社あたりにわずか数社と言われている。2005年の新技術の開発や発明の特許数を見ると、日本と米国の1/30程度である。輸出品の約9割はOEM生産であり、広東省は最大の輸出省であるが、自主ブランド品の割合は輸出額の3%でしかない。

　加えて、多くの企業の経営者は、ブランドに対する保護意識が不足しており、50の最も有名な中国ブランドのうち、海外商標登録を行っている事例は約半分しかない。多くの企業は、自社のブランド製品の市場におけ

――――――――――――――――

　　　公司、2007年。
14　その他、注目すべき点として、近年の消費者は、ますます外国映画やメディアの影響を受けるようになっており、ブランド志向が増えていることが挙げられる。

る位置づけが不明確であり、しかも大多数の企業は、ブランド管理部門さえ設けていない。ブランドの管理や国際貿易の常識、危機管理能力のある人材が、明らかに不足しているのである。[15]

3．輸出市場

　表8-1 は、中国アパレル製品の輸出額と、世界における輸出占有率を示している。1992 年から 2 桁の成長を維持し、2006 年には 24% 以上を占めている。2006 年のアパレル輸出は 951.9 億ドルで、輸出占有率は 24.1%、輸出量 266.22 億枚だったが、2008 年は 1,198 億ドル、295.52 億枚に達している。

表 8-1　中国アパレル製品の輸出と世界における輸出占有率

年	輸出額 億ドル	世界市場 シェア%	年	輸出額 億ドル	世界市場 シェア%
1978	7.08	2.5	1990	68.48	6.8
1979	10.59	3.1	1991	89.98	7.7
1980	16.53	4.1	1992	168.48	12.8
1981	18.64	4.5	1993	184.26	14.7
1982	19.49	4.9	1994	237.21	16.7
1983	20.60	5.1	2001	366.50	18.8
1984	26.53	5.8	2002	411.00	17.6
1985	20.50	4.3	2003	520.60	23.0
1986	29.15	4.7	2004	616.16	23.6
1987	37.49	4.6	2005	738.48	23.9
1988	48.72	8.0	2006	951.90	24.1
1989	61.30	6.3	2008	1,198.90	－

出所）GATT/WTO Annual Report 各年版より作成。

　中国のアパレル輸出に占める外資系企業の比率は表8-2 に示す通り、1985 年はわずか 1.1% でしかなかったが、1990 年は 12.6% となり、10 倍を超えた。この間、アパレル産業に直接投資した外資系企業では圧倒的に日本企業が多い。[16] 一部の香港・台湾系企業の輸出の裏にも日本企業の発注があり、それを含めると、日本企業がかかわる輸出はさらに増えることになる。1990 年代以降の中国のアパレル製品の輸出伸び率は 2 桁成長を

15　前掲『中国経済導報：2007 年アパレルリスク分析報告』。
16　前掲「中国のアパレル産業における技術移転－ふたつの決定的要因－」。

続け、その輸出に占める外資系企業のシェアは急拡大を続けてきたが、日本企業との直接・間接の強い関係があって、それが達成されてきたのである。

表 8-2　中国の総輸出に占める外資系企業のシェア

年	外資系企業輸出率 （%）	年	外資系企業輸出率 （%）
1985	1.1	1995	31.3
1986	1.9	1996	40.8
1987	3.1	1997	38.8
1988	5.2	1998	44.1
1989	9.4	1999	45.5
1990	12.6	2000	47.9
1991	16.8		
1992	20.4		
1993	25.8	2005	18.0 （大企業のみ）
1994	28.7		

出所）国務院発展研究中心編『中国統計年鑑』各年版より作成。

　それでは、中国アパレル製品の輸出市場は、一体どうなっているのだろうか。表 8-3、から 2005 年の輸出市場を見てみよう。数量・金額の両面において、明らかに日本が中国の最大の輸出取引先であり、単価も一番高く、日本は中国にとって最高級のアパレル製品の輸出市場となっていることがわかる。アパレル製品の輸出において、日系企業の場合、持ち帰りが多いことが知られている。これは中国政府の政策上、発注の 20% の製品しか中国で売れない規制によるところが大きかったのだが、とはいえ、世界で最も厳しい顧客を相手に製品を作り、それを提供できた背景には、日系企業の努力があったと理解して間違いないだろう。

　この輸出の急増と外資系企業シェアの上昇が可能となった背景には、中国政府の外資政策の転換があることはもちろんである。企業経営の所有構造も変わり、2006 年の構成で確認すると、私営企業の輸出額は 355.37 億ドル、対前年比 76.1% 増であり、総アパレル輸出の 37.3% を占める。一方、外国の独資企業の対前年比増加率は 25.0% 増と私営企業の伸び率をかなり下回るものの、決して低い伸び率に止まってはいない。そのシェアは総アパレル輸出の 18% を占めている。

III アパレル産業の集積の特徴 *195*

表 8-3　中国アパレル製品の輸出先の推移

単位：億枚、億ドル、ドル／枚

	2005 年		
	数量	金額	単価
日本	31.7	127	4.02
アメリカ	29.4	100	3.4
香港	33.9	57	1.7
ロシア	5.4	24	4.4
ドイツ	7.7	24	3.1
総計	219.7	735.6	3.3

注1）表中には記載していないが、1997 年、2000 年、2002 年の単
　　価はそれぞれ、2.95 ドル／枚、2.51 ドル／枚、2.05 ドル／枚
　　である。
　2）なお、2008 年の数値は総計が得られているのみである。
出所）中国紡織工業協会統計センターのホームページ http://tongji.
　　ctei.cn/news.asp より作成。

III．アパレル産業の集積の特徴

1．中国のアパレル産業集積

　本章の冒頭でも触れたように、中国政府は原材料の調達と加工品の販売
を海外に依存する「加工貿易」や「両頭在外」政策により、多くの外資系
企業を誘致している。アパレル産業も、順調に輸出志向型の産業へと転換
した。つまるところ、それはアパレルの産業集積の性格を規定するまでに
なっているのである。

表 8-4　アパレル産地の地域分布

地域	市	県	鎮	合計
浙江	3	7	5	15
江蘇	0	3	7	10
広東	3	5	15	23
福建	1	2	7	10
山東	0	4	0	4
河北	0	2	0	2
遼寧	0	1	0	1
合計	7	24	34	65

原資料）中国製衣雑誌社・中国紡織導報雑誌社、2006 年。
出所）今井健一、丁可『中国高度化の潮流－企業と産業の変革－』
　　調査報告書、アジア経済研究所、2007 年、181 頁。

ここでは、中国アパレル産業の集積に関する丁可の研究に触れてみたい[17]。表8-4は、アパレル産地の地域分布をまとめたものであるが、彼は産業集積を産地の機能から大きく三つに分類し、その競争力のメカニズムを解明している。さらに、産業集積地からの拡散の動き、つまり代表的な企業の移転を取り上げることで経済後発地域への生産拠点の移転に着目し、これらの動きが2000年以降に始まったことを確認している。大企業による移転は、沿海地域から後進地域や内陸部へ行われるのだが、それには労働力の確保だけでなく、市場開拓の目的もあるという。最後に丁は、「中国アパレル産業には、ふたつの注意すべき動きがある。ひとつは、ヤンガー集団のように、上流の紡績、織物から、下流の小売チェーン店まで、垂直統合を図る動きである。もうひとつは、大企業による生産拠点の一部を後進地域へ移転する動きである。後者は、これまでほとんど沿海部に集積していたアパレル産業の内陸部移転を促し、その本格的な工業化につながるかどうか、今後の注目すべきところである」と述べている[18]。

2. 小島衣料と美島の発展および産業集積

産業集積の多くは、大手のアパレル企業集団、あるいは国内のトップブランドを核に形成されていることから、筆者は、その地域ごとの国内有名ブランドや企業を中国の地図上に書いてみた。図8-1に示す通り、大企業集団あるいは国産ブランドの存在している地域は、羊毛を素材とする内モンゴルと湖北省を除いて、ほとんどが沿海地域に集中している[19]。とくに、上海周辺の浙江省・江蘇省に多い。また、産業集積地の形成過程を見ると、上海などのいくつかの大都会地域を除き、当初の自発的に形成されていった産業集積地から、政府の援助やサポートによって発展する産業集積地へと、その性格も変質してきている[20]。

ただし、これらの地域の動きには、もうひとつの傾向があることを見落としてはならない。それは、産業集積地が消滅と減少の傾向にあることである。この変化については、1997年に筆者が調査を行った福建省獅子

---

17 丁可「アパレル産業の発展方向」今井健一・丁可『中国高度化の潮流―企業と産業の変革』調査報告書、アジア経済研究所、2007年、181、204頁。

18 同上、181、204頁。

19 たとえば生産量からみても、広東・江蘇・浙江・山東・福建・上海など東南部の沿海地域は、全国の80%以上のシェアを占めている。

20 図8-1に記載されている企業あるいはブランドについては、同企業のホームページ等を参照されたい。

地域のアパレル産地の状況から確認できた。ちなみに現在、産業集積が最も進んでいる温州でも同様の現象が見られる。浙江省の経済貿易委員会の研究プロジェクトによる研究成果では、2003年、同省内の工業生産額1億元以上の産業集積地は430ヵ所であったが、2005年には360ヵ所に減少している。2008年に起きた世界金融危機後の厳しい現実を踏まえると、2009年以降の産業集積地数は、大きな影響を受けている可能性が高い[21]。

　前述のようなアパレル産業集積の趨勢には原因がある。それは、同産業の特性とも決定的にかかわっているが、もう一方では、地域における文化・歴史・制度・経済・教育・人材等のアンバランスによる要因も大きい。こうした点については後述するが、まず、集積の経緯を見てみよう。

　内陸部に位置する湖北省黄石市は、なぜアパレルの集積地になったのだろうか。黄石市は古い歴史を持つ都市で、青銅の古都・鉄鋼の揺籃・セメントの故郷としても有名である。戦後、国営のアパレル企業が設立されたが、改革開放後は赤字経営が続いていた。一方、日本の岐阜県の繊維・アパレル産地は、1970年代には賃金高騰という苦境に直面し、1980年代には企業の生き残りを賭け、盛んに海外あるいは日本国内の東北地域や周辺地域に移転・投資を行っていた。1985年には、岐阜のアパレル企業・サンテイが黄石市のアパレル国営企業に投資を行い、合弁企業美爾雅企業集団を設立した[22]。美爾雅への直接投資は、日系企業によるアパレル産業への対中投資のなかでもかなり早いものであった。それから間もなく、1990年には、同じく岐阜の小島衣料が、社長と25人の縫製従業員とともに、同企業集団の傘下企業として、美島服装有限公司（以降、美島と略す）をスタートさせた[23]。

21　前掲「産業集積の発生：温州での観察から」21頁。
22　美爾雅企業集団の創業期の総裁は羅日炎であったが、2007年に退職している。
23　1997年に筆者は美島のビルを訪れ、当時の責任者・李苹と会った。若くてきれいな彼女が3,000人の従業員を仕切る実力の持ち主とはとても思えなかったことを憶えている。

図 8-1　中国の大企業・ブラントの地域分布

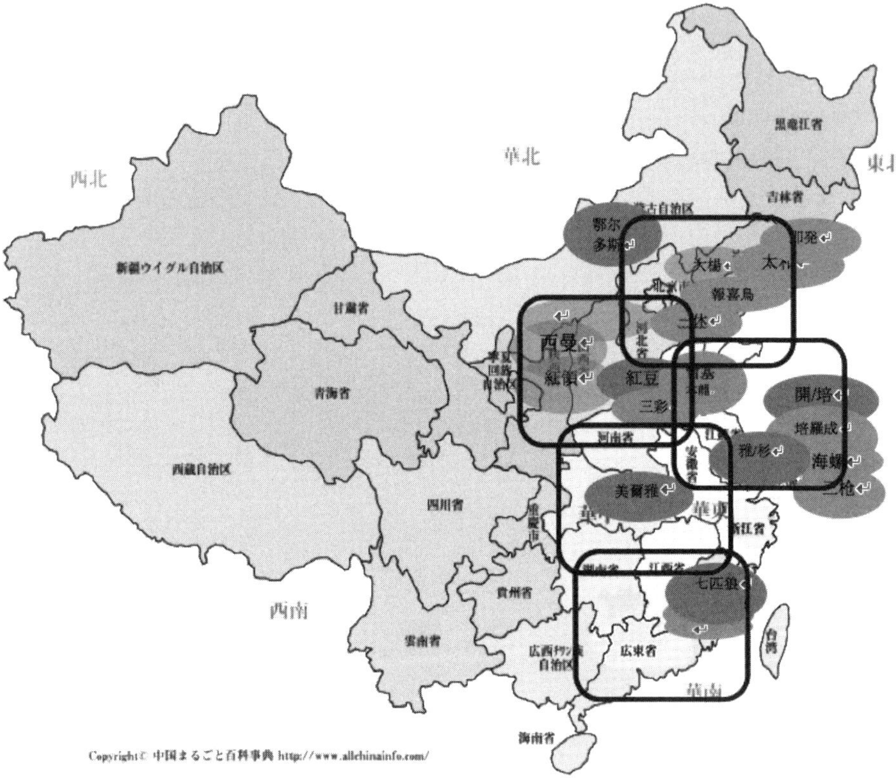

Copyright© 中国まるごと百科事典 http://www.allchinainfo.com/

Ⅲ　アパレル産業の集積の特徴　199

　小島衣料の社長・小島正憲は、同志社大学在学中、偶然の「運」で「中国経済論」に出会い、中国に関心を持つようになった。大学卒業後に家業は継いだものの、本腰を入れるのは先代の父の死が契機であった[24]。しかし、当時、日本経済はバブルの崩壊に直面し、会社経営は困難を極めた。タイ・オーストリア・韓国・ミャンマー等に縫製事業を持っていったものの上手くいかず、ほとんどは失敗に終わった。そんななか、株式会社サンテイの常川公男会長に助けられ、中国内陸地域の黄石に投資することを決断したのである[25]。

　サンテイは1980年代中期、黄石への投資資本金100万ドルを母体に[26]、ローテーション・システム方式で合弁相手の美爾雅に生産技術を指導し、また、日本へ研修生を派遣することによって品質向上を果たした。1990年代初期までは明らかに、中国へは生地を輸入、日本へは製品を輸出という加工貿易が中心であった。だが、美爾雅の資本蓄積の急増に伴って企業集団化が実現し、小島衣料も進出した。こうして美爾雅企業集団は、1990年代中期には資本金が216倍にまで拡大し、株式上場を果たした。さらに、国際的展開を目指し、韓国の鮮京グループ・日本のクラボウと合弁し、協力・共存・競争のシステムも形成された。サンテイと小島衣料の黄石への投資拡大は、岐阜のアパレル企業だけではなく、その他の国の巨大企業までもが後を追う黄石への投資を生み出し、同地域のアパレル集積地形成の基礎を築いたのである。

　美爾雅の企業集団のもとで、小島衣料の合弁事業は1991年以降順調に進み、美島は1993年には上海等へ事業を拡大する（表8-5）。しかもこの年、黄石市は国務院の認可を得て「沿河開放都市」となり、さらに黄石市と岐阜県関市の間で姉妹都市の提携が実現した。事業はその後も、順調に進んだ。

　ちなみに、小島社長は著書で次のように書いている。海外で成功するためには、大事な「ふたつのこと」がある。行動すること、そして、リスクと向き合い、逃げないことである[27]。

24　小島正憲『アジアで勝つ』伯楽舎、1997年。小島正憲『10年中国に挑む』パル出版社、2002年、9頁。
25　実は黄石市に最初に進出したのは華僑の企業であった。その華僑企業に技術指導を頼まれて同地へ行ったのが、サンテイの進出のきっかけとなった。その後、サンテイの紹介により、小島衣料等、岐阜の関連企業までが続々と黄石市へ進出を始めたのである。
26　同事実は、本社の常川雅通社長を通じて確認した。
27　小島正憲『中国ありのまま仕事事情』中経出版、2007年、188～189頁。

2000 年は、美島の日本側と現地側の両経営者にとって、存続か否かの厳しい試練を経験した 1 年でもあった。その「種」は、合弁事業の私営化（すなわち、美爾雅企業集団の傘下から美島を独立させ、一私営企業に転換すること）に関する交渉であった。美爾雅企業集団と美島の責任者は、売買額を巡って互いに譲らなかった。売り手側は 1 億元（約 15 億円）を、買い手側は 3,000 万元を提示した。小島社長は忍耐強く交渉を行い、現地側の社長を納得させ、最終的には 6,700 万元（約 10 億円）で「平和的」に私営化調印式に至った。[28] コストは 15 億円から 10 億円にまで下がり、5 億円の経費が浮くことになった。美島は、それまで同省の主導的企業と認知されていた美爾雅企業集団の傘下から脱し、2000 年 10 月 19 日には、完全に私営企業へと転換したのである。[29] それはまた、権力や不正経理のしがらみからの脱出でもあった。私営化交渉は、実際、ビジネスの「戦場」であり、それまでの信頼がコストとして顕在化する場であると言っていい。こうした現象は、経済学の理論の外に置かれるのが常であるが、現実にはきわめて重要な決定要因として働くものであり、無視することはできない。

　私営化のための小島の交渉は、5 億円の節約となった。この交渉期間は、美島の企業史から見れば実に短い。しかし、交渉を成功に導いた両者の絆は、1980 年代以降の経営を通じた信頼構築がその基盤にあった。企業の取引では、億単位の取引が一瞬で決まったり、また一瞬で消えてしまったりするように見えるが、実はどんなベンチャービジネスにおいても、成功の裏には信頼の要素が大きな比重を占めている。筆者が小島とのインタビュー（2008 年 12 月 27 日）で、中国でのビジネス成功の秘訣を尋ねると、「中国との縁と為替です」としごく簡単な答えが返ってきた。為替の問題はもちろんあるだろうが、彼は学生時代に中国経済を学び、中国の社会・歴史・経済を勉強し、中国社会の価値観や行動を理解しうる基本的な知識や資産を得ていた。単なる経営知識を越えた知力と人間性が、彼に運を掴み取らせたのである。つまり、成功の道を拓いた裏には信頼の絆があり、それを支える中国に関する基本的な知識と理解力のある親友達がいたのである。[30]

28　小島はこの時、「恩返しのチャンス」だと思い、交渉に当たったと書いている。
29　前掲『10 年中国に挑む』。
30　筆者が 2009 年 8 月 22 日に行ったインタビューより。

その後の美島は自主経営に挑み、成功の道を順調に辿っている。

　2005年には、黄石美島服装学校を設立（面積30万平方メートル）、卒業生の就職率も100％を誇り、人気の職業訓練校となっている。教師は基本的に招聘制で、生徒に市場の最先端の情報を伝えるようなシステムを採用している。2005年度生9名が黄石市職業技能大会に参加し、一等賞から三等賞までを独占した。また、2008年には江西服装職業技術学院と提携し、美島婦人服工房や「製品開発グループ」を設立している。美島の2009年現在の総資産額は4億元で、3つの子会社を所有している。生産ラインは100以上あり、年間生産量は550万枚、製品の主な輸出先は日本・ヨーロッパ・米国である。中国国内の直営店舗は10年前には60店舗あったが、現在は5店舗に縮小している。創業後14年間の実績としては、日本ブランドの婦人服の生産が約70％であり、さらに世界20余りの有名衣料ブランド品の生産も行い、名実ともに「婦人服万能王国」となっている。

　なお、美島は、黄石における優良企業であると同時に、地域社会貢献を積極的に行っている企業でもある。四川大地震の際には、48時間ノンストップで操業し、2000張のテントを生産し続けた。そのほか、詩人の集会に協賛するなど、文化活動への支援も行っている。

表8-5　美島の歩み

年	
1993・1994年	中国国際服飾博覧会の金賞、銀賞
1993年	全国外国商人投資優秀企業（現在まで数回認定）、湖北省ベストテン三資企業
1995年	全国最大500強外国投資企業
1999年	全国外国貿易輸出500強企業（392位）、湖北省服装百強企業
2000年	全国外国貿易輸出先進企業、全国AAA信用企業
2003年	全国服装業界の百強企業、全国紡織業界200強企業
2005年	湖北省著名ブランド名誉（12月）
2005年	湖北省輸出ブランド（9月）
2005年	同年度湖北省業界10強、同トップ百社最優秀成長型中小企業
2005年	同年度湖北省著名ブランド名誉
2005年	黄石私営経済委員会第1期「調和型民営企業」名誉（11月）
2006年	湖北省紡織服装制造業界チャンピオンISO9001、2000品質システム認証（12月）
2008年	3項目婦人服上着のデザイン外観特許、冬着特許、レディース半袖上着特許（3月）
2008年	中国品質認証センターによる生態織物品質環境保護認定（12月19日）

　認定証明書：CQC緑色環境保護製品証明書　湖北省初の服装輸出企業認定
　　　　　　　湖北省初の生態服装生産企業認定
出所）美島の説明資料、内部資料をもとに筆者が作成。

アパレル企業・美島の発展は、地域の産業集積を促した。関連企業の進出が促され、地場の企業の育成につながることにもなった。2006年現在、黄石市には、繊維企業116社・紡績企業20社・アパレル企業96社があり、その資産総額は35億元、従業員2万以上、アパレルの生産量は年間829.62万枚、そのうちスーツは230.73万枚である。輸出外貨収入は2億ドルで、全市輸出総額の半分以上を占めている。黄石は現在「アパレルの新城」と呼ばれるまでに発展している。

3．黄石のアパレル産業集積の特徴

美島の発展を契機に生まれた黄石のアパレル産業集積を前節の最後で結論的に確認したが、中国の経営環境のもとで、アパレル産業はどのように企業間の競争・共存の優位性を持ち続け、同地域の経済に変化をもたらすことができたのだろうか。湖北省の有名ブランド「漢派」の衰退や、沿海地域にある美爾雅企業集団の雅戈爾を念頭に置きながら、黄石の産業集積の特徴にまとめてみる。

1）経営環境の改善力

中国の内陸部の現在の投資環境は、1990年当時に小島衣料が投資した時よりかなり改善したと思われる。しかし、現地の経済体制や人々の素質・価値観が沿海地域のレベルに達するには、地域によって異なるが、まだ時間がかかるだろう。黄石における美爾雅とサンテイ、美島と小島衣料との合弁では、経営環境がそれぞれ異なり、しかも、背負っていた国の経済や文化の差異が大きかった。経営者の企業理念・経営方式・従業員の素質のギャップは、数十年間の矛盾と葛藤を通じて、ようやく縮小したと言っていい。両者が、相互に利益を求めつつ、信頼とバランスのとれた取引関係を構築するまでには、長い時間が必要だったのである。

2）人材の育成力

丸川知雄が温州の例から明らかにした産業集積地の特徴は、「1つの革新が模倣されるスピードが猛烈に速いため、産業集積が短期間のうちに形成されるという特異性をもっている」点であろう。[31] この論点に照らして

31　前掲「産業集積の発生：温州での観察から」。

みると、内陸部に新規企業がどれくらいのスピードで誕生できるかも、産業集積の成否の一要因である。また、たとえ模倣に優れた企業が大量に存在していたとしても、海外とのネットワークや経営能力、取引力が問われることになる。従来の産業集積地の核心企業が長年存続できた裏には、海外との取引関係に強みがあったことは疑いのない事実である。つまり、集積地の多くは、海外への輸出にその生存を賭けてきたのである[32]。

ただし、問題となるのは、これらの企業が今後、どこまで蓄積した資本を人材育成に再投資し、市場開拓や研究開発を通じて、新たな製品にチャレンジするかである。現在の若者には一人っ子が圧倒的に多く、しかも、裕福で教養の高い若者は、より高い所得の得られるビジネスや企業にチャレンジしている。そのため、アパレル産業が良い人材を得ることは困難で、人材不足に直面している。他方、とくに内陸部では、教育を充分受けられない若者が増加しており、人材育成を何よりも優先的に考えなければならない状況にある。企業家精神を持ち、急速に変化する市場の情報を獲得し、的確に経営判断を下せる企業家を育てるため、産業集積地が教育メカニズムをどう構築していくのかが問われている。

3）国際レベルの会計管理力

中国経済の発展に伴い、企業は急速に国際化の課題に直面している。企業の管理能力の強化も、大きな課題と言えよう。中国アパレル産業の集積の構造と課題を分析した徐・楊・王の研究によれば[33]、寧波のアパレル産業では、大規模な企業が少なく、小規模な企業が大量に存在する「二重構造」になっているという。また、同研究では、同地域の産業の意思決定を階層分析法（Analytic Hierarchy Process）を用いて分析し、国際競争力の脆弱さを明らかにしている。すなわち、寧波のアパレル産業は、全体の発展状況は良好であるが、財務および内部の資金の流れの質、とくに製品の付加価値の点で課題が多く、それらを改善する必要があるというものである。寧波のアパレル産業は、沿海地域でも産業化が最も進んだ地域であ

---

32 たとえば北欧地域では、クラスターを経営するという視点から、競争力を高める努力や差別化戦略、および優れた知識生産の場の構築によって、世界から良い人材を集めやすくなっているし、国際的な人的ネットワークがつくられている、と紹介している。富沢木実「産業集積がイノベーションの母体として有効に機能するためにの必要純分条件—地域イノベーション戦略の必要性—」道都大学経営学部『産業学会年報』19号、2003年。17〜26頁。

33 徐慧娟・楊以雄・王元明「アパレル産業集積の AHP 総合評価のモデルと実証」（服装産業集群的 AHP 総合評価模型及実証）。中国の図書分類号 F407.89、文献指標番号 A。

る。にもかかわらず、とりわけ財務管理の脆弱性が大きな課題であるというのである。沿海地域に比べ、内陸部の財務管理能力がさらに劣るものであることは言を待たず、黄石が集積地として発展していくには、地域としての経営力改善・引き上げが大きな課題であると言わねばならない。

4）起業環境の構築

　中国のアパレル産業の集積地には、多くの有能な経営者が現れている。彼らはこの数十年のうちに、企業間取引を通じて一定の信頼関係を構築しており、品質向上のための技術や管理能力も手に入れている。しかし、顧客のニーズに合わせて自らモノを作っていく「魂」を持っているどうかは疑問である。たとえ創業者としてそれらの能力を持っていたとしても、次の世代に伝授する力が不可欠である。それは、同産業の高度化にとって決定的な要素である。

　ここで、もうひとつ課題がある。それは、内陸部は、小島衣料のような優れた企業家を輩出し得るかどうかということである。社会環境が起業家精神を持った新しい経営者を生み出し、また、彼らの潜在能力を発現させられるか否か、この点が内陸部におけるアパレル産業の集積を存続させ、さらに発展できるかどうかを決定づけるだろう。

　本章では、中国のアパレル産業の基本的な発展パターンを確認し、そうした発展の具体的事例のひとつとして、日本のアパレル企業の対中進出を契機として生まれた産業集積の事例を考察した。湖北省黄石市のアパレル産業集積は、日本のサンテイや小島衣料の投資を契機としており、その投資は、経済的初期条件が相対的に劣悪な環境のなかでなされたものであった。今回の事例の考察から、今後の中国アパレル産業発展に向けた大きな示唆がいくつかあった。とりわけ、産業集積の高度化と、内陸地域への移行政策に対する示唆である。一般的に言って、中国内陸部の経済環境は、沿海地域と比較して劣っており、改革開放の30年においても、政府の優遇政策がなければ、発展できなかったと言っていい。そのような投資環境に、外資系企業が好んで直接投資を行ったのでは決してない。本章では触れなかったが、少なからぬ企業、とくに中小企業が進出を企てながら失敗したという事例は無数にあり、その代価は大きかったのである。だが、サンテイや小島衣料による成功事例が、その地にアパレル産業発展の契機を

提供し、集積を実現させたのである。

　近年、中国政府は新たな産業政策の目標を打ち上げ、産業の高度化を進めている。だが、アパレル産業の現状は、いまだに生産の9割がOEM生産であり続けている。自らデザインを生み出すODM生産を実現し、さらに自らのブランドを生み出すOBMへの発展が目指されているが、掛け声と実際とのギャップは大きく、中国の地場企業が自立するまでには、今後かなりの時間を要するに違いない。美島の事例が物語っているように、地場企業の自立には、海外市場の情報を的確に掴み、経営能力を持った企業家が決定的に重要である。そうした起業家精神を備えた企業家を排出していかねばならない。世界金融危機による影響は、地域のより強い国際競争力の獲得を要請している。一定の産業集積を果たした黄石は、中国のアパレル産業集積地として第一歩を踏み出したにすぎない。今後の高度化こそが大きな課題となっているのである。本章では、中国のアパレル産業集積の高度化について、その課題を取り上げたにすぎない。政府の優遇政策を含め、産業集積地としての新たな発展の枠組みが求められていると言えるであろう。それは、日系企業として進出を果たし、成功を収めた小島衣料においても、中国でのさらなる発展を実現するための重要な課題となりつつある。

第9章
中国アパレル産業の競争力

　東アジアの工業化を巡り、それは内的要因によるものか、それとも外的要因によるものかという命題については、研究の視座の置き方によって千差万別の主張があるが、それは、現代中国の研究においても重要な論題のひとつとなっている。[1]鶴見和子は「日本を開く」という提起から、「内発的発展論」を主張する代表的論者であり、外因による他律的発展を否定している。しかし、それはどの産業や社会にも一律に適用できる理論であるとは言い難い。もちろん、日本の資本主義化の過程において、その一側面があった事実は否定できないが、それぞれの産業や異なる社会における発展過程を確たる証拠のもとで分析した結論でなければ、未来のどの社会においても役立つ見解にはならないだろう。

　中国が社会主義体制から国際経済の軌道に乗ろうとした際に生まれてきたさまざまな新しい現象[2]、とくに資本主義要素が遠慮なく急速に進入を始めた時期の中国を解明するため、多くの経済学者が、多様な理論の枠組みを応用してきた。[3]中国の工業化に最も寄与した研究者は費孝通である。費は、1) 農村の兼業制度と郷鎮企業の導入、2)「小（さい）町の大問題」[4]、「小（さい）町の大政策・大学問・大戦略」という農村・郷鎮の発展戦略の提案、3)「温州モデル」と「蘇南モデル」の提出など、多くの業績を残している。中国の経済発展を内的発展によるものだと見る費は、改革開放以降の中国社会の見通しについてもきわめて重大な示唆を与えており、中国の工業化に大きな貢献をしてきた。ただし残念なことに、輸出主導の工業化における世界資本主義、とくに東アジアの資本主義のインパ

1　鶴見和子『日本を開く』岩波書店、1997年。
2　もし、中国が市場経済を導入していなかったならば、その図式は簡単明瞭であった。ところが、中国が国際分業の一環として世界市場に組み込まれてからは、さまざまの分野で革新産業の導入が始まっている。その一方、繊維のような伝統的産業では過度な競争状態に入っている。
3　それによって、中国研究ブームも興った。たとえば、研究機構や大学と研究プロジェクトに取り組んだり、共同セミナーやシンポジウム等が開かれた。環境などの一部の分野においては、巨額の投資も行われた。
4　「小（さい）町の大問題」の中国語原文は「小城鎮、大問題」、「小町の大政策・大学問・大戦略」は「小城鎮、大政策、大学問、大戦略」である。

クトに関する費の研究は、あまり評価されていない。[5]

　ところが、制度交替や経済の激変する環境、あるいは特殊な政治制度のもとでの調査研究では、現地研究者とのイデオロギーの相違やコミュニケーション不足等[6]、多くの問題があるのは事実であり[7]、さまざまな偏見や矛盾も浮上している[8]。経済を研究する者として、早急な結論を避け、より実態が反映された研究業績をあげることは至難の業であり、容易なものではあるまい[9]。アパレル産業を例にしても、諸要素の絡みあった資本関係を、いかにしてより適切な方法で解明し、今後の展望ないし理論構築を試みるかは、筆者のみならず、同産業を研究しようとする者にとって大きな課題であろう。

　それゆえ、本章ではあえて訪問調査という方法を選び、統計資料ではつかめない実態の解明に挑むことで[10]、アパレル産業の競争力解明、とくに東アジアのなかでのアパレル企業の競争力解明に一役果たすことを意図している。

5　費孝通は、中国の農村研究においてもっとも権威ある研究者であり、理論家でもある。とくに、その緻密な調査研究をもとにした諸理論は、中国の市場経済の発展にも大きな意義を持っている。その点について、筆者は高く評価したい。

6　中国語には「勾通」（意思疎通をはかる）という言葉があるが、それができない場合は「鴻勾」（溝、ギャップ）が生じる場合もある。ここで言うコミュニケーションとは、語学力だけでなく、研究上の徹底的な議論、相互の対等交流などを指す。

7　「走馬看花」式の調査が多く存在していることも問題である。「走馬看花」は「馬で走りながら花見をする」という喩えであり、おおざっぱに物事の表面だけ見ることを意味する。

8　現場の研究者や官僚への批判はもちろん、優秀な研究業績を持つ研究者を認めた上でのものであろうが、一部の研究者の研究スタイルへの辛辣な風刺も聞かれる。「農民と会話もできない、あるいはしないのに」、「だれかの話を聞いて」、どこかの「新聞や雑誌の写しのようだが」、まるでネイティブの「専門家のように偉い結論を数多く出している」といった批判である。その意味で、われわれは、ある見解がオリジナルのものか単なるコピーなのかを識別できる能力を育てなければならない。そのためには、まず現地に根差した研究が急務である。そうでなければ、その研究は薄っぺらな文章の寄せ集めになってしまう。現地の研究者との対等な立場での徹底的な議論や共同研究は難題ではあるが、われわれにとっては大きな課題でもある。

9　筆者は、この数年の現場調査を通じて上述のような問題意識を持つようになり、現場での調査という方法を重んじている。

10　中国の統計データでは、資本金が500万元以上の企業のみが調査の対象になっている。それ以下の個人企業は、統計の対象となっていない。たとえば、1998年において資本金500万元以上の私営企業は1.7万社しかない。アパレル産業は私営や個人経営のような中小規模の企業が圧倒的であるため、単なる統計資料ではその実態は反映し難い。

I. 連動の諸条件

中国のアパレル製品の輸出は、1993 年から 2002 年までの 10 年間、世界第 1 位を持続してきた。その総生産額を見ると、1979 年から 2000 年までの 20 年間で約 40 倍になり、毎年平均 21% という急増ぶりであった。この急増は、きわめて短期間内に生じたもので、世界のどの時期、どの場所と比べても稀な現象である。ここではその要因を、企業の生産管理と輸出市場との相関関係に求めてみたい。解明にあたって、まず「連動」という概念を導入し、中国のアパレル産業、とくに私営企業における生産管理を中心に、同産業の現状を分析する。アパレル企業の所有構成はとくに複雑であり、同じ次元で分析することは難しい。そこで、それぞれの地域や諸形態の企業を選択し、選択企業を対象に訪問調査した結果を分析する。

連動の概念を、「アパレル諸企業が国内小売市場あるいは国際市場の需要に生産を噛み合せる過程」と定義したい。その連動の過程を、連動の諸条件・連動の形態・連動の経路・連動の担い手という 4 つのジャンルで具体的に検討する。同産業における生産管理と輸出市場との関連性を、調査を行った企業、とくに東アジア系企業と私営企業の事例を中心に考察し、

---

11 中国の繊維産業の場合、2003 年の統計可能な数字のみ見ると、約 790 万人の労働者を雇用しており、そのうち約半分 (48.9%) が輸出製品の生産に携わっている。日本のアパレル市場に占める中国製品の比率は年々上昇しており、日本は中国にとって最大のアパレル市場でもあり、中国への投資国でもある。2002 年のデータでは、日本のアパレル輸入全体に占める中国からの輸入は、金額ベースでは79.2%、数量ベースでは 89.2% となっている。

12 2001 年の輸出額は、すでに 413 億ドルに達している。

13 生産量を見ると、1993 年に 103 億点、2000 年には 117 億 9,000 万点に達していた。

14 1980 年から 2002 年の中国の実質 GDP の年平均成長率は約 9% であったのに対し、輸出の伸びは13% もあった。GDP に占める輸出の比率は、1980 年の約 6% が 2002 年には約 23% となっており、貿易依存度は高い。

15 調査期間は 2001 年 2 月と 7 月 17 日〜 8 月 11 日の間であり、各企業への訪問調査で得た資料をもとに検討を行う。

16 多様な企業タイプとは、国有企業・私営企業・独資企業・日系合弁企業・韓国系合弁企業・台湾系合弁企業・香港系合弁企業などを指す。

17 本章で調査・集計した企業のサンプルは全部で 51 社である。そのうち 26 社は現地の大学あるいは研究所などの協力によって訪問調査を行い、残り 25 社はかつての中国紡織大学（現在の中国東華大学）の友人らの協力を得て、現場でのアンケートを行った。51 社の内訳は、株式上場企業 3 社、国有企業 3 社、日系合弁・協力企業 7 社（うち繊維企業 1 社）、韓国系企業 9 社、香港系企業 4 社、台湾系企業 2 社、そのほか、日本の設備を導入したと答えた私営企業 3 社、私営企業 20 社となっている。調査した地域は上海、深圳、広州、泉州、晋江、寧波、青島、大連、延吉の合計 9 ヶ所に上る。各能力の評価においては、対話形式を採り、企業側と一緒に採点を行った。その基準については、日本企業を標準として、優は 4 点、良 3 点、普通 2 点、劣は 1 点という 4 段階方式を採った。

中国のアパレル企業の競争力、および今後の問題点や課題を提示したい。この節では連動の諸条件、すなわち企業形成の契機・資本金・経営者の学歴や創業年数などを取り上げて具体的に検討していく。

創業の契機について見ると（図9-1）、調査対象企業51社のうち、「企業」との取引を契機としたものは13社あり、その「企業」のほとんどが合弁企業であった。「友人」に誘われて一緒に創業したものは二番目に多く11社（25％）で、私営企業のほうが比較的多い。「行政」（政府の優遇政策による）の項目は6社あり、すべてはもともと国有企業か郷鎮企業であった。「その他」は17社でもっとも多いが、具体的な項目を見ると企業の賃加工依頼によるもの、雑誌や新聞・インターネット媒体の情報による順となっている。創業契機の全般において、東アジア系企業と私営企業、特に私営企業の創業契機は「企業」と「友人」、国有企業の場合は「行政」の働きが大きい。

図9-1　企業創業の契機

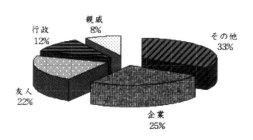

出所）筆者による2001年の訪問調査で収集したデータにもとづき算出（以下、すべての図も同様）。

創業のための資本金は図9-2に示している通り、経営者「個人」による出資が18社でもっとも多く、約3割を占めている。「企業」による出資は12社で約2割、「親戚」「友人」は合わせて16％、「国家銀行」の融資が11％、「省級銀行」の融資が2％、「地方銀行」の融資が13％をそれぞれ占めている。国家の中央銀行や地方銀行等の貸し出しによる創業は、国有企業か個別の郷鎮企業しかない。つまり、政府系銀行の融資対象は、そのほとんどが国有企業である。地方銀行の融資対象は、省レベルの銀行よりは多い。私営企業や個人経営企業は、とくに農村では「友人」や「親戚」、

あるいは「個人」の出資が多く、約半分は経営者の自己資本によるものであった。[18] 外国系の合弁企業の場合は、「企業」による出資がほとんどである。

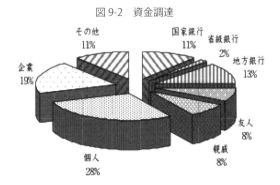

図9-2　資金調達

創業の内容については（図9-3）、賃加工とカジュアル衣料生産がそれぞれ16社（20％）と15社（19％）で最も多く、全体の約4割を占めている。婦人服、制服、外衣類生産は合計30社（計37％）で、同じく4割近くを占める。しかし、それらより多少高度な技術を要請する紳士服と織物の企業は、合わせても全体のわずか1割しか占めていなかった。

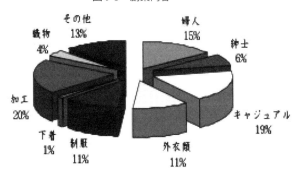

図9-3　創業内容

経営者の学歴を見ると（図9-4）、国有企業や外資系企業は大卒が多い。

18　本章では資産の所有権を基準にして、国営企業・国有企業・外資系企業（三資企業）・上場企業・私営企業・個人経営企業の6つに大きく分けた。後者の3つは、前者の官営企業と対照的なため、民営企業と総称したい。

私営企業の場合はさまざまであるが、学歴はそれほど低くはないし、何より 20 ～ 30 代の経営者が多く、「若さ」が特徴である。また、大学出身者（総合大学・単科大学・専門学校を含む）のなかでも、社会学専攻と専門学校出身者の比率は各 12%、経済学専攻の出身者はその次に多く 10% を占め、財務・会計 4%、その他は、たとえば 3 年制の専門大学出身（大専）とか、通信大学出身、語学出身などが 38% となっている。全体的に見ると、設計師（デザイナー）出身の経営者が 9 社（18%）で、もっとも多い。本調査で明らかになったのは、個人経営企業の評価項目の点数がかなり低く、経営者としてのモチベーションはあるが、生産管理や経営管理全般におけるノウハウ、さらに設計師としての資質という面で弱さが見られたことである。

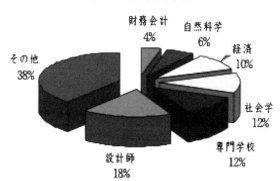

図 9-4　経営者の学歴

　創業した年を見ると（図 9-5）、1990 年代に創業した企業が多いことがわかる。2000 年に創業した企業は最多の 11 社で、ほとんどは個人経営である。しかも、設計師出身者が比較的多い。
　生産における管理制度については、合弁企業でなくても、数年の蓄積を有する企業の生産現場ではかなり工夫されており、良く「整理」「整頓」されていた。従業員にそのことを聞くと、近隣の企業に絶えず見学に行ったり、受注や発注を通じて相互に勉強しているという。つまり、近所の合弁企業からの受注、製品の品質評価に関する情報、発注企業からのクレーム等を通じて、自社の生産能力をより正確に把握するための企業間の協調関係ができていた。さらに、相互の学習効果をインフォーマル形式で獲得できたことも重要であったと見られる。

図 9-5 創業した年

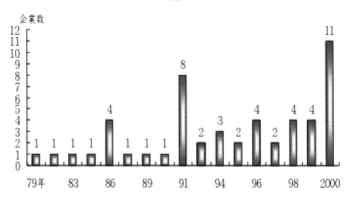

II. 連動の形態

　上述のような連動の諸条件のもとで、企業の市場との連動形態を、受注形態と価格決定権という2つの側面から分析する。調査対象企業51社に対して、受注形態を見るために10項目を設けてみることにした。そこで明らかになったのは、中国のインターネットは黎明期であったにも関わらず、使用率が66%で高く、そのうち使用年数が1年の企業が33%、2年が36%、3年が18%、インターネット使用企業の約8割が、ここ2～3年以内で使用を始めたことである（図9-6）。5年以上の使用歴を持つ企業は、インターネット使用企業の7%で、いずれも日系企業か外国と取引を持つ私営企業集団であった。

　アパレル製品の価格決定権は、1990年代に入ってからはほぼアパレル企業側が握っており、市場の需給関係に大きく左右されている。つまり、市場メカニズムの働きが大きく、政府の統制はあまり機能していない。私営企業の経営者は、この点では大企業より小回りが利き[19]、意思決定もより迅速で、比較優位を有している。一部の株式上場小売企業の経営者は、ITに大量の資本を投資し[20]、素材企業からアパレル企業の生産や店舗まで統合をはかり、小売によるネット・システムをつくっている。それによっ

19　東華大学の楊以雄の紹介で、2001年8月2日に雅歌爾企業集団の総裁李如成にインタビューした時にわかった。
20　寧波の杉杉や雅歌爾は、1990年代末からすでにIT産業に参入し始めている。

て、非効率性や不確実性を最大限排除することに成功し、最適な製品価格が設定可能になり、企業全体の競争力向上が達成されている。このように、小売とアパレルの生産者の間では、従来の取引慣行とは違った新しい取引形態が確実に生まれている。

図9-6 インターネット使用企業（全体の66%）の使用年数

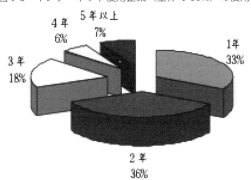

受注形態を見ると（図9-7）、「企業」を通じて受注を受けた企業が28%、商品の「展覧会」で受注を受けた企業が17%で多く、「ネット」、「通信」、「雑誌」、「広告」、「友人」、「親戚」などを通じて受注を受けた企業は約4割（38%）を占めている。一方、「行政機関」からの受注はわずか6%しかないが、これらの企業は元来国有企業であったが、現在は株を上場し、かなり大きな企業集団になっている。

図9-7 受注形態

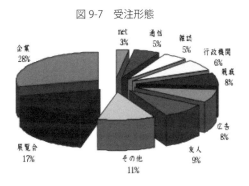

214 第9章 中国アパレル産業の競争力

Ⅲ. 連動の経路

製品の品質管理や納期を考慮した需要と生産との同期化、あるいは納期
の短縮化、製品の販売市場を連動の経路として検討する。

品質管理については、表9-1に示している通り、「製品の合格率の変化」
と「品質管理工程表の有無」が、「品質改良運動の有無」「品質機能の展開」
の項目より良く、0.45となっている。ここでもうひとつ明らかになったの
は、外資企業、とりわけ日系企業の品質管理や生産管理のノウハウが、中
国のアパレル産業の品質管理システムの形成に大きな役割を果たしていた
ことである。つまり、企業が市場に迅速、柔軟に対応できたのは、政府の
政策よりも、むしろ日本をはじめとする韓国・台湾・香港等の外国資本と
の関わりが大きく、アパレル産業の急速な発展においても企業自身の対応
力が重要な要因となっていたのである。

表9-1 品質管理と合格率

品質管理	基準値
平均値	34.8
合格率の変化	1.0
品質管理工程表の有無	**1% 有意 0.45
品質改良運動の有無	*5% 有意 0.29
品質機能の展開	*5% 有意 0.32

注) 本データは訪問調査で得たデータを Excel で計算した
ものである。
　　以下のすべての表も同様である。また、小数点3桁以
下の数字は四捨五入した。
　　計算式は表9-2と同じ方法なので、参照されたい。

受注から納品までの期間は、顕著に減少傾向を示している(図9-8)。「2001
年現在」の「最も短い期間」の解答の平均時間を見ると、取引先からの納
期短縮要望による期間の短縮傾向が強かった。6年から10年前の納期は
平均17.47日であったが、1年から5年前は15.89日、2001年現在では8.7
日となり、急速に短縮されたことがわかる。

図 9-8 受注から納品までの時間の変化

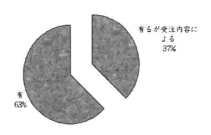

生産時間の短縮　　単位：日

	調査年(2001年)現在	1〜5年前	6〜10年前
最も短い期間の平均値	8.74	15.89	17.47
標準偏差	11.66	27.08	32.06

　短縮された時間について具体的な数字では言えなかったものの、「受注から納期までの期間に変化があった」と答えた企業は64％あり、そのほとんどが外資系企業であった。そのうち、37％の国内企業が「変化はあるが、受注内容や量・季節・発注側との距離、および発注側の企業の体質による」と答えている。受注に対応できる生産能力を見ると、販売能力との相関関数は0.65で、比較的高く、相互に影響していることがわかる。
　アパレル製品の販売市場は、企業によって明確に分かれていた。日系・韓国系・台湾系・香港系企業のほとんどは、製品の100％を輸出しているのに対し、国有企業は30％前後しか輸出しておらず、私営企業の企業集団の場合でも、東アジア系企業と提携関係のある本社（親企業）あるいは子会社のみに輸出している。[21]自社ブランドとして海外の市場に進出した企業はわずか一社である。私営企業、とくに個人経営企業の製品は、国内市場にしか販路がなかった。これは、それらの企業が創業間もなかったこととも関連しているが、今後、どのように成長していくかが期待される。
　要するに、企業の生産管理は、自発的な変化というよりも、相手先の要望を満たすための小さな革新や絶え間ない微調整のなかでノウハウを蓄積していった結果だということがわかる。それを実現できた企業が成長し、

21　もちろん、調査の対象外企業は、さまざまな形で輸出していることは事実である。

競争力も持てるようになり、結局、アパレル製品の品質向上のみではなく、多様な取引にスピードも加えられたアパレル産業の変革も現れた。

Ⅳ．連動の担い手

　連動の担い手は企業であるが、ここではそれぞれの企業が人材育成にどこまで力を入れ、技術者のレベル・従業員の資質を高める努力をしているかを考察したい。

　総合的に見て、企業内教育の充実度の評価は非常に低かった。「組長水準」は満点5のなか2であり、充実度はその他と比べて決して低くなかったが、「社内教育制度」は1.78であり、「社内教育の充実度」と「大学専門学校の教育」は1.35で低い。「技術者の教育」と「人材育成対策」の充実度はやや高いとは言え、実にここには職人やプロフェショナルの育成の問題が潜んでいることがわかる。企業内教育対策、特に「人材育成供給方法」の改善は、深刻な問題として取り扱わなければならない。国内における研修や社員教育制度も低い状況である。教育機構については、大学や地方政府および個人が組織した職業訓練センターなどはあるが、制度としてはまだ完全に成立していない。「日本以外の教育研修」を行った企業数は最も少なく[22]、国外への学会参加・見学・研究を持つ企業数も少ない。創業したばかりの私営企業にとって、これらの制度の充実はいっそう難しく、評価のほとんどは「劣」であった。結局、企業内外の教育制度の不足は、人材育成制度の低下の原因にもなっており、そのため、「人材資源やその確保の状況」「人材育成制度」も低くならざるを得ない。「製品開発能力」と「人材育成制度」との関係を見ると（表9-2）、その相関係数は0.66で、ある程度の関連性を示しているが、それほど密接には関連してはいない。つまり、教育と人材育成制度は、製品開発とまだ一定の距離があることは否定できない。しかし、表9-3が示しているように、「技術技能」と「技術人員の熟練程度」の相関係数は0.86で高く、2つの要素がかなり緊密な関係であることを示唆している。

22　ほとんどの日系企業では、日本での研修生活体験、あるいは日本から派遣された技術者のトレーニングが受けられるシステムを設けていた。

IV 連動の担い手 217

表9-2 製品開発能力と人材育成制度との関係

	製品開発能力		人材育成制度	
サンプル数	51		51	
合計	96		86	
平均	1.882		1.686	
偏差平方和	53.294		44.980	
分散	1.045		0.882	
標準偏差	1.022		0.939	
積和	32.118			
共分散	0.630			
相関係数	0.656			
関数式：5次関数 $y = a1x + a2x^2 + a3x^3 + a4x^4 + a5x^5 + b$				
精度				
決定係数	0.443		係数 a1	0.165
修正済決定係数	0.382		係数 a2	0.186
重相関係数	0.666		係数 a3	-0.036
修正済重相関係数	0.618		係数 a4	-0.005
ダービンワトソン比	1.752		係数 a5	0.002
			定数項 b	0.899

分散分析表 **：1%有意 *：5%有意

要因	偏差平方和	自由度	平均平方	F値	P値	判定
回帰変動	19.943	5	3.989	7.168	0.00005	**
誤差変動	25.038	45	0.556			
全体変動	44.980	50				

表9-3 技術の受容能力

単相関	技術合作製品生産能力	操作技能	技術人員熟練程度	技術合作協力能力	操作技術改良能力
平均値	2.24	2.04	2.02	1.7	1.6
操作技能	** 0.79	1.0			
技術人員熟練程度	** 0.8	** 0.86	1.0		
技術合作協力能力	** 0.81	** 0.8	** 0.76	1.0	
操作技術改良能力	** 0.68	** 0.7	** 0.68	** 0.77	1.0

注) ** は1%有意の意味である

　職員の提案制の実施状況を見ると（図9-9）、制度を採用している企業は25％あり、うち採用から1年経過した企業は54％もあったが、7年以上の企業はわずか8％であった。調査対象の51社の「ISO加入」率は全体の7％であり、内訳は、日系合弁企業4社、香港系企業1社、台湾系1社、元国有企業で現在株式上場している企業が1社である。ISOに加入していない企業でも、26％が「操作標準表」があり、24％が「ミス防止措置」があり、22％が「工程管理確認」があり、2割以上の企業が一定レベルの生産管理制度を設けている。

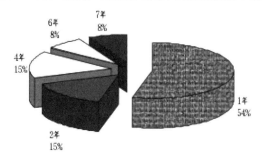

図9-9 職員の提案制の実施状況（採用率は調査企業全体の25%）

　ところが、国内の私営企業、とくに創立したばかりの個人経営企業の人材育成には、未熟な側面はまだ多い。各地方政府や大学機構では、人材育成のための集中講義や教育セミナーなどを絶えず行ってはいるが、教育費用は創立間もない私営企業の経営者にとっては高額である。ただし、個人経営企業の中でも、経営の見通しの明るい企業は、経営者が設計師出身であったり、海外留学経験のある元留学生だったり、あるいは何らかの関係で外国と輸出のパイプを持っているという企業が多かった。

　1980年代以降、とくに1990年代に入り、中国のアパレル製品の生産と輸出が急速に拡大できた理由は言うまでもなく、日本をはじめとする東アジアの周辺国・地域の企業による中国進出である[23]。一方、IT産業の発展によって、発注側企業がネット経由で送ったCADの設計データを受け取り、そのデータをもとに生産を行う私営企業も急速に増加している。販売においては、顧客への直接販売量や直営店の運営数、販売した製品のデザイン・色・サイズ・柄・生地等の情報回収スピードの加速化、製品企画と生産との連結の短縮化、生産と市場との同期化が行われるようになっている。今後問われるべきは受注側、つまり生産者がどれだけ早く、しかも高品質な製品を海外市場に提供できるか、そして国際的競争力を獲得し得るかということであろう。

　連動の諸条件から得た結果は、中国の繊維・アパレル産業の労働集約型産業としての輸出競争力は、依然として絶対的な優位にあるということで

23　中国から輸出した製品であっても、その相当部分は外資企業の製品である。言い換えれば、中国の日系企業の製品が日本に輸入・販売されているのである。加えて、韓国・台湾・香港などの企業も、中国で生産した製品の持ち帰りがいまだに多い。

ある。経営効率の良い私営企業は続々と参入しはじめている。特に大都会よりも、地域や農村から都会に入った若い層による創業や個人経営の企業間自由競争は、この社会のみにある独特の生産過程で異様な形態で形成されつつ、一方では自由競争の基本原理や法則から逃れることができない発展の諸様相が伺われる。これはまさに中国現在のアパレル企業の実態である。[25]この点は費孝通の郷鎮企業の発展をもとにした中国の工業化の成果と無関連だとは言えない。ただし、もう一方では東アジアのアパレル企業の直接投資によるインパクト、そしてその競争環境で生まれてくる個人経営者誕生との相関関係を、看過することはできない。

　連動の形態を見ると、1980年代の半ばから日本・韓国・台湾・香港企業との合弁企業が設立され、アパレルの生産機能と同時に技術移転も行われたことが特徴として挙げられる。経営が軌道に乗った企業は、価格決定権の獲得とともに国際競争力も獲得している。多くの私営企業はこのような競争環境のもとで誕生しており、市場との公正な取引を求めている。つまり、輸出産業として成長してきたアパレル産業と個別企業の競争力は、東アジア系企業の直接投資およびその市場と密接に結ばれているのである。東南アジアの工業化（外部への依存による発展）を考えるにあたり、示唆を与えてくれるのが、同地域における農業の資本主義化である。北原淳の研究によればこの点は東南アジアの工業化の外国資本の牽引と共通しており、[26]鶴見和子の内発的発展論や外的による発展論の否定とは、多少

24　繊維産業が「伝統的」、「労働集約的」のイメージからなかなか脱け出せない原因はふたつあると考えられる。ひとつは、産業自身の特殊性であり、近代化の中で一国の雇用と輸出産業として大いに力量を顕示してきたことである。ところが、このことはまた一般的見解として定着され、固定観念形成の土台となり、今日ITや通信技術の率先的活用、情報産業への飛躍的移行をしているにもかかわらず、このもう一側面については、淡々の雲のように論じられ、結局新技術の花形産業に覆われているのが、いまひとつの理由である。

25　本論では企業内部の生産管理よりも、産業内における生産管理の全体像の把握に着目しているため、個々の企業における生産管理の分析が欠落している。本論は中国におけるアパレル企業の競争力分析を趣旨とし、産業の一断面を個別企業の実態調査により明らかにしようとした。同論点が、中国の経済発展の要因解明において一定の意義があることを期する。

26　東南アジア地域における農業の資本主義化について、北原淳の研究によれば、それは「自主的に変化することはなく、外部の資本主義や市場に巻き込まれた小商品的農業が受身の形で商品化の深化をとげてきた」と述べている。東南アジアでも一部（たとえばジャワ）の村では、1960年代は地場需要に依存し、競争力のない零細な「伝統的」織物業が育ったが、1970年代に入ると、外国資本や華僑資本の導入・活用策によって廃業あるいは織布卸売業者に転じ、新しい織布業者層が形成され、農業以外に重点を置き、繊維で儲けて土地を買う例もあったという。東南アジアでは農業だけではなく、工業もまた外部に依存して発展した（東南アジアは、タイ・インドネシア・マレーシア・フィリピンという４ヵ国に限定している）。時間的には大きな違いはあるが、日本とNIEsを比較分析した場合、共通点としては稲作を主とした家族経営が支配的となり、それが「後発資本主義国にとって、資本主

乖離している。

連動の経路で明らかになったのは、多品種化・多様化・小ロット化・リードタイムの短縮化によって、市場の不確実性は拡大していく一方であるというアパレル産業が置かれている環境であった。[27] 一般的に、中国のアパレル産業を論じる際、その生産能力の高さから、「生産王国」と形容される。本調査では販売能力も含めて調査した結果、販売能力の多寡は、生産能力と正比例していることがわかった。[28] 輸出市場については、この数十年、日本が中国にとっての最大の市場であり、韓国・台湾・香港への輸出も拡大する一方である。こうした流れを可能にしたのは、それぞれの国・地域の直接投資のみならず、世界トップレベルの日本の製造技術、および新素材や新製品の開発力を受け入れ、それに対応したたまものである。もちろん、日本の技術や企業の競争力は決して一日でできたものではない。日本の明治時期のメリヤス工業の発展、マニュファクチュアやメリヤス生産組織の形成など、そして日本資本主義の特殊な蓄積構造の中で、零細企業の続出と「業界第一」を目指した、たとえば三井物産、東洋紡績、鐘紡（カネボウ）、伊藤忠、東棉（トウメン）、丸紅、富田など、中堅企業では丸松などの企業が、今日まで生き残ったからである。

最後に、①企業の人材教育、人材開発能力には依然問題があり。創業間もない企業ほど、問題は深刻である。②教育制度等の充実度、さらに提案性など制度面については、中国独自の努力よりも海外の合弁先からの影響のほうが大きい。③技術の熟練度は技術の受容能力との相関性が高いため、適切な教育制度や、制度面の整備が、連動の担い手たる企業の総合的競争力向上につながる。

義的蓄積に適合的で、それと接合しうる商品的農業の形成がポイントで」あり、「農業の資本主義化」という用語で概括された。北原淳「東南アジアの農業と農村」北原淳・西口清勝・藤田和子・米倉昭夫編著『東南アジアの経済』世界思想社、2000 年 4 月、166、168、194 ～ 199 頁。

27　それらを乗り越えようとして誕生したのが、QR システム（Quick Response System.）や、生産・物流・販売までの一貫体制、つまり、アパレル製造小売業（SPA：Specialty store retailer of Private label Apparel）である。「ユニクロ」はその典型的な事例であり、中国の生産機能を活用し、大量生産を短期間で実現して日本の国内市場を制した。中国の一部のアパレル企業も同様の一貫体制をすでに導入している。

28　私営企業のマーケティングの能力は、現時点では低い。ただし、王暁瑩は、中国の紡織・アパレル企業が、製造のグローバル化から販売のグローバル化へ転換する必要性と可能性を強調している。王暁瑩「紡織・アパレル企業の国際的購入はもはや夢ではない」『中国服装』第 120 期、2003 年 12 月、54 頁。ここではもうひとつの論文を薦めたい。Khalid Nadvi and John Thoburn が書いた実証論文であるが、ベトナムのアパレル・紡織企業の国際取引のなかでの地位と労働者への影響に関して詳細に書いている。Khalid Nadvi and John Thoburn、Vietnam in the global garment and textile value chain: impacts on firms and workers 、JID VNTG NadviThoburn.doc、2003.4.24.

私営企業が企業内教育・国内外教育をどこまで行うか、技術の受容能力はどの程度か、特に人材育成の不備による悪循環体制は無視できない。国内の独自に培った企業はまだまだ脆弱であり、先進国、とりわけ日本・韓国・台湾・香港から与えられた影響は大きい。そして、外資系の合弁企業は輸出市場の担い手、国内の私営企業は国内市場の担い手になりながら、しかもそれぞれは個別的に資本が動いただけではなく、間接的に相互に影響しあい、生産過程の相互影響から市場の相互浸透に至り、アパレル産業の総合的競争力向上に繋がっていった。[29] 私営企業を大企業と、独資・合弁企業を国内企業と比較してみると、一定の格差はあるが、経営者の資質や企業の若さからみると、充分伸びていく余裕が見られた。日系の合弁企業の場合は、経済学専門の出身者が多いのに対して、韓国系合弁企業の場合は社会科学あるいは自然科学専門の出身者が多い。私営企業の場合は専門学校の出身者と設計師の出身者が比較的に多かった。ただし、これらの私営企業は創業時期における資金調達能力や学力は決してそれほど低くはなかった。

　中国のアパレル産業は急成長を遂げたが、その裏側に存在する問題も少なくない。国有企業から転身し、株式上場を果たした企業でも、いまだに経営責任が不明確で、監督体制（ガバナンス）も強化されていない例が見られる。また、次々に誕生する私営経済は、市場においては外資系企業と一見棲み分けている。しかし、企業内部においては生産や管理、特に雇用の面での構造的矛盾が出ており、いずれも「入れ歯」した時の反りが合わぬような情況に遭遇し、相互の摩擦、不理解、不勉強、排他的という問題も発生している。[30] とりわけ、アパレル産業の内部においては、国際競争をまったく経験していない無数の私営企業とそうでない外資系企業・あるいは経営者・従業員の間での組織はその機能が自律性を持つには相当の時間が必要である。

29　中国のアパレル産業は、1990年代からの10年間で、諸外国との取引において大きな成果を収めた。しかし、それは今日までの生産管理の理論、たとえば、テーラーの「科学管理」論や、働く人間の精神を中心とするメイヨーの「人間管理」論、バーナードの組織管理論といった理論や生産管理システム論だけでは解明できない部分が多い。なぜなら、中国のアパレル産業においては、一組織、一企業内部、あるいは国内の一地域（日本で言えば大田区や東大阪区）の産業集積の枠組みのみで論じるのでは限度がある。その解明は今後の研究課題でもあろう。

30　上原一慶は日中関係において、いまの日本には過剰な「中国脅威感」、「警戒感」がある一方、過剰な期待感があるが、お互いに等身大に見つめていく努力が必要であると主張している。上原一慶「中国の発展をどうとらえ、いかにつきあうか」、『対中ビジネスの経営戦略』蒼蒼社、2003年。

222 第9章 中国アパレル産業の競争力

　中国のアパレル産業は、輸出の主軸産業としてこの20年間大きく成長してきた。そのなかで、輸出主導のエンジンを担っていたのが東アジアの三資企業である[31]。ただし、そのなかに私営企業があったとしても、その多くの経営者の学歴や経歴は外国とは何らかの関わり合いを持ち、先進国のアパレル市場との取引が可能、しかも持続的となり、国際分業の一環を担っていたことが明らかになっている。たとえ、経営者が上述のような経歴がなかった場合は、複数企業との取引を通じて、間接的に学習効果を得、国際競争力を持ち、活用していたことが解る[32]。

　上述の事例分析を通じて得た結論は、どの社会においても、内発的発展と外発的発展は同時に存在しているということである。しかし、一方で、その国が自国の殻を破る力をどれくらい持っているか、またどのように生成されてきたかなども詳細に分析しなければならない。そうしたことを考慮したうえでの見解のみ、受け入れる価値があると考える。

31　政府の役割よりも、外資系企業と私営企業、そしてそれぞれの企業間取引による役割のほうが大きかった。

32　間接的学習効果については、以下の拙稿で検討したので、参照されたい。康（上）賢淑「中国のアパレル産業における技術移転−ふたつの決定的要因−」名古屋大学経済学会『経済科学』第49号第1号、2001年。康（上）賢淑「中国アパレル産業における企業集団化」名古屋大学経済学会『経済科学』第49号第2号、2001年9月（本書第7章として所収）。

アンケートの原本

調査日：2001 年　月　日

資料１）

公司性質（企業の性格／個人経営・私営・国営・集団・独資・合弁など）

公司成立年数（　年）

1：劣　2：普通　3：良　4：優

資料２）

1：劣　2：普通　3：良　4：優

資料3） 総合問題

経営者専業	経済 1	法律 2	社会学 3	設計師 4	専門学校 5	財会 6	自然学科 7	其他 8	
成立契機	行政 1	報紙 2	企業 3	友人 4	親戚 5	其他 6			
製品流通領域	卸 1	製造卸 2	専門店 3	百貨店 4	超市 5	露天 6	其他 7		
子会社	1個 1	2個 2	3個 3	4個 4	5個 5	6個 6	7個 7	8個 8	10以上 9
承包企業	1個 1	2個 2	3個 3	4個 4	5個 5	6個 6	7個 7	8個 8	10以上 9
企業間交易時間 （幾家） 比率	1年 （ ） ％	2年 （ ） ％	3年 （ ） ％	4年 （ ） ％	5年 （ ） ％	8年 （ ） ％	10年 （ ） ％	10年以上 （ ） ％	
創業内容	婦人 1	紳士 2	軽装 3	外衣 4	制服 5	下着 6	縫製 7	織物 8	其他 9
資金調達	国家銀行 1	省級銀行 2	地方銀行 3	友人 4	親戚 5	個人 6	企業 7	其他 8	
株式上場	1年前 1	2年前 2	3年前 3	4年前 4	5年前 5	6年前 6	7年前 7	8年前 8	9年前 9
接受訂貨媒体	net 1	通信 2	企業 3	展覧会 4	広告 5	雑誌 6	行政機関 7	友人 8	親戚 9
（合資）外国企業	日本 1	韓国 2	台湾 3	香港 4	アメリカ 5	イギリス 6	イタリア 7	ドイツ 8	其他 9
生産設備 比率	日本 1 ％	韓国 2 ％	台湾 3 ％	香港 4 ％	アメリカ 5 ％	イギリス 6 ％	イタリア 7 ％	ドイツ 8 ％	其他 9 ％
上網時間	1年 1	2年 2	3年 3	4年 4	5年 5	6年 6	7年 7	8年 8	9年 9

資料4） 各社の沿革を含むパンフレットと基本データなどである。

第10章
日本のミシン企業の中国における
事業展開

　第二次世界大戦以前の日本のミシン産業は、体質的に欧米に依存していた。それにもかかわらず、1930年代半ばから欧米への輸出に踏み切り、わずか十年の間にその局面を一気に逆転させ、ミシンの国産化とともに、国内外の市場の需要を同時に満たし、世界最大の供給国となる。家庭用ミシンの生産量は、1962年に308万台に達し、世界の総生産量の半分近くを占めていた。その輸出量は国内生産の6割を占め、生産量・輸出量ともに世界一になる。日本のミシン産業において支柱の役割を果たしたのが、最も長い歴史を持つミシン企業ブラザー、2003年世界の家庭用ミシン販売額の4割を占める蛇の目ミシン、2003年工業用ミシン販売額の4割を占めるJUKI、そしてミシン生産を出自とするトヨタ系自動車部品の主力企業アイシン精機の4社であった。この4社の誕生は、世界のミシ

1　ミシンは産業革命を背景に、1760年代イギリス人のトーマス・セント（Saint,Thomas）によってこの世に誕生した。その後、1851年にアメリカのシンガー（Singer, Isaac Merrit）が家庭用ミシンを開発、以来シンガー社は、世界の最大の生産量と販売量を占めたのである。トーマス・セントは実用に耐える程度のミシンを作り、イギリスの特許を取得した（ミシンの基礎的条件を備えた機械）という意味で、ミシンの鼻祖と見る。

　　ただし、ミシンの発明に関しては、ドイツのチャールズ・ワイゼンザール（Weisenthal, Charles）が1755年に、両端が針で中間に針孔のある針を使ったミシンを作ったことから、それを最初のミシンだとも言う人もいる。さらに、1589年、イギリス人ウイリアム・リー（Lee ,William）が毛糸を編む妻を見て、機械編みを考案し、1本針を使う単環縫いをはじめたことから、「最も古いミシンの研究」だとも言われている。

2　工業用ミシンにおいて、JUKIは世界最高速ミシンを開発、そこから欧米市場への販売が始まったのである。日本経済新聞社編『完全自由化と日本産業』1963年、141〜143頁。

3　家庭用ミシンにおいても工業用ミシンおいても、その種類は非常に多い。たとえば一般家庭で使われている直線縫いミシンでも数百種類あり、工業用ミシンの場合は4,000から6,000種あると言う。

4　同年、日本の組立てミシン企業は約110社あった。日本では1950年から部品の規格統一を実現するため、多くの専門部品メーカーを育てたという。向坂正男『日本産業図説』東洋経済新報社、1963年、206頁。

5　1962年、世界のミシン総生産量は650万台であった。日本のミシンの輸出量は170万台で、世界の輸出市場において最大のシェアを占めた。ミシン産業は、当時の日本経済の高度成長を支えた主力産業のひとつでもあったのである。

6　この数字は、筆者による同社へのインタビューの際、同社から提供されたものである。2004年3月17日。

7　戦前からのミシンの大企業はこの4社以外に、旧財閥系の「三菱電機」、三井系の「パインミシン」、日

ン企業の序列を塗り変え、かつて世界を制覇したアメリカのシンガー社を、まずは日本の市場から、次にアジアから、最後には世界の舞台から撤退させたのである[8]。

　それからおよそ40年間が経過し、中国はミシンの最大の生産国かつ消費国になる。2003年には部品企業を含めて約500の企業があり、年間およそ1,000万台生産可能な規模を誇る。1980年代からの生産量と輸出量は、図10-1に示す通り、ともに大幅に増加している。生産量は1952年の6万台から1970年の235万台で約40倍に増え、その後1990年代末には減少傾向が見られたが、2000年代初頭には再び上昇傾向に転じている。輸出量は1990年代から増加を続け、2002年には工業用ミシンと家庭用ミシンを合わせた国内生産量の691万台のうち、約9割の600万台を輸出しており、国内需要から国際需要への切り替えがなされている。

　戦後まもなく、中国国内にはミシンのブランドがいくつか誕生した[9]。ただし、数十年というもの、ドメスティックなブランドにとどまっており、国際競争力は持てなかった。改革開放以降、とくに1990年代に生まれた新しい企業は、外国資本の技術を導入することによって急激に成長していく。現在トップのブランド企業「上工股份有限公司」は、もともとのブランド名「蝴蝶牌」を「上工牌」に改名し、1980年代からJUKIの技術を導入、1994年には上場企業へと変貌した。その次に有名なブランド、飛躍集団の「飛躍」は、1986年に生産が始まった。さらに、中捷公司、宝石新集団、およびブラザーと関連を持つ西安標準工業を合わせたこれらの企業は、現在、中国のミシン産業を牽引する主力企業となっている。

　本章では、日本と中国のミシン産業において、ブラザーとJUKIが両国のミシン産業にいかなるインパクトを与え、またどういう役割を演じてきたかについて考察し、そのうえで両社の中国における事業展開の特徴を明らかにした。ハイテク産業や自動車産業などの花形産業に研究が集中している今日、これまで十分に検討されてこなかった戦後の日本のミシン企業

産系の「日立ミシン」、トヨタ系の「トヨタミシン」があった。しかし、戦後これらの企業はその他の事業にほぼ転業し、従来のミシン企業のイメージはなくなった。有沢広巳監修『日本産業の百年史』（下）日本経済新聞社、1967年、69頁。

8　日本のミシン企業が世界で最も競争力を持てるようになったそのプロセスを見ると、安易にシンガー社の真似をして実現されたものではないことがわかる。後述のブラザーやJUKIの事例を通じて見てもわかるように、そこには自社のオリジナルの技術を開発するための、「辛酸をなめる日々」があった。

9　「蝴蝶」はかつて、中国国産ミシンの有名ブランドであった。

の中国進出について検討することは、それなりの歴史的意義を持つと考える。[10]

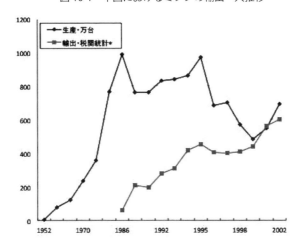

図 10-1　中国におけるミシンの輸出・入推移

注）＊中国の税関統計と中国統計局との統計にはズレがあったが、本章では税関統計を参考にしている。また、2001 年に輸出量が生産量を越えているが、ここでは統計上の数字をそのまま反映している。

出所 1 ）中国統計局の内部統計による資料。2003 年 12 月 24 日、筆者による同局へのインタビューによる。
　　 2 ）中国国家計画委員会・国家経済貿易委員会編『中国工業経済統計年鑑』中国統計出版社、各年版。
　　 3 ）中国統計信息諮詢服務中心『中国対外経済統計大全』1992 年。
　　 4 ）中国対外経済貿易年鑑編集委員会『中国対外経済貿易年鑑』各年版。

10　かつて、アメリカのミシン産業の研究について、ディヴィッド・A・ハウンシェルはこのように指摘している。「とくに兵器廠方式と発生期のミシン生産を考察してみたい。…もっと重要な理由は、ミシン産業は兵器廠生産技術を採用した最初の産業でもあったことであり、第二の理由は、最近、ミシンに研究者の注意が向けられているが、その多くがむかしからの誤解をさらに永続化する性質のものだからである」。また、シンガー会社については、「システム思考」の欠如した典型的な例だと指摘し、「10 年以上の間、シンガーは汎用工作機械と、大量の手労働でミシンをヨーロッパ的方法により生産していた。多くのミシン会社とちがい、この会社は生き残った。シンガーの重役は、販売に力を入れた。最も重要なことは、かれらは、手作業により最も満足なミシンが作れるものと信じていたことである。1863 年から 73 年にかけて、会社はだんだん専用機に依存して、アメリカ的製造方式を断片的に採用した」ことを明らかにしている。そこで、筆者は日本のミシン産業の研究においても、実態把握の欠如、あるいは誤解、さらにその特徴の抽出においても同様の傾向があったかどうか、という素朴な疑問に本研究の着眼点をおいた。
　ディヴィッド・A・ハウンシェル「その方式──理論と実際」オットー・マイヤー、ロバート・C・ポスト編『大量生産の社会史』小林達也訳。140 頁。148 〜 149 頁。

I. ブラザー

　本節では、まずブラザーの創業から現在（2003 年）までの事業内容の変化、および生産量・輸出量の推移、輸出市場の変化などを述べながら、同社の中国での事業展開の特徴を抽出する。

　ブラザーは 1908 年に創業し、安井正義の兄弟が協力しあいながら 1928 年には工業用ミシン・編機の製造を始めていた。[11] 1932 年に家庭用ミシンの国産化に成功し、1967 年のミシンの生産量は 1 万台を越える。それに伴い輸出も急増し、生産の 5 割以上を占めた。[12] その以降の輸出比率を工業用ミシンと家庭用ミシンに分けてみると（表 10-1）、工業用ミシンの輸出比率は 1968 年の 60％から 2000 年の 99％へ、つまり生産した製品のほとんどを輸出していた。それとは対照的に、家庭用ミシンの販路は国外市場から徐々に国内市場にシフトし、内需によって成長する傾向を示している。しかも、その生産量は年々増加しており、2000 年には最高記録である 127 万台以上の売り上げを達成した。製品の販売価格は、電子・PC システムの導入によって、とくに工業用ミシンの場合は高額になっている。たとえば、1970 年の工業用ミシン一台当たりの平均価格は約 3 万 3,000 円であったが、2000 年にはその 4 倍の約 12 万円で販売されている。

表 10-1　ブラザー製ミシンの生産と輸出の推移

単位：台

	工業用ミシン	輸出比率 %	家庭用ミシン	輸出比率 %
1968	91,237	60	697,177	54
1970	125,252	35	781,855	56
1972	147,580	49	792,712	56
1974	125,770	68	690,360	67
1976	194,518	68	660,399	62
1978	138,849	80	831,062	52
1980	176,860	84	784,112	49
1981	177,598	85	791,608	42
1982	182,774	86	871,014	38

11　同社の工業用ミシン事業の開始について一部の資料では 1936 年となっているが、同社に確認した結果、正しくは 1928 年である。2003 年 3 月同社の内部資料の提供より。

12　創業当時、工作機械の購入資金をつくるため、麦わら帽子をつくる時に必要な水圧機をつくり、それを売った資金で、初めて兄弟で「昭三式ミシン」という国産の環縫いミシンを開発、後に工業用ミシンとして多様なバリエーションに展開したという。ミシンの心臓部とも言われるシャトルフックの研究開発成功によって量産化されたミシンは、米国のシンガー社製やドイツ製のミシンに遜色ないものであった。安井義博『ブラザーの再生と進化』生産性出版、2003 年。158 ～ 159 頁。

1983	166,437	87	826,330	36
1984	207,901	87	967,636	32
1985	208,251	87	715,353	45
1986	202,216	88	621,941	51
1987	271,812	91	821,163	39
1988	260,626	92	850,880	36
1989	308,360	92	888,752	34
1990	371,265	94	724,145	37
1991	317,373	94	915,980	30
1992	292,658	95	875,446	30
1993	330,688	98	782,282	31
1994	189,706	96	902,359	26
1995	172,266	97	889,184	21
1996	209,655	97	835,935	24
1997	243,996	97	937,648	16
1998	181,596	98	955,603	15
1999	190,107	98	951,523	17
2000	225,357	99	1272,993	15

出所）2003 年 3 月 18 日、筆者による同社へのインタビューの際に
提供された同社の内部資料による。

　そこに、三つの要因が働いたことは無視できない。それは 1) 製品開発におけるコストの増加、2) 東アジアのアパレル産業の需要増加、3) 製品自身の機能増加である。[13] 同社の製品は、日本国内のシェアも 1970 年代の約 2 割から伸び始め、1980 年には 31%、1990 年には 46% まで上昇している。輸出におけるシェアもそれと歩調を合わせるように伸び、1992 年には 42% となっている。

　ブラザーは 1954 年の編機・家庭用電気器具分野への進出を機に、1961 年には工作機器と事務用機器分野にも進出、それが後の通信機器分野への参入基盤となる。1970 年に技術開発センターを設立し、1977 年には、ミシン、家庭用編み機、欧文タイプの三つの領域で日本のトップ企業となる。1985 年には英国製造子会社によるタイプライター・プリンター・電子レンジの製造、1986 年にはアメリカ製造子会社によるタイプライターの製造も始まり、さらに翌年には本格的に通信機器分野に進出する。つまり、同社の新規事業参入は、そのほぼすべてが欧米で行われ、次から次へと新しい分野に参入したのが特徴である。

　一方、本業のミシン事業では、表 10-2 に示す通り、1978 年に台湾への

13　もちろん、ここでは物価や賃金の増加を考慮しなければならない。

事業展開を始め、台湾に資本金1億2,400万円の100％子会社を設立し、家庭用ミシン製造を国内生産から台湾・中国での製造に切り替えていく。しかし、2002年に同社子会社の中国進出によって、台湾での生産量は1997年の40万台から35万台に減少する。その後、地理的に台湾に近い珠海、しかも香港経由で中国への本格的な直接投資を行う。珠海での事業展開が順調であったこともあり、その2年後には西安に進出した。西安に投資した理由は、中国政府が冷戦期に航空産業やミシンのような精密産業を内陸地である西安に移転させたため、国営のミシン企業がたくさん集[14]中していたからであろう。合弁相手である西安標準工業もその中のひとつで、もともとは上海市にあった企業である。

　1993年、ブラザーは登録資本2,000万米ドル、60％の出資比率で、西安高新技術園区に西安兄弟標準工業有限公司を設立し、1995年6月から本格生産に入る。1997年の生産量は9万台であったが、2002年にはほぼ倍の17万台に増加する。同年、深圳でインクジェット関連製品事業に1,500万ドルを投資し、香港の事業を徐々に中国本土へ移転し始めた[15]。このように、ブラザーの中国における生産量の増加・好調な売上・雇用市場の拡大は、同社の経営戦略とも関連するが、役員や従業員による現場指導、また、それによるブラザー本社の「堅実経営」の手腕が中国子会社でも活用できたことが大きく起因していたことは間違いない[16]。

14　中国の文化大革命期に、中国政府はソ連とは路線対立、アメリカとはイデオロギーの対抗によって国際社会から孤立した状況に陥る。その時期に採られた戦争に備えるための戦略政策が、沿海部にあった工場を内陸部に疎開させる、いわゆる「第三線」政策である。運搬機械は安徽省の省都合肥、戦車などの軍事産業は毛沢東の故郷・湖南省の長沙郊外に移転され、内陸部に工業基盤が形成されたのである。

15　ミシン企業はじめ、その他多くの日系企業を訪問した際に知ったことであるが、中国での事業展開は、政府の制度における政策変化、社会的価値観の相異による矛盾が多く、絶えず四苦八苦の模索が伴う。そのため、仕事の効率が下がってしまうことがしばしばあるようである。

16　ブラザーの安井社長は、2002年12月に日経金融新聞が発表した国内機関投資家を対象とするアンケート調査で、「この一年間で企業価値を高める経営者」として、首位の日産自動車カルロス・ゴーン社長に次ぎ、トヨタ自動車の張富士夫社長、キヤノンの御手洗冨士夫社長、信越化学工業の金川千尋社長と並んでランキングされた。安井義博『ブラザーの再生と進化』生産性出版社、2003年、3頁。

表 10-2　ブラザーの台湾・中国進出

現地企業名称	進出年	主要な事業内容	年	資本金 百万	従業員	生産量 万台	役員兼任 役員	役員兼任 従業員	売上 百万	持株比率
台弟工業股份有限公司	1978	家庭用ミシン製造	創業	242NT$						100
			1997	242NT$		40			2,474NT$	100
			2002	242NT$	508	35	1	3	3,460NT$	100
珠海兄弟工業有限公司 台弟香港経由出資	1991	家庭用ミシン製造	1997	7$	500	39			2.25RMB	100
			2002	7$	552	92	1	2	5.20RMB	100
西安兄弟標準工業 有限公司	1993	工業用ミシン 製造・販売	1997	20$		9			2.48RMB	60
			2002	20$	497	17	1	2	4.03RMB	60
兄弟亜州有限公司 香港	1994		1997	11$		122			1,444HK$	100
			2002	11$	3186	513	1	5	4,157HK$	100
兄弟ミシン有限公司 西安	2001	工業用ミシンの開発 製造、販売・修理サービス	創業	2.5$		2				100
			2002	4$	105	0.9	0	3	62RMB	100
兄弟ミシン設備有限公司上 海	2001	工業用ミシン部品の開発 製造販売・技術指導等	創業	4$	100				2,000$	100
			2002	4$	40			3	13RMB	100
兄弟工業有限公司 深圳兄弟亜州有限公司出資	2003	インクジェット関連製品	2003	15$	700	6／月				100

注）　$ は米ドル、NT$ は台湾ドル、HK$ は香港ドル、RMB は人民元の記号である。
出所）表 10-1 と同じである。

　このように、ブラザーの中国における事業展開には、いくつかの特徴が
見られる。1）既存の台湾子会社のノウハウを生かし、2）香港を経由し、
周辺地域からミシン生産の「心臓部」の西安にという慎重な手順を追い、3）
西安の人脈から上海でミシン部品の開発・販売・技術指導へと、徐々にそ
の機能を内陸の西安から沿海地域へ再び拡大し、現地の部品調達率を8割
から9割までに伸ばしていった。また、ブラザー製品を国外の仕向地別販
売で見ると、海外工場向けの生産用部品が含まれているため、アジア向け
の売上が1969年の4.3%から1983年の14.4%、2002年の22.5%へと大き
く拡大している（表10-3）。

表 10-3　ブラザー製品の市場構成

単位：%

年	1950	1964	1969	1983	1988	1994	2002
国内	-	-	71.2	45.9	45.6	27.8	12.9
アジア他	-	-	4.3	14.4	24.4	16.2	22.5
米州	-	-	16.0	24.4	15.3	38.5	40.7
欧州	-	-	7.7	15.3	14.4	17.4	24.0

出所）表 10-1 と同じ。

II．JUKI

　家族によって創業されたブラザーとは異なり、JUKI は他人同士によっ
て創業された集合体企業である。1938 年に東京都の機械業者約 900 名が
出資して「東京重機製造工業組合」を結成する[17]。1943 年には株式会社と
なり、「東京重機工業株式会社」と改称、ただし、ミシン事業のスタート[18]
は終戦後の 1945 年からであった。敗戦後、被占領国となった特殊な歴史
環境のなかで、JUKI は事業の大転換を迫られていた。戦前の兵器生産か
ら、現存の設備・機械・人材・資材を生かし、今後の主業をミシンにする
か、それとも自転車・印刷機製造業にするかという選択のなかから、ミシ
ンを選んだのである。その理由は、主に下記の 4 つの条件にあった[19]。

1）　ミシンは技術的に小銃との共通点が多い
2）　現有の工作機械や設備を最も有効に利用できる
3）　ミシンの将来性は大きい
4）　同社技術陣に、かつてミシンの製造技術を修得した技術者がいる

　当時のこの 4 つの条件にもとづいて行われた事業転換は、その後の
JUKI の運命を相当程度左右した。1947 年には家庭用ミシン第一号機を完
成させ、1953 年からは工業用ミシンの製造・発売を行う[20]。また、1961[21]
年には、ミシン製造の精密加工技術を基盤に、電子計算機周辺機器の開発
製造にも着手する。この分野は現在、産業装置事業に集約され、エレク
トロニクスの製造現場で導入されるマウンタなど、SMT（Surface Mount
Technology ／表面実装技術）を実現する最先端の産業用ロボットを開発

17　筆者の 2004 年 3 月 17 日同社へのインタビューによる。
18　1988 年創業 50 周年を契機に、JUKI は「東京重機工業株式会社」という伝統のある社名を現在の「JUKI
　　株式会社」に改名した。その理由はすでに工業用ミシンでは世界一のシェアを誇り、世界ブランドと
　　一致させるグローバルな視点を加え、ハイテク企業へと変貌遂げている現状をふまえたうえでのこと
　　であった。
　　JUKI 株式会社『はばたけ JUKI』1988 年。281 頁。
19　軍需産業から民需への転換は GHQ の許可が必要であった。この転換を巡って、JUKI は同時 GHQ の
　　米軍医大隊の W・M・トニック大隊長に相談したら、「欧米では銃器製造からミシン製造に転換した
　　例も多い。貴社もがんばりなさい」と激励され、申請書などの手続きにおいても手伝ってもらったと
　　いう。JUKI 株式会社『JUKI グローバル 50 年』1989 年。94、95 頁。
20　家庭用ミシンの第一号を生産する過程は、最初の一挺の銃を生産した時の苦い無言とは表情が多少異
　　なり、国内需要による大量生産に追われる日々であった。JUKI 株式会社『はばたけ JUKI』1988 年。
　　24、57 頁。
21　1961 年 10 月に東京証券取引所市場二部に上場、62 年 9 月には大阪証券取引所市場二部に上場、64
　　年 8 月に東京証券取引所ならびに大阪証券取引所市場一部に上場する。

している。1988年には、社名をJUKIに変更する[22]。同社はミシン事業の研究開発や他事業への転換・参入を積極的に行ってきたが、これは販路の限界によるものが大きかったと推定できる[23]。

　JUKIのミシンの売上推移を見ると（図10-2）、1977年から急増しているが、この年はJUKIの工業用ミシン生産が世界最大となった年でもあった。しかし、円高により、工業用ミシンの輸出は一転して伸び悩む。そこで、新たな市場を開拓するため、海外への進出が進められた。一方、1980年には電子ミシンの生産が大幅に増加し、家庭用ミシンのなかで70%以上のシェアを占めるようになる。

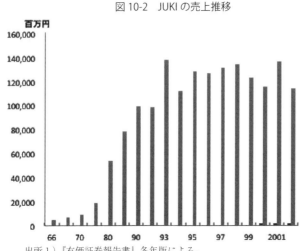

図10-2　JUKIの売上推移

出所1）『有価証券報告書』各年版による。
　　2）ダイヤモンド『会社要覧』各年版による。

　表10-4は、JUKIのミシンを国内と海外に分けて見た場合の売上比率の推移である。1968年には生産されたミシンの80%が国内で販売されたが、1990年代に入ると完全に逆転し、海外市場が半分以上を占めていることがわかる。

22　同社の提供資料によれば、この年、工業用ミシンの生産累計台数は500万台を突破した。
23　すべてがそうだとは言い切れないが、同社のミシンにおける新機種の発明は、その好事例である。当時、ミシン企業の大量創業とミシンの大量生産による市場飽和は、同社にとっても大きな問題であった。そこで「発想の転換」が必要となり、世界で最も速いミシンを生み出すための、画期的な単軸回転天秤機構が発明されたのである。JUKI株式会社『はばたけJUKI』1988年、58〜60頁。

234　第 10 章　日本のミシン企業の中国における事業展開

表 10-4　ミシンの輸出売上比率の推移

単位：%

年	国内売上比率	輸出売上比率
1968	80	20
1969	74	26
1980	71	29
1996	35	65
1997	35	65
2002	48	52

出所 1 ）『有価証券報告書』各年版による。
　　 2 ）ダイヤモンド『会社要覧』各年版による。

　また、JUKI 全製品の市場構成も変化している（表 10-5）。国内市場が縮小する一方、アジア市場は、1997 年の 17% から 2003 年の 41.2% にまでシェアを伸ばしている。ところが、アメリカは減少していたのに対して、欧州市場は増加していた点に注目すべきである。

表 10-5　JUKI 製品の市場構成（%）

年	1950	1965	1997	2000	2002	2003
国内	-	-	62	60	79	38
アジア他	-	-	17	22	36	41.2
米州	-	-	5	11	8.8	6.9
欧州	-	-	4	7	11.8	11.9

出所）『有価証券報告書』各年版による。

　中国への進出は、1970 年 7 月、香港に工業用ミシンを主とした現地法人の販売会社・JUKI 香港（HONG KONG LTD）の設立から始まる[24]。その後、1990 年には上海市に家庭用小型ロックミシン製造の合弁会社を設立する[25]。さらに 1995 年には、中国河北省に新興工業有限公司という名前で工業用ミシン製造の合併会社を設立するが、合弁の相手企業は、中国人

24　JUKI の東アジア地域への進出は 1990 年代に入ってからで、同社の欧米進出とはかなりのタイムラグがある。欧米では、1972 年ドイツ・ハンブルグに現地法人の販売会社 JUKIEUROPEGMBH を設立、その 2 年後にはアメリカにも現地法人の販売会社 JUKI AMERICA INC. を設立する。1988 年にはアメリカのユニオンスペシャル社のグループ化を実現。1996 年にはオーストリアに現地法人の販売会社 JUKIMIDDLE EUROPEGMBH を設立、2001 年には JUKI EUROPEAN HOLDINGS B.V.、翌年には JUKI AMERICAS HOLDING INC. などを設立する。

25　1994 年には、ベトナムに関連会社とともに出資して部品製造会社を設立、機械部品生産をスタートさせる。その翌年にはシンガポールに現地法人の販売会社 JUKI SINGAPORE PTE.LTD. を設立する。

民解放軍後勤部の一部署であった。この合弁については、中国政府の働きかけが大きかったのではないかと推測される。同社の2003年時点の従業員数は400人、日本人は4人が常駐、10人がスポット常駐となっている。月間生産台数は2万5,000台、輸出比率は15％で、中国国内市場がメインである。JUKIは同年、重機寧波服装設備工業有限公司等の現地法人を設立、中国をベースに製造強化に努めている。

　2000年10月には、中国国内市場および東南アジア市場の需要増に対応するため、上海市に新たに製造独資会社（JUKI100％出資）を設立する。登録資本金は1,000万ドル、経営期間は50年で、工業用ミシン（特殊ミシンなど）の生産規模は年間約14万台、販売先は3割が国内、7割が輸出となっている。2003年時点の従業員は200人であるが、翌年には約300人にまで増加する予定であるという。さらに、2001年には重機中国投資有限公司、重機寧波精密機械有限公司、2002年には重機上海産品服務有限公司を設立している。

　　JUKIと中国との関係には、上述した以外にも長い歴史がある。1956年9月、当時の社長・山岡憲一が周恩来首相から国慶節に招待されて以来、文化大革命という特殊な時期を除くと、中国との交流・貿易は年々拡大していた[26]。以下はその一例である。

　1) 1983年、日本の通産省が中国国家経済委員会と協議したなかで、日本側が実施している中国の工場近代化への協力のうち、日中経済協会ベースで実施した工場診断について、JUKIは南京・天津・上海へ技術者を派遣し協力してきた。さらに、中国最大の工業用ミシン製造工場「上海工業縫紉机廠」から、工業用ミシンの生産技術指導と製造設備の見積もりを要請される。

　2) 1985年、上記の見積もりに応じて北京市・中国技術進口総公司と商談を行い、北京市にて「DDL-555型工業用ミシン技術と設備の契約」の調印を行った。契約総額は18億円、契約期間は5年（契約番号CJD-85008LT）で、年間生産能力9万6,000台、アームベッド加工設備40台、組立設備・測定機器350点、テスト用ワーク1260台分という内容であった。

　3) 1981年2月より、設備据付および技術指導を経て、同年10月21日にアームベッド加工より組立に至る全設備機器の検収が完了、引渡し調印

26　2004年3月17日、筆者による同社へのインタビューと同社提供の資料による。JUKI株式会社、『はばたけJUKI』1988年、262〜263頁。

式が上海工業縫紉机廠において、中国側約 300 名・日本側 23 名により盛大に行われた。

4）JUKI の技術による工業用ミシンブランド「上工牌」は、その後の中国での発展において、重要な基礎となったのである。

上述のほかにも、JUKI は 1975 年以降、中国の主要都市に相次いでサービスセンターの拠点をつくり、広大な市場にきめ細かいサービス体制を築き上げてきた。こうしたことも JUKI の歴史における重要な一部となっている。[27]

本章冒頭でも言及したが、「上工牌」ブランドは中国のトップブランドとなり、2002 年の累積生産量では、工業用ミシンは 600 万台を超え、中国国内生産の 3 分の 1 を占めている。家庭用ミシンは 1 億台近く生産され、同国内生産の 7 割を占めている。「上工股份有限公司」は中国のミシン産業において独占状態にあるだけでなく、リーディング・カンパニーとしても位置づけられている。

III．特徴

ブラザーと JUKI を比較してみると、それぞれの特徴はかなり明らかである。両社の共通点は、まず、工業用ミシンと家庭用ミシンにおいて、創業後短期間で自社製品の開発に成功し、それによって日本のみならず、世界においても確たる地位を占めたことである。次に、表 10-6 に示したように、産業機器・工作機器、電子・電気産業に参入し、ミシン事業が縮小傾向にあることである。

27　JUKI の歴史は、1）開発と技術の歴史であり、2）内外市場開拓の歴史であり、3）品質の歴史であり、4）サービスの歴史であると、彼らは語る。マシン修理という素朴なサービス概念を重視する同社は、今日、世界の 145 カ国に時差のないサービスを行っている。

表 10-6　ブラザーと JUKI の事業構成

単位：%

年	JUKI				ブラザー				
	工業用ミシン	家庭用ミシン	電算機周辺機器（産業機器）	家庭電器製品	工業／家庭用ミシン		事務機器	工作機器	家庭電器製品
1966	22	31		30		40	12		24
1968	21	28	-	32		40	10	-	22
1969	24.7	21.8	6.3	34.3	8	47	12	-	25
1970	27	21	6	36		36	14	9	22
1975	31	16	13	24		34	21	13	18
1980	45	19	13	14		38	19	18	18
1983	43	13	11	18	10	23	39	13	15
1985	51	10	13	16		28	45	13	10
1988	68	14	9	6	10	18	46	7	6
1990	73	15	6	3	14	19	45	7	6
1994	67	18	7	3	14	15	58	4	2
1995	54	21	12	5	15	16	60	6	3
1997	51	17	19	13	17	12	62	6	3
1999	52	18	19	12	13	11	66	6	4
2001	54	13	9	-	16	17	50		-
2002	57	12	9	-	11	17	53	3	-

注）ブラザーのデータでは、
　1）編機は家庭用ミシンに、電子文具は情報通信機器に、工作機械はその他に含まれる。
　2）過去には連結決算をしていない時期があったため、連続性を保つためにすべて単独ベースで記載している。
出所1）『有価証券報告書』各年版による。
　2）ダイヤモンド『会社要覧』各年版による。
　3）ブラザーのデータは同社提供の資料による。2003年3月18日。

　しかし、ブラザーの場合、本業をベースにしながらも、次から次へと他産業へ参入することで、兼業の営業実績（他業）が本業をはるかに上回り、とくに通信産業ではアメリカでトップシェア、世界においても上位を堅持している。ブラザーの通信機器の売上が同社の総売上に占める比率は、1975年の2割から2002年の7割にまで拡大している。一方、JUKIの場合、他産業に事業を拡大した時期もあったが、本業に戻る経営戦略を採り、工業用ミシンの比率を1975年の31％から1990年の73％、2002年の57％へと、本業を多少変えながら伸ばしている。[28]

　要するに、ブラザーは編機の製造原理を生かし、タイプライターから通信機器等のハイテク産業へ参入し、2002年の通信機器の販売額が総売上

28　JUKIは今日、世界トップシェアを誇る工業用ミシン企業である。1990年代末、同社はGCC（グローバル・コミュニケーションズ・コスト）と名付けられたプロジェクトを組織し、2002年には日本テレコムと提携を結んで、グループ全体のIT化に取り組んでいる。

額の7割以上を占めるまでになった。同社の通信機器はアメリカで大成功したこともあり、残念ながらそれは地道な経営方針とは関係するかどうかは不明である。表10-7を見ると、ブラザーの広告宣伝費はJUKIより多いにもかかわらず、国内での認知はまだ低く、ブラザーをアメリカ企業だと勘違いしている人は少なくない。[29]とはいえ、従来の家族経営の枠から近代的経営を目指し、蛇の目・JUKI・アイシン精機とは大きく異なる戦略で多角化に成功し、国際的に事業を展開している。一方のJUKIに目を転ずると、1970年代の売上はブラザーの半分にも満たなかったが、1980年代からはアジア、1990年代からは中国でのミシン事業の拡大に伴い、中国でのミシン生産が大幅に増加する。そして、徐々に本業での業績を積み上げ、2001年にはブラザーの売上を上回るが、翌年はブラザーが再びJUKIを追い抜いている。

表10-7 売上利益における研究費・広告宣伝費推移

単位：％

年	ブラザー		JUKI	
	研究費	広告宣伝費	研究費	広告宣伝費
1975	0.0	1.2	0.0	1.7
1984	0.0	1.9	0.0	1.7
1994	6.9	1.1	7	1.2
1999	8.0	1.1	7	1.0
2002	8.2	12.5	13.4	2.0
	売上（百万円）		売上（百万円）	
1970	24,147		10,320	
1975	40,143		19,619	
1984	160,907		74,894	
1994	160,180		78,806	
1996	142,573		79,517	
1999	205,100		78,806	
2002	136,480		114,197	

注）連結財務諸表より算出。JUKIの研究費には、一般管理費も含まれている。
出所）『有価証券報告書』各年版による。

---

29 筆者が愛知県の地元大学生118人にアンケートを実施した結果によると、ブラザーを日本企業だと思う人が45人で37％、一方、アメリカ企業だと思っている人は34人で約3割を占めていた。また、名古屋が創業の地であることを知っているは少なく、創業内容について知っている人は28人しかなかった。

ブラザーと JUKI の市場へのアプローチ方法は異なり、経営者の経営戦略も独特であり、それぞれの特徴を有していた[30]。ブラザーは編み機の原理を十分に生かし、そこから通信産業に参入し、従来のミシンのイメージから徹底的に脱皮する。JUKI は一時的に多角化を試みたが、中国のアパレル産業の台頭に合わせ、事業の力点を再び工業用ミシンに置き、本業での再復活に成功する[31]。

　中国での事業展開では、両社ともに海外への投資を台湾や香港といった漢字圏の地域から始め[32]、そこから中国本土へ進出していく。ブラザーの場合は、1978 年、台湾でのミシン事業を踏み台に、香港や中国の西安・深圳・上海への直接投資を急速に行い、ミシンの生産だけでなく、通信機器の生産拠点としても着実に事業を展開してきた[33]。JUKI の場合、香港での販売からスタートし、中国にもっとも早い時期にサービス拠点を設けており、さらに中国政府からの大きな働きかけもあった。同社のミシンにおける世界的知名度と技術力にも関連するが、1950 年代の友好交流は、その後同社が中国で事業を展開するにあたって、最も実力のあるパートナー・上海工業縫紉机厰を手に入れる基盤をつくったと言えよう。中国への直接投資については、自己資本比率が高いブラザーに対し、JUKI は合弁相手の企業の特徴を見分け、自己資本を投入したと筆者は見ている。

　上述のように、日本のミシン産業の発展と企業間のあり方を、ブラザーと JUKI の 2 社に絞って見るかぎり、両社はともにミシンの技術開発に成功し、日本のミシン産業のみならず、中国のミシン産業においても大きなインパクトを与えてきた[34]。両社は真正面からぶつかり合うのでなく、それぞれに固有の特性を生かした企業間競争を展開している。両社の多角化

30　ブラザーは「名古屋経営」「賢実経営」などと言われているが、本論文では、さらに踏み込んで、本格的な経営の実証研究の必要性を感じ、分析を行った。

31　ミシン企業 2 社のこのような動きは、明らかに関連産業の構造的交差をある程度物語っているのではないだろうか。

32　日本のミシン企業の台湾進出は、同地域にミシン部品企業を大量に育成してきた。ミシンの組み立て企業一社につき、およそ 700 社以上の部品企業が必要とされる。これらの部品企業は、今日、その他の産業の部品も供給しているという。たとえば、ハイテク産業や自動車産業からも受注を受け、それが後にパソコン等のハイテク産業および自動車産業の部品も提供できる企業へと成長していった。これに関しては、今後実証研究が必要である。本章はミシン産業を中心にしているため、その他への検討は割愛せざるを得なかったので、つぎの研究課題に期したい。

33　2003 年には、西安は世界最大のミシン生産地となっている。

34　改革開放以来、多くの国有ミシン企業が経営不振に直面した。生産したミシンは国内でも売れなくなり、人員のリストラや製品の大量在庫問題を抱えている。一部の製品は多少なりとも輸出できたが、それらはほぼアフリカや発展途上国向けであった。筆者による上海国営ミシン企業の元従業員へのインタビューによる。2001 年 8 月 1 日。

は、他産業の企業との競合関係を生み出し、それらの産業に大きなインパクトを与えてきたのである[35]。このように、市場変化へのアプローチ方法や個々の企業戦略によって、関連の部品企業が多く創出され、また、異なる産業や企業との取引は、絶えずモデルや製品および品種の変化を要請した。これにより、日本をはじめとする東アジア企業間に特有の「擦合せ型」が生まれたのではないかと筆者は考える[36]。

---

35 日本では、洋裁文化の普及によって家庭用ミシン製造企業が大量に生まれ、それが既製服によるアパレル企業の成長を支えた。さらに、アパレル産業の発展が工業用ミシン企業の発展を促し、それは間接的に自動車・通信産業・ハイテク産業の基盤形成にもつながっている。

36 藤本隆宏「我が国製造業の競争パフォーマンス／擦り合わせアーキテクチャとバランス型リーン方式」(『開発金融研究所報』国際協力銀行、2001年4月)を参照。藤本の「擦合せ型」に関しては、ここでは単なる契機としての引用であり、同論点については、別途詳細に実証したい。

第11章

日本におけるミシン産業と
アパレル産業の連関性

　本章では、東アジアの工業化をどのように捉えるべきか、という筆者の問題意識に基づき、日本のミシン産業とアパレル産業を事例に、両産業における特色を明らかにしたい。日本のミシン産業は、それまで世界一であったアメリカを乗り超えて世界のトップとなった。しかも、それはわずか数十年の間に、技術面でかつての鉄鋼・造船・繊維と同様に成し遂げられた。一方のアパレル産業は、繊維産業、とくに紡績産業を基盤に、早々と海外市場から国内市場へ転換し、内需によって大きく成長した、というのが業界を含む一般的見解である。しかし、それは単なる素材と市場要因による結論であり、同産業発展の一側面しか説明できていない。

　実際に、品質・技術の面において、ミシン産業とアパレル産業は、現在も世界一のレベルにある。そこで、このふたつの産業の間にいったいどのような相関関係があるのか、この点について、本章では、両産業あるいは個別企業に焦点をあてて論証に取り組む。まず、国産ミシンの誕生とアパレル産業との連関性について分析を行い、次に、アパレル企業の海外進出とミシン産業の輸出を検討、最後に、両産業間における連関性の抽出を試みる。

Ⅰ. 国産ミシンの誕生とアパレル産業との連関性

1. 洋裁教育の普及と家庭ミシンの国産化および普及

　1860年6月24日、トーマス・セントがミシンを発明してから70年を経て、中浜万二郎はアメリカから手回しミシンを持ち帰る。それが日本の最初のミシンだと言えよう。明治期から洋裁教育が始まったが、その対象はほとんど貴族や富裕層の子女であり、教師は主に西洋人や雇われ外国人

1　本書第10章「日系ミシン企業の中国における事業展開」参照。

242 第11章 日本におけるミシン産業とアパレル産業の関連性

であった。1900年になると、ミシン会社による洋裁教育も始まる。シンガー社はその先駆者であった。同社は販路を拡張するには家庭でのミシン裁縫普及が前提だと考え、1906年「シンガーミシン裁縫女学院」を開校し、1908年には秦利舞子を院長に、米国式洋裁教育を始める。ところが、この時の洋裁教育の対象は限られた上層社会の女性のみ、しかもその普及は制限付きであった。つまり、その時期の洋裁は、いわゆる貴婦人のステイタス・シンボル的な段階にあった[2]。

　それから数十年経った1947年には、洋裁学校は400校もあり、生徒数は4万5,000人に至る。そして、1951年になると、学校数は約7倍増加して2700校に、生徒数は12倍増加して50万人にもなる。その急増の要因のひとつは「洋裁知らぬは女の恥」で、従来の「お針稽古」がモダンな洋裁学校に形を変えたことである。さらに、平和な時代の女性にとって洋裁技術取得がもっとも身近な夢となり、「美しくなりたい、センスを磨きたい」「デザイナーという華やかな職業につきたい」という望みを実現する条件が整ったこともある。また、戦勝国アメリカの文化に憧れ、同時に洋裁が洋服化に向かい、「猫も杓もヨーサイ」となったこともあろう。これらの風潮によって家庭用ミシンの需要と生産を刺激され、その普及率は75%にまで達したのである。

　1871年の今井又三郎による国産家庭ミシン第一号創製以来、ミシン企業が続々と誕生していた。蛇の目ミシン（当時の社名はパイン裁縫機械製作所）は1921年[3]、ブラザーは当初ミシン修理業として1908年に創業する（当時の社名は安井ミシン商会）。さらに、1938年に東京都の機械業者約900名が出資して「東京重機製造工業組合」（現在のJUKI）を設立する[4]。1945年にはアイシン精機が創業し、その後、この4社は、日本ミシン産業の4本柱と言われるほど、大きな役割を果たす。

　生産されたミシンの種類を見ると、1929年では家庭用ミシン300台、工業用ミシン150台で、家庭用ミシンの需要が工業用ミシンの需要を大きく上回っていることが読み取れる[5]。1930年代に入ると、ブラザーや蛇の

2　この時期、「洋裁教室が林立し町の仕立屋さんや母の内職で、家々でミシンが踏まれ、見よう見まねの洋服が手作りされていった。洋裁は公務員や教員の初任給と肩を並べる内職だった」という。「ミシンが担った女たちの静かな革命」(4)、『日本経済新聞』2004年5月1日。

3　日本で本格的に量産型のミシンが生産され始めるのは1930年から、蛇の目ミシンによってである。

4　筆者による2004年3月17日の同社へのインタビューによる。

5　大阪府立商工経済研究所『工業用ミシンの国際競争力』1961年、6頁。

目は、家庭用国産ミシンの量産化に着手しはじめる。1940 年代には家庭用ミシンの生産量は急増し、1945 年を除き、対前年度の増加率は 1970 年代までの 42 年間で、毎年平均 156.5％という高い伸びを維持していた。蛇の目ミシンは、創業から半世紀にわたって他の企業と競合関係を持ちながら、家庭用ミシンにおける首位の座を今日まで守っている。

　家庭用国産ミシンの普及において、真っ先に言及しなければならない経営者がいる。それは、今日の国産ミシンの「父」と言われる山本東作である。もともとアメリカ・シンガー社の職員で、最初はセールスマンとして働いたが、実力を伸ばし、同社でリーダー的存在となる。「シンガー相手に国際級の大喧嘩」までし、同社を飛び出して国産ミシン第一号をつくった。その後、彼は日本ミシン製造を創業する。現在、業界の王座を君臨するブラザーも彼の「産婆役」なしには誕生しなかっただろう。[6]

　1933 年、シンガー争議後の山本東作は 3 万円の資本金で、「シンガー嫌いの男」安井正義（安井ミシン商会〈後の安井ミシン兄弟商会、日本ミシン製造を経て、ブラザー〉創業者・安井兼吉の息子）と会社を創立した。[7] 生産部門は安井、販売部門は山本が担当で、日本ミシン製造を設立する。[8] 山本は「シンガー王国を切り崩すために『一台売って一台倒す』をモットーに各地を走りまわった」という。[9] 1935 年、安井は当時すでに生産していた「ブラザー」ミシンは関西に、「ニッポンミシン」は関東（すなわち山本東作のところに）に送る。山本と安井はそれぞれが個別経営を行っていたが、ミシン作りとその販売に精通した二人は、同業界の中心的な存在となり、家庭用ミシンの国産化およびその普及においても、その存在はきわめて大きかった。[10]

　図 11-1 は 2002 年の世界の家庭用ミシンのトップ 5 社のシェアであるが、蛇の目は 30％、[11] ブラザーは 20％、アイシン精機が 7％であり、三社のシェアだけでも、生産・販売において世界の約 6 割を占めている。このように、

6　下園聡『怒涛を超えて』日本ミシン工業㈱、1960 年、7 頁。

7　シンガー争議は、1932 年 9 月に起きた日本側のシンガー労働者がアメリカ本社に待遇改善を求めたストライキである。

8　下園聡『怒涛を超えて』日本ミシン工業㈱、1960 年、169 頁。

9　同上、191 頁。

10　同上。

11　家庭用ミシンは、2001 年のいわゆる「9・11」事件以降、欧米で需要が急速に増え、再び輸出が伸びる。それは、アメリカの若者が家族の大事さを再び認識し、結婚率の増加に伴い、服やインテリアのデザインが個人の趣味として流行したためである。このことは、蛇の目ミシンを訪問調査した時にわかった。

日本の家庭用高級ミシンは、長年世界のトップシェアを誇り、依然として世界最高の地位を占めている。これらの企業は日本のミシン製造をリードしてきたし、また今もリードしている。

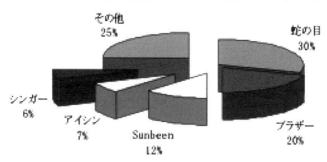

図11-1　世界の家庭用ミシントップ5社のシェア（2002年）

出所）蛇の目工業㈱の内部資料と、2003年3月11日の筆者による訪問調査研究により作成。

2．既成服の普及と工業用ミシン産業の発展

洋裁普及の土壌の上に、1955年から既成服が発達し、1963年には既製服率は約7割になり、各種の合成繊維の発達とともに、アパレル産業は成長段階に突入する。[12] ミシンの販売対象は個人から企業に変化し、ミシン産業とアパレル企業およびその産業との関わりはますます深くなっていく。既成服の普及によってアパレル企業が1960年代に大量に生まれたのに呼応し、工業用ミシン企業も多く誕生した。1960年代末には、全国で1,000人以上の従業員を擁するミシンの組立企業は67社ほどあり、2～3人規模の零細企業と並存する状態に至る。工業用ミシンは用途に応じて機能を分化し、その種類は3000種類にもなっていた。[13] これらの企業は、それぞれ得意分野に特化することによって品質の向上と量産効果による原価の低減を図ったが、価格低減を競った結果、4畳半組立型企業までが多数出現し、業界の秩序を乱す要因にもなった。[14]

ミシンの総生産量の推移を見ると、1950年には30万台であったが、

12　小泉和子『洋裁の時代』農文協、2004年、7、24、31頁。
13　東京都商工指導所『業種別調査報告書』1981年。49頁。
14　同上、46頁。

1959年には267万台、輸出量は196万台に達し、世界一のミシン生産国・輸出国になる。この年から工業用ミシンの生産量が急増したのに対し、家庭用ミシンは下降傾向を示し始め、1970年代半ばごろには、工業用ミシンの生産量が家庭用を上回り、逆転する（図11-2）。日本のミシン産業の発展は、最初は家庭用ミシンの生産から始まり、その後工業用ミシンへと発展してきたわけだが、ミシンの総生産量は、1970年の420万台を境に、それ以降は下降を続けている。その推移を見ると、1975年330万台、1985年230万台、1988年220万台となっている。市場の縮小に伴い、世界市場における主要供給者も変わってきている。家庭用ミシン生産は深刻な環境に直面していたが、工業用ミシンも決して楽観できない状態であった。

図11-2 家庭用ミシンと工業用ミシンの生産推移

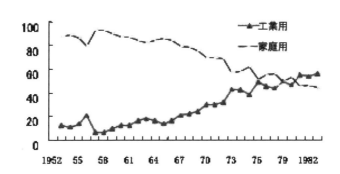

出所1）日本ミシン協会『日本ミシン産業史』1961年。
　　2）日本工業ミシン協会『日本工業ミシン産業史』1984年5月、27～43頁。
　　3）東京都商工会議所『業種別総合調査報告書』1980年3月、220～224頁

ただし、既製服の普及が工業用ミシンの生産を刺激して家庭用ミシンの生産を上回ることで、工業用ミシンの量産が可能となり、日本のミシン産業は、着実に価格競争力における優位性を獲得する段階に入っていった。

15　それまでの世界トップはアメリカで、生産量は120万台であったが、日本の生産量はその倍多く、アメリカをはるかに越えて世界一になった。下園聡『怒涛を超えて』日本ミシン工業㈱、1960年、187～189頁。
16　通商産業大臣官房調査統計部編『機械統計年報』各年版より。

246　第11章　日本におけるミシン産業とアパレル産業の関連性

II．アパレル企業の海外投資と工業用ミシン輸出との連関性

1．アパレル産業の海外進出とミシンの輸出市場構成

　1970年代に入ると、アパレル産業の国内市場での行き詰まりから、企業は海外進出を余儀なくされた。表11-1のように、1960年代末から1970年代にかけて、アパレル企業の東アジア進出が盛んになっていた。その事業内容を見ると、紳士服製造が多く、ミシンを必須の設備とする企業がほとんどである。たとえば、エフワンは紳士服の有力企業であり、ワコールは婦人服下着でトップシェアを誇る企業である。そこで必須とされる設備はいずれもミシンであった。[17]

表11-1　アパレル企業の海外進出

企業名称	進出先国名	現地企業名	認可年	内容
アルパーカ縫製	韓国	ソウル縫製	1970	紳士服
アルプスシャツ	韓国	韓栄繊維	1974	紳士スラックス
厚木ナイロン工業	韓国	Woomi Nylon Industrial	1973	繊維二次製品
エフワン	韓国	韓国エフワン	1971	背広
大西衣料	韓国	Self Corp. of Korea	1971	繊維二次製品
	台湾	Self Knitwear	1971	ベビーニット
	シンガポール	Self Garment Mfg.	1969	繊維二次製品
小杉産業	韓国	三陽繊維	1973	メリヤス製品
シルバーシャツ早瀬	韓国	Kyungduk Industry	1975	ドレスシャツ
レナウン	韓国	和信レナウン	1973	ニットシャツ
	台湾	台湾実業	1968	メリヤス製品
	ブラジル	Renown do Brasil	1974	繊維二次製品
ワコール	韓国	Korea Wacoal Textile	1970	婦人下着
	台湾	TaiwanWacoal	1970	婦人下着
	タイ	Thai Wacoal	1970	婦人下着
ヤマトシャツ	韓国	漢和繊維	1973	シャツ
	台湾	太子繊維工業	1969	シャツ
スワン山喜	台湾	台湾三喜	1968	シャツ
三紫	香港	Hong Kong Suney	－	婦人服
ダーバン	香港	D'urban（H.K）	1974	スーツ
オンワード樫山	フィリピン	オンワード・フィリピン	1973	婦人服

資料）東洋経済新報社『海外進出企業総覧』1980年。
出所）富沢このみ『アパレル産業』東洋経済新報社、197頁。

17　縫製過程には複数の段階がある。裁断から裁断調整・パーツ縫い・中間アイロン・縫製組み立て・ボタン付け・糸切り、その後仕上げ場に移動し、プレス・検針・最終包装と進行する。この過程で、本縫いミシンのほかに、さまざまな特殊ミシン（ルイスミシン・居眠り穴かがりミシン・鳩目穴かがりミシン・カン止めミシン・ロックミシンなど）が必要になる。これらのミシン生産は、現在中国ではJUKI・ブラザーの技術などを導入している工場が多い。台湾製・中国製も稼動しているが、その出自にかかわりなく、コンピュータ制御が主力になっている。佐々木幸雄『繊維王国上海』東京図書出版会、2001年6月、61頁。

ミシン産業は、1969年をピークに、その後は鈍化傾向に入る。一方で、1970年代から始まった蛇の目・ブラザー・JUKIの台湾進出は、同地域にミシン部品企業を大量に育成していた(ミシンの組み立て企業一社につき、およそ700社以上の部品企業が必要とされている)。これらの部品企業は、今日、他産業の部品も供給している。たとえば、ハイテク産業や自動車産業からも受注を受け、それが後に台湾のパソコン等のハイテク産業および自動車産業の部品も提供できる企業へと成長していった。家庭用ミシンの場合、図11-3に示している通り、世界のミシン生産量の比率は台湾46%、中国24%、タイ11%の順になっており、この三カ国・地域のシェアだけでも世界の8割以上を占めている。要するに、アパレル企業の海外直接投資によって、海外の縫製事業が拡大され、その需要に対応するために、ミシン企業も相次いで海外に直接投資を始めたと言えよう。

　実は、ミシンの輸出は1936年から始まっていたが、戦後になって一時期減少する。ところが、1952年の輸出状況を見ると、総輸出の19.1%を占めてトップとなり、1953年には11.6%、翌年は15.6%で、鉄鋼船に次ぐ第2番目の輸出製品になる[18]。ここで、1950年から2002年までの50年間を平均して見ると、生産の約7割が輸出されていることになる（図11-4）。ミシン産業は、一躍主要な輸出品として登場し、1959年には世界一の輸出国となったのである。なお、輸入は多少はあるが、数量・金額いずれにおいても少ない。

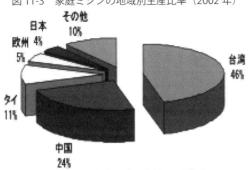

図11-3　家庭ミシンの地域別生産比率（2002年）

出所）蛇の目工業（株）の内部資料により作成した。
　　　2003.3.11、筆者の訪問調査研究による。

18　経済企画庁調査課編『重要商品の国際競争力』商工出版社、1956年、239頁。

248　第11章　日本におけるミシン産業とアパレル産業の関連性

図11-4　日本のミシンの輸出率推移

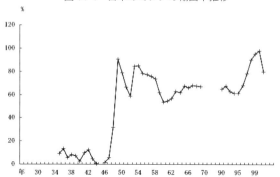

注）1958年までの輸出は、出所）の1）、それ以降は2）、3）により作成した。
出所1）㈱日本ミシン協会『日本ミシン産業史』1961年、p.122。
　　2）通商産業大臣官房調査統計部編『機械統計年報』各年版より。
　　3）日本関税協会『貿易年鑑』の各年版より。

　1970年代になると、家庭用ミシンの輸出が急落したのに対し、工業用ミシンの輸出は、アパレル産業の海外進出とあいまって、むしろ急増する（図11-5）。これは、上述したように、アパレル企業の海外直接投資によって、工業用ミシンの輸出が1960年代後半から伸びはじめたからで、その輸出量は家庭用ミシンの倍以上にまで増加し、2002年までそのシェアを維持している。

図11-5　家庭用と工業用ミシンの輸出推移

出所1）日本ミシン協会『日本ミシン産業史』1961年
　　2）日本工業ミシン協会『日本工業ミシン産業史』1984年5月、27～43頁。
　　3）東京都商工指導所『業種別総合調査報告書』1980年3月、220～224頁。

II　アパレル企業の海外投資と工業用ミシン輸出との連関性　249

　ミシンの輸出入市場構成を見ると、1957 年アメリカの輸入は 160 万台であるが、日本からは 100 万台を輸入しており、シンガー社の宿敵になる[19]。1962 年アメリカ市場への輸出比率（金額ベース）は 44.8％であったが（表 11-2）、1965 年には 49.1％で総輸出の約半分を占めている。ところが、1970 年代に韓国の市場が登場することによって、欧米諸国への輸出はドイツを除いて徐々に減少し、代わって韓国をはじめとする東アジア地域向けの比率が徐々に拡大していた。その要因については、以下の 2 点が考えられる。ひとつは、1970 年代末の韓国・台湾・香港のアパレル産業の成長であり、もうひとつは、中国の市場開放によるアパレル産業の台頭である。ただし、それだけでは十分説明できておらず、日本のミシン産業の内的条件、および個々の企業の経営変化を視座に入れて分析する必要がある。

表 11-2　日本のミシンの輸出国市場構成

	アメリカ	ドイツ	カナダ	英国	韓国	五カ国・地域のシェア%
1965・百万ドル	35	3.4	2.3	2.8	-	
比率 %	49.1	4.7	3.2	3.9	-	60.9
1970	54	8.7	2.9	5.5	4.3	
比率 %	42	6.8	2.3	6.8	3.4	61.3
1975	69	26	5.7	9.2	11.7	
比率 %	28.2	10.8	2.3	3.7	4.8	49.8
1980	71	42	8	14.6	10.7	
比率 %	15	9.1	1.7	3.1	2.3	31.2
1985	109	53	10.9	18.2	12.19	
比率 %	21	10.3	2.1	3.5	2.3	39.2
1988	187.7	98.9	14.5	36.38	45.89	
比率 %	19.1	10.1	1.5	3.7	4.7	39.1

出所）通商産業大臣官房調査統計部編『機械統計年報』各年版より作成。

　さらに、1950 年代の工業用ミシンの輸出市場構成（表 11-3）を国別で見ると、海外市場においては、数量・金額ともに、アジアが最大の市場となっている[20]。アジア地域への日本工業用ミシンの輸出は、低価格機種が多く占めているのに対して、海外からの輸入ミシンは高性能の機種が多かった[21]。

19　前掲『怒涛を超えて』189 頁。
20　1970 年の工業用ミシンの輸出仕向け地域構成比を台数で見ると、東南アジアが 40.9％、ヨーロッパは 16.5％を占めていた。矢野経済研究所『繊維白書』1972 年、1021 頁。
21　大阪府立商工経済研究所『工業用ミシンの国際競争力』1961 年、15 頁。

250　第11章　日本におけるミシン産業とアパレル産業の関連性

表 11-3　工業用ミシン輸出市場構成

	合計	アジア	ヨーロッパ	北アメリカ	南アメリカ	アフリカ	豪州
万台							
1955	2.4	0.8	0.0	1.3	0.1	0.07	0.02
56	3.2	0.9	0.1	1.9	0.2	0.07	0.00
57	2.9	1.4	0.1	1.0	0.3	0.10	0.00
58	2.2	1.3	0.0	0.1	0.6	0.09	0.03
59	2.1	1.6	0.1		0.2	0.07	0.03
60	3.8						
億円							
1955	4.5	1.9	0.8	2.1	0.28	0.13	0.02
56	5.5	2.0	1.0	2.6	0.57	0.14	0.00
57	5.7	3.1	1.7	1.4	0.82	0.24	0.00
58	5.0	2.8	1.2	0.3	1.50	0.20	0.08
59	5.6	4.1	3.3	0.5	0.36	0.19	0.11
60	9.0						
単価：万円							
1955	1.8	2.3	1.8	1.5	2.17	1.93	6.60
56	1.7	2.1	1.3	1.4	2.34	2.01	3.00
57	2.0	2.2	2.9	1.4	2.60	2.02	2.04
58	2.2	2.2	2.7	2.4	2.28	2.21	2.58
59	2.6	2.6	3.3	2.1	2.92	2.44	3.91
60							

出所）大阪府立商工経済研究所『工業用ミシンの国際競争力』1961 年、14 〜 15 頁。

　既製服の普及とアパレル産業の発展、その後の行き詰まりから活路を見出すための海外進出は、工業用ミシン産業にも大きなインパクトを与えたと言えよう。

2．市場と工業用ミシン産業の変化

　この節では、アパレル市場と工業用ミシン産業がどのような関係にあるかを検討したい。

　1978 年の国民経済計算によると、アパレルの国内市場、被服費支出は約 12 兆円であり、アパレル市場は 5.6 兆円もある。ちなみに、同年の乗用車市場は 4 兆円弱、家電製品は 3 兆円弱であった[22]。まさに、日本のアパレル産業は世界最大の市場を擁していると言えよう。2000 年に入ってからも、「ヘネシー＆ルイ・ヴィトン社の売上げ 3,000 億円のうち 1,000 億円を日本人が買っている。日本で売れているのは 600 億円で、パリやミラノなどで買われているのが 400 億円」[23]と言われ、高級製品においては、日

22　富沢このみ『アパレル産業』東洋経済新報社、1980 年、18 〜 19 頁。
23　近藤繁樹「世界のアパレル生産事情」ファッション・ビジネス学会『ファッション・ビジネス』特集 Vol.9、2002 年 2 月、91 頁。

本は今も世界最大の市場であり、最も魅力のある市場でもある。

　一方で、戦後の工業用ミシンの生産量は、家庭用ミシンの1割程度しかなかった。しかし、朝鮮半島で勃発した戦争により、アメリカの軍需物資の生産が日本で行われ、それがミシン産業とアパレル産業にとっては好機となる。一般的に、国産ミシンの急成長の背景には、「戦災によって保有ミシンが焼失したこと、アメリカ式の生活様式が急激に流れこんで洋裁が普及した」というふたつの理由があると言われているが[24]、工業用ミシンの成長には、さらに重要な要因がある。それはすなわち、アパレル産業の成長とそれによるミシン市場の形成である。

　1950年代、アパレル企業が購入した工業用ミシンの多くは国産品であった（表11-4）。国産ミシンの購入状況を見ると、従業員100人以上の大企業は36%で、平均の38.3%を下回っているのに対し、中小企業はそれを上回っており、特に従業員20〜29人規模のアパレル企業の場合は48.5%に達している。一方で、輸入ミシンの購入は大企業が最も多くて31%、対照的に中小企業の場合はほとんどが平均の22.9%を下回っている。しかし、輸入中古ミシンの購入は、企業規模が小さいほど購入比率が高く、なかでも最も高いのは従業員10〜19人規模の中小企業であり、その比率は48.3%に上る。

表11-4　工業ミシン使用企業の国産品・輸入新品・輸入中古品別保有台数

規模別

従業員数	100人以上		50〜99		30〜49		20〜29		10〜19		9以下		合計	
調査対象企業数	23		24		32		27		27		11		114	
保有工業ミシン総数	2,627	比率%	1,139	比率%	936	比率%	470	比率%	354	比率%	78	比率%	5,604	比率%
内訳 国産ミシン	947	36.0	427	37.5	379	40.5	228	48.5	141	39.8	26	33.3	2,148	38.3
内訳 輸入新品	814	31.0	243	21.3	160	17.1	19	4.0	36	10.2	11	14.1	1,283	22.9
内訳 輸入中古	716	27.3	463	40.7	383	40.9	223	47.5	171	48.3	41		1,997	35.6
内訳 不明	150	5.7	6	0.5	14	1.5	−		6	1.7	−	−	176	3.1

業種別

	外衣		布帛製品		メリヤス製品		その他繊維		帽子		皮・厚物		その他共合計	
調査対象企業数	17		32		50		21		8		14		144	
保有工業ミシン総数	572	比率%	1,423	比率%	2,544	比率%	686	比率%	160	比率%	213	比率%	5,604	比率%
内訳 国産ミシン	263	46.0	311	21.9	1,036	407	347	50.6	80	50	105	49.3	2,148	38.3
内訳 輸入新品	164	28.7	621	43.6	366	144	110	16	14	8.8	8	3.8	1,283	22.9
内訳 輸入中古	145	25.3	371	26.1	1,102	433	227	33.1	52	32.5	100	46.9	1,997	35.6
内訳 不明	−		120	8.4	40	16	2	0.3	14	8.8	−	−	176	3.1

出所）大阪府立商工経済研究所『工業用ミシンの国際競争力』1961年、20〜21頁。

24　前掲『怒涛を超えて』186頁。

252　第 11 章　日本におけるミシン産業とアパレル産業の関連性

　国産品を購入する理由（表 11-5）は、「技術に優れ、価格も安いから」
購入するという企業が 127 社中 45 社と最も多い。国産工業用ミシンの高
い品質は、アパレル産業の発展に好条件を与えたと言えよう。しかし、
1960 年代末、アパレル産業は過当競争により、在庫の増大・売行き不振
にあえぎ、工業用ミシン業界にも不況が訪れる。工業用ミシンの下取り販
売が常態化し、少ない需要を奪い合って、国内市場における競争は激化し
つつあった。
　そうした背景もあり、工業用ミシンは 1967 年までは国内市場がメイン
であったが、1968 年を境に逆転現象が起こり、輸出が国内市場の販売台
数を越える。それ以降は輸出、つまり海外市場による成長へと変わってい
く[25]。

表 11-5　国産・輸入新品・輸入中古ミシンを選ぶそれぞれの理由

	国産ミシン需要	輸入・新品ミシン需要	輸入中古ミシン需要	合計
1）技術に優れ、価格も安いから	45	4	13	62
2）価格は高いが、技術が高いから	1	34	4	39
3）技術は劣るが、価格が安いから	17	1	1	19
その他	2	2	3	7
合計	65	41	21	127

出所）大阪府立商工経済研究所『工業用ミシンの国際競争力』1961 年、74 頁。

　工業用ミシンは、はじめは内需により成長するが、その後、アパレル産
業による海外直接投資の増加に伴って海外市場の需要が大きくなり、輸出
が急増していく。取引先のアパレル産業の跡を追って、海外に直接投資を
行わざるを得なかったわけである。その結果、ミシンの生産拠点は、台湾
やタイ、中国等に移転され、世界における同地域の生産比率も上昇していっ
た。しかし、海外への展開においては、それぞれのミシン企業が同じパター
ンの経営戦略や経営方針を採用し、同じパターンの事業展開を行ったわけ
ではないことには注意が必要である。

25　日本工業ミシン協会『日本工業ミシン産業史』1984 年 5 月、266 頁。

III. 両産業間における特殊性

本節では、工業用ミシン産業とアパレル産業との間で、とくに生産販売・取引においてどのような関連性があるかを検討したい。

1. 生産

家庭用ミシンの場合、シンガー社を軸に開発が展開されたのに対して、歴史の浅い工業用ミシンの場合、アパレル消費者の個性化・多様化によるファッションの進展に歩調を合わせると同時に、多様な素材や縫製へのニーズにも応えなければならなかった。[26]

図 11-6 は、工業用ミシンとアパレル製品の出荷額の推移である。ともに 1960 年代に入ってから急増し、同じ趨勢を描いている。ただし、工業用ミシンはアパレル産業の成熟期である 1970 年代初期に一時急落するが、企業の柔軟な対応もあり、再び上昇していく。

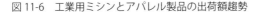

図 11-6　工業用ミシンとアパレル製品の出荷額趨勢

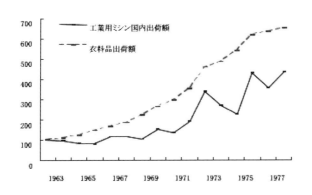

原資料）東洋経済新報社『経済統計年鑑』各年版。
出所）東京都商工指導所『業種別調査報告書』1981 年、96 頁より作成。

26　東京都商工指導所『業種別調査報告書』1981 年、110 頁。

2．販売要因

工業用ミシンの販路は、家庭用ミシンの販路とはかなり異なっていた。家庭用ミシンの場合は、卸売が 3.4%、小売が 9.3% で、卸兼小売が 15% で最も高い。それに対して工業用ミシンの場合、卸売が 10%、小売が 37% で最も高く、その次が卸兼小売の 17.4% という販売構成になっている。特殊ミシンも工業用ミシンと同様、小売が最も高く、31.4% を占めている。品目別売上構成を見ても、工業用ミシンと特殊ミシンの小売に占める比率は 78% で、約 8 割を占めている。工業用ミシンの小売あるいは直接販売のウェートが高いことは、縫製企業に対して直接の有償・無償のアフターサービスが盛んに行われたことを意味している。

3．企業間取引の相関関係

1960 年代から 1970 年代にかけてのアパレル産業の確立は、工業用ミシンの需要を高めた。工業用ミシンが家庭用ミシンと異なるのは、小規模企業の存立基盤が残されており、工業用ミシンの機種が非常に多様であるということである[27]。このため、工業用ミシンの中小企業は特定のミシンに特化し、零細なアパレル下請け企業に依存することで活路を見出していた。このような存立基盤は、大手企業の進出しにくい分野への特化であり、一定のノウハウの蓄積を可能にした。

1970 年代末、家庭用ミシンの市場は蛇の目・ブラザー・リッカーの上位三社で 58.2% を占めており、工業用ミシンは、JUKI・ブラザー・三菱電機の上位三社が 60.7% と占めていた。アイシン精機は工業用ミシンで第 5 位に位置し、占有率は 5.8% だった[28]。ただし、これらの企業は、いずれもアパレル中小企業を基盤に、市場を独占していた。

上記のような大手の工業用ミシン企業は、省力化技術として縫製ミシンの自動化はもちろんのこと、コンピュータを利用したグレーディング（寸法の縮小拡大）、マーキング（型入れ）などの開発を導入していた[29]。

しかし、大手工業用ミシン企業で製造された製品が、そのままアパレル企業に使用されることは、まれである。アパレル製品には素材別・縫製別に複雑な縫製工程が要求されるが、大手企業がそれに合致したミシンをす

27　同上、9〜10 頁。
28　同上、50 頁。
29　同上、133 頁。

べて作り出すことは不可能である。アパレル企業、とくに縫製企業・皮革加工業者等の多種多様な縫製ニーズに対応するには、その目的に合わせ、工業用ミシン加工を実施する必要があった[30]。

　そうした背景もあり、工業用ミシン業界における中小企業の場合、他業界に見られるような値崩れや、大手と比べた時の技術上の遜色がそれほど見られなかった。これは、ユーザーであるアパレル企業の個々の技術上の特色に対応したミシンを提供しているところが、その大きな理由であったと考えられる[31]。

　工業用ミシン企業とアパレル企業、とくに縫製企業との取引関係は、長年の取引や信用状態などを基調に決められており、小売段階では一種の不可侵条約のような関係が暗黙のうちに成り立っていた。「自己の城を守れば経営は存続し得る」といった安心感もあり、表面から他に切り込んで行くような状況は見られなかった[32]。

　アパレル変遷で見られる工業用ミシン企業へのトレンド、特に経営管理上では、1) 歩留まり向上・収益率向上・原単位改善、2) 機能向上、3) 省力化・工程短縮があり、いずれも、デザインにおける生地重視・衣服の品質意識向上・国際競争力強化・コストダウンなどに反映されている。

　アパレル製品の品質向上において、作業効率および生産性向上のため、工業用ミシン企業は、省力化をはじめ、機械の高速性・機能性・耐久性・安全性向上のための技術開発を図ってきた[33]。アパレル産業の設備近代化に伴い、自動糸切り装置付ミシンの普及も進んでおり、近代化を志向した特殊送り機構をもつ本縫いミシンや自動ミシンの普及もみられる[34]。

4. Face to Face

　ここで、Face to Face の最も典型的な事例を取り上げて検討したい。JUKI は創立以来、アパレル産業に工業用ミシンを提供しているだけでなく、表6のように数十年にわたり、アパレル産業の人材育成のためにセミナーを開いており、2005 年にはすでに 187 回に達している。セミナーを

30　同上、161 頁。
31　同上、126 頁。
32　同上、160 頁。
33　「縫製の能率や経済性に効果があり、売上も伸びた」事例もあった。グンゼ㈱『グンゼ100 年史』1998 年、425 〜 426 頁。
34　前掲『業種別調査報告書』190 頁。

通じて、アパレル市場の動向を先読みする戦略を採るとともに、アパレル企業と生きていくことを考えている、と筆者は見ている[35]。セミナーでは、生産納期の遅れ・仕様の多様化による生産の乱れ・従業員の教育機会の減少等のさまざまな問題に対し、生産管理の基礎を軸にした問題解決能力の育成と、工場経営に必要な「生産管理手法」の体得を目的に、実践的な実習を交えつつ、研修が進められている。

　JUKI のニーズへの積極的な対応を見てみよう。1950 年代における市場のニーズは、いかに生産性を高めるか、であった。JUKI はそれに応え、1957 年 4 月に世界で最も速いミシン、単軸回転天秤を発明し、恩賜発明賞を受賞した。1960 年代に入ると、アパレル業界の人手不足、とくに熟練作業者の不足から、省力機化（脱技能化）に目を向ける時代に移行していく[36]。1966 年、アパレル生産における自動縫製システム開発と呼応するように、国が研究開発の主体である大型工業技術研究開発制度（通称・大型プロジェクト）は、「超高性能計算機」、「脱硫技術」、「電磁流体（MHD）発電」の三つのプロジェクトが年間予算 10 億円で発足した。1970 年代には、電子技術を応用した自動機の開発が活発になり、各種のシーマ機・サージング機のほか、自動プラグラミングマシン・自動玉縁機などが続々と開発・製品化された[37]。つまり、国の「大型プロジェクト」の恩恵もあり、メカトロニクス化が進んだ結果、さまざまな機種が生まれた。政府の支援政策も重要であったが、上記を背景に民間企業の自発的開発はより重要であった。そこで、JUKI の開発特徴を事例に考察した。

　2002 年、JUKI は世界中の約 3000 のアパレル企業にミシンを販売していた。その中で、日本のマーケットはわずか 1.1％にすぎない。それは上述したように、日本のアパレル企業が生産拠点を海外に移したことと密接に関わっている[38]。

35　商品技術室が商品技術部に昇格した。前掲『JUKI50 年史』151 頁。
36　これは、従来の一人一台であったミシン使用を、2 台〜 3 台使用可能とするシステムの改善でもある。「また、機械操作に熟練性を必要としない省力機もしくは脱技能機の開発でもあった。政府の施策もこれに応じて機振法から機電一体化、すなわち機械と電子を結合させた所謂 “メカトロニクス” 化を推進させようとする時代であった」。日本工業ミシン協会『日本工業ミシン産業史』1984 年 5 月、160 〜 161 頁。
37　繊維工業構造改善事業協会『アパレル研究 16』1988 年。
38　上記とは別に、アパレル製品の特徴ともかかわることだが、「世界のアパレルの 85％は人種、国別、性別、年齢別、季節感のない商品」であり、定番型の商品の多くはミシンを通して仕上げるという。近藤繁樹「世界のアパレル生産事情」ファッション・ビジネス学会『ファッション・ビジネス』特集 Vol.9、2002 年 2 月、91 頁。

Ⅲ　両産業間における特殊性　257

　アパレル産業の発展に伴い、工業用ミシン産業は成長産業のひとつとして位置づけられた[39]。それゆえ、日本は約半世紀にわたって世界最大のミシン技術強国であり続け、どの国も匹敵できないほどの製品開発力・競争力を持つようになった[40]。

　日本における洋裁教育の普及は、家庭用ミシンの需要と生産を刺激し、家庭用国産ミシンは空前の発展を遂げた。その後の既成服の普及は、アパレル産業と工業用ミシン産業発展の原点となる。アパレル産業の成長期はミシン産業の成長期でもあり、両者はいわば、運命共同体として発展してきた。絶えず新しい素材が開発され、生地の変化が激しい日本のアパレル産業は[41]、ミシン産業に常に新しい技術を求め、大きな課題を与えてきた。
　両産業の関係において、もうひとつの大きな特徴は、工業用ミシン企業によるアパレル企業へのミシン販売は、一回限りの取引ではなく、長期的で、修理・研修・情報提供等のサービスまでも提供しており、連帯関係が強いということである。他方、アパレル企業も現場の問題や情報を、注文をはじめ、さまざまな形でミシン企業に提供している。つまり、スポット的な取引で終わるのではなく、Face to Face の固定した長期取引が行われているのである。輸入ミシンを購入し、両者にまったく接点がないという関係とは質的な違いがあることは明白である。日本の工業用ミシンの品質と、アパレル縫製技術が世界のトップレベルへ至った重要な要因は、こうした両社の関係性にあると考える。

39　東京都商工指導所『業種別調査報告書』1981 年、117 頁。
40　ただし、一部の特殊ミシンは除く。
41　たとえば、合繊の場合、第一次石油危機後の 1978 年には、原油価格の高騰により、原材料であるナフサ等の価格が大幅に上昇し、国際競争力が低下した。さらに、韓国や台湾などの追い上げによって、政府は合繊産業を構造不況業種（「特定不況産業安定臨時措置法」による）に指定するほどであった。（財）機械振興協会経済研究所『機械および繊維産業における技術革新と下請生産構造の変化』1978 年、280 頁。

258　第 11 章　日本におけるミシン産業とアパレル産業の関連性

【参考】 JUKI のアパレル企業向け研修例

開催概要

期日	第 187 回　2005 年 7 月 26 日（火）～ 29 日（金）
場所	JUKI 大田原株式会社　那須研修センター
定員	30 名（定員になり次第、締め切らせていただきます）
参加料	1 名　73,500 円（消費税込） （テキスト及び資料・宿泊・食事含む）<< 宿泊：個室完備 >>
参加適任者	縫製部門実践管理者(縫製管理者、工場長、班長など)を対象とします。
持参品	自社製品 1 点、ストップウォッチ、電卓、筆記用具、定規

講座内容

※アパレル業界の現状と今後の動向
　　○海外アパレル生産状況　○国内海外の動向　○統計データからの検討
※生産合理化と管理、改善の進め方
　　○合理化と機会損失　○費用分析による合理化　○管理の考え方・役割・改善の進め方
※現状分析手法＜生産設計、改善の為の各手法の使い方＞
　1）工程分析
　　○工程分析の種類と表示方法　○改善着眼　○実習
　2）稼働分析
　　○作業者の行動分類（1 日の仕事の種類とその比率）　○観測方法の種類と手順
　　○余裕率／稼働率　○実習
　3）動作研究
　　○分析の水準と種類　○分析方法　○実習
　4）時間研究
　　○測定の方法　○実習
※生産設計＜各種システム・レイアウトの紹介＞
　　○生産形態と生産方式　○ピッチタイム算出と生産能力の算定、工程編成要領
　　○レイアウトの目的・手順　○実習
※工程管理
　　○実施における諸計画及び統制方法

参加者の声
　【第 185 回】2003 年 7 月 29 日～ 8 月 1 日開催
　【第 183 回】2001 年 8 月 6 日～ 9 日開催
　【第 182 回】2000 年 11 月 15 日～ 17 日開催

管理者養成コース（大坂教室）
開催期日：2000 年 11 月 15 日～ 17 日
　　アパレル生産工場のための生産管理シリーズとして第 182 回の管理者養成コースが開催され、全国各地より多くの方にお集まりいただきました。

管理者養成コース（那須教室）
開催期日：2001 年 8 月 6 日～ 9 日
　　アパレル生産工場のための生産管理シリーズとして第 183 回の管理者養成コースが開催されました。今回は、中国・ベトナムからの参加者もあり、国際色豊かなものとなりました。

第 185 回マネージメントセミナー
開催期日：2003 年 7 月 29 日～ 8 月 1 日
　　第 185 回マネージメントセミナー（旧管理者要請コース）が那須研修センターにおいて開催されました。今回はこれからの国内・海外生産を担う若い顔ぶれの参加者が揃い、大変賑やかなものとなりました。

第 12 章

日本ミシン企業の国際競争力の形成

　日本ミシンの国産化[1]、とくにその普及過程に関する代表的研究には、大東英祐[2]、桑原哲也等のものがある[3]。しかしながら、同研究の焦点は戦前に限定されており、主にシンガー社や蛇の目ミシンにおける販売方法を探究している。一方、企業の「国際競争力」について、藤本隆宏は「1980年代アメリカで注目され、それ以降日本で意識的によく使われる言葉」であり、しかも「製品市場における相対的なパフォーマンスを表す『競争力』という概念は、21世紀においても、企業・産業分析における重要なキーワードとして位置づけられていくだろう」と予言している[4]。藤本はまた、競争力の概念は多面的であり、「その測定・評価は一筋縄ではいかない」し、有形財を製造する企業の場合の競争力とは、「既存の顧客（すでに買って使っているユーザー）を満足（satisfy）させ、かつ潜在的な顧客（まだ買っていないが考慮中の人）を購買へと誘引（attract）する力のことだと定義できる。この基本はサービス業の場合も同様だ」と指摘している[5]。

　本章は上記の諸見解を踏まえ、東アジア、とりわけ日本の工業化という背景におけるミシン企業の国際競争力を国内外での生産量と輸出量を指標としつつ、同産業の競争力形成の諸要因を、産業構造の特性、支配的企業の誕生と業界組織の変遷、および経営者の歴史的背景に焦点を当てて分析したい。

1　日本のミシン製造の競争相手は、世界最強のミシン企業・アメリカのシンガー社であった。詳細については、本書第11章「日本におけるミシン産業とアパレル産業の連関性」を参照されたい。
2　大東英祐「戦間期のマーケティングと流通機構」由比常彦・大東英祐共編著『大手企業時代の到来』岩波書店、1997年。鈴木良隆・大東英祐・武田晴人『ビジネスの歴史』有斐閣、2004年。
3　桑原哲也「初期多国籍企業の対日投資と民族企業－シンガーミシンと日本のミシン企業」『国民経済雑誌』第185巻第5号、2002年5月。桑原哲也・安室憲一・川辺信雄・榎本悟・梅野巨利訳、ジェフリー・ジョーンズ著『国際ビジネス進化』有斐閣、1998年。
4　藤本隆宏『生産マネジメント入門』日本経済新聞社、2003年、95頁。
5　同上、96頁。

260　第12章　日本ミシン企業の国際競争力の形成

Ⅰ．国際競争力形成の諸段階

　本節では、まず戦前に興った日本のミシン企業が、どのような環境のもとで、いかにして国際競争力を獲得したかを、発展諸段階の側面から検討する。

　日本のミシン製造は、輸入ミシンの部品修理・部品生産・ミシンの組立・輸出というプロセスをたどってきた。同産業の歴史的発展を、その生産量と輸出量の推移で見ると（表12-1）、主に三つの段階に分けることができる。[6]

表12-1　日本のミシン生産と輸出推移

単位：台・百万円

	家庭用 （台）	工業用 （台）	総生産台数 （台）	生産金額 （百万円）	輸出率 （％）
1930	500	300	800		
1940	154,402	2,400	156,802		7
1950	493,567	20,154	513,721		91
1960	2,749,471	139,832	2,889,303		62
1970	3,776,218	505,179	4,281,397	61,396	67
1980	2,341,000	905,000	3,100,000	137,408	62
1990	743,696	1,717,275	2,400,000	187,366	84
1992	688,808	1,706,742	2,395,550	135,274	65
1994	657,681	1,053,078	1,710,759	91,729	63
1996	820,076	592,792	1,412,868	74,649	61
1998	423,146	587,973	1,011,119	93,561	78
2000	288,837	616,677	905,514	93,732	96
2002	263,214	418,417	681,631	69,831	80

注）1958年までの生産台数の出所）は1）、それ以降は2）、3）
　　にもとづき作成した。
出所1）㈱日本ミシン協会『日本ミシン産業史』1961年、122頁。
　　2）『蛇の目ミシン創業50年史』1971年、809～808頁。
　　3）1970年以降の生産量は、通商産業大臣官房調査統計
　　　　部編『機械統計年報』各年版より、貿易に関しては、
　　　　日本関税協会『貿易年鑑』の各年版より作成。

6　ミシン業界での時期区分は、草創期（大正末期～昭和10年）、成長期（昭和11年～19年）、飛躍期（昭和20年以降）となっている（日本ミシン協会『ミシン生産構造調査報告書』日本機械工業連合会、1956年、4～6頁）。筆者は、この区分を参考に、1950年代以降から現代までの発展過程の全体を、創生期、成長期、成熟期に区分した。

1．創生期（1890 年代～ 1940 年代初期）

日本最初のミシン企業は、1895 年に辻本福松が創立した福助足袋企業であり、同社は当時、すでに爪先縫いミシンの特許を取っていた。その後、1911 年には小出新次郎が小出式縫製ミシンの特許を取る[7]。それからちょうど 10 年後の 1921 年には、蛇の目ミシンの前身であるパイン裁縫機械製作所が誕生、1935 年にはブラザーの前身・日本ミシン製造の設立とともに、三菱商事などのミシン製造企業が次々誕生した[8]。当時、ミシンの輸入は主に欧米からであったが、日本市場に最も影響を与えたのはシンガー社である。同社は 30 年にわたって、日本市場の 90％ を押さえてきた。ところが、1932 年 10 月から翌年 2 月にかけて、販売員 1,000 人がストライキを起こし、多くの優れた販売員が退職、国産ミシンの販売に身を転じた[9]。このことは国内ミシン企業に絶好の成長のチャンスを与えた。これを機に、ブラザーをはじめ、蛇の目等のミシンの生産が急増する。

1940 年、家庭用ミシンの生産量は 15 万台、工業用ミシンは 2,400 台となり、総輸出台数も 1 万 1,201 台に達した。ところが、1943 年には戦争の影響で武器製造が強要され、家庭用ミシンは製造禁止となり、ミシン工場の軍需工場への転換や企業整備が行われた[10]。敗戦後、ミシンの生産量は急減、1946 年の輸出台数はわずか 3 台しかなかった。この段階は、国産ミシンの大量生産を可能にする技術力を備えた時期であることから、創生期としたい。

2．成長期（1940 年代初期から 1980 年代末）

1940 年代初頭は、戦争による金属の供給制限などもあり、ミシンの増設には許可制が導入された[11]。それにもかかわらず、ミシンの生産は十数年で急増し、1940 年の 15 万台から 1954 年には 150 万台、輸出量は 120 万台を越え、世界一のミシン生産・輸出国となる。敗戦期からオイルショック前まで、この増加現象は続いた。後述の支配的企業の急成長とともに、部品企業も多く誕生する。その結果、家庭用ミシンの大量生産とともに、工業用ミシンの生産量も急速に増加した。生産に占めるミシンの輸出比率

7　同企業が特許を取ったことは、その後の日本ミシン産業の技術研究開発に大きなインパクトを与えた。
8　荻原晋太郎『町工場から』マルジュ社、1982 年、162 ～ 165 頁。
9　同上、162 ～ 165 頁。
10　中小企業庁大阪府立商工経済研究所『輸出向中小企業叢書』1957 年、106 頁。
11　日本繊維産業史刊行委員会『日本繊維産業史』繊維年鑑刊行会、1985 年、927 ～ 928 頁。

は 1950 年には 9 割となり、その後は 7 〜 8 割を維持している。1950 年に
は年間百億円を超える外貨を獲得し、その後、通産省によって重要産業と
指定され、技術競争力においても世界最高レベルに至る。ミシン産業は、
一躍花形の輸出産業として位置づけられた。1955 年時点で、日本のミシ
ンは品質・性能・価格において、すでに十分な国際競争力を備えており、
高い輸出率を維持しながら、海外市場を基礎に発展してきたのである[12]。
1969 年、ミシンは生産量 475 万台、輸出量約 320 万台をもって、同産業
のピーク時期を迎える。

　1970 年代初期のオイルショックの影響により[13]、1960 年代まで大量に生
まれてきたミシン企業は、厳しい経営環境に直面する。1969 年に生産量
はピークを打ち、大手ミシン企業は、多角経営に生き残りの道を探りはじ
めていた。ミシン産業をリードする企業ブラザーと JUKI は異なる経営戦
略を打ち出し、前者は多角経営に、後者は元来の工業用ミシン製造に特
化することによって企業の競争力を強化し[14]、ミシンの多機能化と品質の
向上を実現する。その後、1980 年代まで、アジア市場の急成長とともに、
生産に占めるミシンの輸出量は、最盛期より低いものの、依然 6 割という
高い比率を維持してきた。同時に、この時期、多くのミシン企業が海外へ
の直接投資を行い、生産拠点をアジア、とくにアパレル企業の海外進出と
歩調を合わせ、韓国・台湾、さらに中国に移転し始め、製品のグローバル
な製造・販売を実現した。また、国内需要から国際需要への対応の必要に
伴い、製品も大量生産から、多品種・多機能・高品質志向へと転換している。

3．成熟期（1990 年以降）

　この時期に入ると、ミシンの生産量は急激に減少し始めるが、輸出比率
は 6 割から 9 割にまで再び拡大していく。ソフトとネットワーク・コンテ
ンツ時代への突入と IT 革命による情報化は、ミシン産業にも大きな変革
をもたらした。機種や機能の向上は言うまでもなく、コンピュータを搭載

12　1955 年の輸出先を国別で見ると、アメリカ市場向け 37.9％、東南アジア市場向けが 24.7％を占め、
　　この 2 つの市場だけで輸出全体の 6 割を占めている。日本ミシン協会『ミシン生産構造調査報告書』
　　日本機械工業連合会、1956 年、8 頁。
13　1970 年代は、日本のミシン産業の転換点でもあった。その原因のひとつは、オイルショックによる
　　国内産業の不振、つまり、産業環境の変化によるものであり、もうひとつは産業内部の要因によるも
　　のであった。ミシン企業の生産性の上昇と企業の過当競争による供給過剰は、産業全体の生産量と輸
　　出量の下降趨勢にも結びつき、少なからぬ企業の経営が危機状態に陥った。
14　東京商工指導所『業種別総合調査報告書』1981 年、50 頁。

することで、家庭用ミシンと工業用ミシンはともに高度の技術レベルに達し、世界の最先端水準を走っている。

生産量と輸出量は減少したが、この段階では支配的ミシン企業、あるいは世界的寡占企業が誕生し[15]、品質の高さや機種の多様性において、国際競争力をいっそう強めている。ミシン産業の企業数、およびミシンの生産量や輸出量の減少とは対照的に、機能・品質・品種などにおける高度化が進んでいる。たとえばブラザーは、1990年から家庭用ミシンでは業界初となる自動端縫機能付電子ミシンを発明し、工業用ミシンでは本縫ダイレクトドライブ自動糸切り「DB2-DD7000」・電子閂止ミシン「LK-B430E」・「6頭電子エンブロイダリーミシン」などを続々と世に送り出した。企業の研究開発や新たな発明によって、製品の差別化は着実に行われている。それゆえ、同段階を国際競争力形成の成熟期だと見ることができる。

Ⅱ. 国際競争力形成の要因（一）：産業構成の特殊性

日本のミシン産業の競争力については、主に成長期の前期を中心に考察したい。なぜなら、この時期は、ミシン企業数と生産量が最も多い時期であり、企業間競争も激しく、国際市場でのシェアを拡大した一方、生産構造においては非常に複雑な時期であったからだ。そこでまず、ミシン産業の生産構造には、いったいどのような特殊性があったかを検討してみたい。

ミシン生産は、輸入ミシンの部品模倣から始まり、明治初年より徐々に需要が拡大する。その後、輸入ミシンの補修の必要から、外国製部品に代替できる部品企業が生まれ、そこから国産ミシンを生産する企業が続々と誕生し始めた。国産ミシンは、1921年のパイン裁縫機械製作所（後の蛇の目ミシン）の設立により、本格的に生産が始まる[16]。1939年の時点で、すでに組立企業数社、部品企業32社、その他の附属品企業を加えると90社が創業しており、1941年には500社にまで急増する。ところが翌年、戦争の激化による企業統制で、完成品・部品企業25社しかミシン生産の許可が得られなかった。

15　本書第10章「日系ミシン企業の中国における事業展開」参照。
16　日本ミシン協会『ミシン生産構造調査報告書』日本機械工業連合会、1956年。

264　第 12 章　日本ミシン企業の国際競争力の形成

　1950 年代に入ると、企業統制による諸規制が緩和され、ミシンの組立企業や部品企業が再び大量に設立される。これらは数字からも確認できる。1955 年、組立企業の主要部品の外注依存率（平均）は、加工型の場合は 1953 年の 58％ から 81％ に、準組立型は 87％ から 95％ に上昇している。ここから、当時、部品企業が大量に存在していたことがわかる。[17] ミシン業界の研究によると、家庭用ミシンの場合、大手企業の組立外注率は 32％、中小企業は 67％ を占めている。このことは、企業間に緊密な取引があったことを示している。[18] また、1967 年は 55 年と比較してみると、組立企業は 60 社、部品企業 110 社、その他 43 社となり、[19] 企業数はかなり減少している。

　次に、企業の創立時の業種を考察したい。家庭用ミシンより後発の工業用ミシンの組立企業の創立および事業内容（表 12-2）を見ると、ミシンの修理・輸入販売・部品製造で創業した企業が圧倒的に多いことが見て取れる。[20]

表 12-2　工業用ミシン産業における主要組立企業の創業時の事業内容

企業名	沿　　革
大和ミシン	大正初年、工業用ミシンの修理・輸入・販売業として近藤ミシンが創業され、昭和 21 年、製造会社として分離独立。
百瀬ミシン	大正 2 年、輸入ミシンの改造・販売で創業、昭和 22 年、工業用ミシン製造を完成。
ペガサスミシン	大正 3 年、工業用ミシンの修理・輸入・販売業として美馬ミシンが創業され、昭和 34 年、製造会社として分離独立。
中島ミシン	大正 4 年、工業用ミシン・裁断機等輸入で創業。大正 7 年、工業用ミシン部品国産化、昭和 13 年、完成工業用ミシン製作。
石井ミシン	大正 9 年、工業用部品製作および改造修理で創業、昭和 10 年、袋縫ミシン製作。
三菱電機	大正 10 年、電機企業として創業。昭和 7 年、家庭用ミシン生産、昭和 9 年、工業用ミシン生産開始。
三菱製作所	昭和 7 年、工業用ミシン部品製造で創業。昭和 25 年、完成工業用ミシン製造。
セイコーミシン	昭和 12 年創業。
東京重機（JUKI）	昭和 13 年、東京都下中小機械工場が合同で創業。戦前は小銃生産。昭和 20 年、家庭用および工業用ミシンに転換。
ニューロングミシン	昭和 15 年、工業用ミシンの修理・製造の長ミシンが創業され、昭和 31 年、製造会社として分離独立。
大成ミシン	昭和 21 年工業用ミシンの修理・販売で創業。昭和 29 年、完成工業用ミシン製造。

出所）大阪府立商工経済研究所『工業用ミシンの国際競争力』1961 年より作成。

17　日本ミシン協会『ミシン生産構造調査報告書』日本機械工業連合会、1956 年。62 頁。
18　同上、72 頁。
19　前掲『町工場から』、165 頁。
20　ミシンはおよそ 300 ～ 1,000 点の部品から構成され、技術や精度の高い精密機械であることから、ミシン産業は、精密機械産業とも言える。縫い速度は、足踏式が 300 ～ 500 針に対して、電動式は 1,500 針となっている。工業用ミシンの種類も非常に豊富である。1960 年、世界ではおよそ 3,000 ～ 5,000 種の工業用ミシンがあるが、日本の工業用ミシンだけでその 3 分の 1（1,000 種）を占めていたのである。

Ⅱ　国際競争力形成の要因（一）：産業構成の特殊性　265

　また、工業用ミシンの組立企業の規模別分布は、表 12-3 に示す通り、
大手企業の場合は兼業が多いのに対し、中小企業の場合は専業のほうが多
い。専業企業は、先進国の工業用ミシンの輸入・修理・改造・販売から成
長してきたものが多く、19 世紀末から外国製ミシンの輸入総代理店とし
て、傘下に代理店を組織していた。自社製品のための販売網の素地が、す
でに築かれていたのである。兼業企業の場合、家庭用ミシンの販売網が「す
でに全国的に直営営業所、出張所、代理店の形ではりめぐらされ、この上
に乗っかって工業用ミシンの販売が行われていた」[21]。

表 12-3　工業用ミシン組立企業の規模別分布（1960 年）

単位：社

従業員規模	兼業企業	専業企業	合計
500 人以上	6 (5)	-	6 (5)
300-499	-	-	-
200-299	3 (1)	1 (1)	4 (2)
100-199	1 (1)	2 (2)	3 (3)
50-99	-	7 (4)	7 (4)
30-49	-	3 (3)	3 (3)
20-29	-	1 (1)	1 (1)
19 人以下	1	20 (7)	21 (7)
合計	11 (7)	34 (18)	45 (25)

出所）大阪府商工経済研究所『工業用ミシンの国際競争力』1961 年、25 頁。（　）内の
　　　数字は前年度の合計である。

　工業用ミシン企業には、いくつかの生産形態があり、大きく分けて、重
要部品の仕上げ加工型（A）、一般部品の加工型（B）、組立型、部品製造
型がある。加工型（A）は従業員 200 人程度の規模で、加工度の高い企業
の集まりである。加工型（B）は従業員 50 人程度で、典型的な中堅企業か
らなる。組立型は従業員 20 人規模が多く、比較的小さい。表 12-4 に示し
たように、販売額に占める純利益率を生産形態別に見た場合、加工型（A）
と部品製造型がそれぞれ 6% と高いが、加工型（B）と組立型はそれぞれ
3% と 2% しかない。その理由としては、組立型の中には、修理・売買を
行うタイプがあり、製造というよりも商業資本としての性格を強く持って
いるからと考えられる[22]。

───────────────────────────

21　大阪府立商工経済研究所『工業用ミシンの国際競争力』1961 年、64 頁。
22　加工型（A）の内容は重要部品の加工以外に、アームベット加工・熱処理・塗装加工などがあり、加工
　　型（B）の内容は、主としてアームベット加工である。大阪府商工経済研究所『工業用ミシンの国際競
　　争力』1961 年、38 ～ 39 頁。

266 第 12 章 日本ミシン企業の国際競争力の形成

表 12-4 工業用ミシンの生産形態別純利益の構成（0000 年）

単位：%

	加工型（A）	加工型（B）	組立型	部品製造型
販売額	100	100	100	100
材料購入部品費	54	72	77	36
工場経費	10	4	4	22
賃金	17	11	8	18
給料	6			7
一般管理費（給料を除く）	7	9	9	11
純利益	6	3	2	6

注）外注加工賃は材料購入部品費の中に含まれている。
出所）大阪府商工経済研究所『工業用ミシンの国際競争力』1961 年、39 頁。

ミシン産業の競争力形成の諸要因は、次の 3 点にまとめることができる。

1）組立型企業の外注比率の増加によって、部品企業の数もそれに比例して増加している。部品企業の増加は、激しい企業間競争をもたらし、製品の提供側より、需要側のパワーが強くなる。

2）ミシン修理・輸入販売・部品製造で創業し、組立型企業になったものが多い。それゆえ、大手企業は兼業が多いのに対し、中小企業は専業企業が多く、しかも専門性が高い。このことは、産業の競争力形成においては、非常によい組み合わせになっていた。

3）大手企業の創業期の事業内容とも関連するが、組立と兼業が多いことからもわかるように、製造という特徴より、商業資本としての性格が強い。つまり、部品生産企業の強い競争力に加えて、組立力と販売力をもつオーガナイザー的な組立企業の存在が、同産業の国際的競争力形成においては重要な要因となっていた。これは、日本ミシン産業が国際競争力を形成した最大の要因であろう。

III．国際競争力形成の要因（二）：支配的企業の誕生と「市場情報の共有システム」の形成

ミシン産業における第二の発展段階の後半では、すでに支配的企業が現れている。もちろん、初期段階にも現れていたが、この時期には一定の競争を経験し、製品の品質においても国際市場の高い認知度を獲得した点において異なる。表 12-5 に示す通り、家庭用ミシンでは、支配的企業は蛇

の目（22.8%）とブラザー（18.2%）であり、工業用ミシンでは東京重機（JUKI、27.4%）とブラザー（23.7%）である。両分野とも、トップ3社の占有率が6割を占めている。3社は現在2006年までに、依然として工業用ミシン産業協会の支配的存在である。

表 12-5　支配的企業（1979 年）

単位：％

家庭用ミシンの集中度		工業用ミシンの集中度	
蛇の目ミシン	22.8	東京重機	27.4
ブラザー工業	18.2	ブラザー工業	23.7
リッカー	17.2	三菱電機	9.6
上位3社合計	58.2	上位3社合計	60.7
丸善ミシン	12.2	ペガサスミシン	9.4
三菱電機	7.3	アイシン精機	5.8
上位5社合計	77.7	上位5社合計	75.9
その他	22.3	その他	24.1
計	100	計	100

原資料1）東洋経済新報社『統計月報』1979年9月号。
　　　2）矢野経済研究所『日本マーケットシェア事典』1979年版。
出所）東京商工指導所『業種別総合調査報告書』1981年、50頁。

　それでは、ミシン産業の業界組織は、どのように形成され、支配的企業とはどういう関係を持ち、そしてその役割は何であったかについて検討してみたい。1927年、大阪府ミシン機械同業組合の設立をもって、ミシン産業初の業界団体が誕生した（表12-6）。その後の推移を見ると、1940年代と1950年代の創立数が最も多い。戦後間もない時期、ミシン製造企業を最も悩ませたのは、資材調達難と電力不足であった。さらに、資材の公定価格での確保や販売公定価格の改定など、業界共通の問題が山積していため、東京・大阪・名古屋などの主要生産地で業界団体結成の気運が盛り上がり、1946年に日本ミシン製造会が発足する。[23]同年、「規格統一」設備・技術公開交流により、品質・コストが著しく改善され、それにより、アメリカ市場はじめ、海外市場への進出が始まるのである。[24]

23　JUKI株式会社『JUKIグローバル50』ダイヤモンド社、1989年、111頁。
24　日本ミシン協会『ミシン生産構造調査報告書』日本機械工業連合会、1956年、6頁。

268 第12章 日本ミシン企業の国際競争力の形成

表 12-6 業界組織創立の推移

年	組織名称	備考
1927	大阪府ミシン機械同業組合設立	
1928	東京ミシン商業組合設立	
1932	大阪府ミシン商工組合設立	
1937	関東・関西でミシン製造工業組合設立	
1942	整備統合による日本ミシン製造工業組合設立	組立企業9社、部品企業12社
1943	商工省の廃止により、ミシン関係の行政は軍需省の所轄となる	
1944	ミシン団体を一本化し、全日本ミシン商工統制組合設立	
1946	日本ミシン製造会発足・販売組合設立	同年、規格統一のために製造会内にミシン技術協議会設置
1947	各地に協同組合設立	
1948	日本ミシン製造会を改組し、日本ミシン工業会設立 全国ミシン商工組合連合会設立	
1949	日本ミシン工業会機関誌『ミシン工業』発行	技術競技会に公差委員会設立
1952	日本ミシン輸出組合結成	
1953	日本ミシンテーブル工業会設立	(財) 日本ミシン検査協会設立
1954	全国ミシン商工業協同組合連合会発足	
1955	日本家庭用ミシンテーブル調整組合設立 日本輸出ミシン調整組合連合会 全国アームベット工業会	
1956	日本ミシン工業会改組・社団法人日本ミシン協会設立	
1958	日本ミシンテーブル工業組合設立	
1959	日本ミシン部品工業組合創立 日本ミシン輸出振興事業協会発足	
1960	日本工業ミシン工業会結成	
1966	大阪ミシン会館、大阪ミシン機友会館の合同ビル竣工	

出所1) 蛇の目㈱『蛇の目ミシン創業50年史』1971年、770 ～ 803頁。
　　2) 中小企業庁大阪府立商工経済研究所『輸出向中小企業叢書』1957年、20 ～ 22頁。

　1950年代には、地方の業界組織の設立が目立つ。主要地域である大阪
では15、名古屋地域では5、東京地区4、その他新潟地区1と、地方の組
合が続々登場している。[25] 1960年代以降は、さまざまな「実施案」が提出
され、産業の基盤はある程度固まった。ただし、筆者は産業組合の創立数
から、当時の企業にとっては、雇用管理の問題が大きな課題ではなかった
かと推測する。
　1956年、ミシン産業は新興輸出産業の花形として、日本経済の復興に
寄与していた。そのこともあり、同年制定の機械工業振興臨時措置法では、
ミシン部品が特定機械に指定される。[26] さらに、日本ミシン工業会が改組
されて社団法人日本ミシン協会が設立され、機関誌『ミシン産業』も発刊
された。同協会は、多種多様な会員を擁し、会員間の相互の意思疎通を必
須の要件としていた。『ミシン産業』発刊の目的は、業界を巡る内外情勢

25　中小企業庁大阪府立商工経済研究所『輸出向中小企業叢書』1957年、20 ～ 22頁。
26　社団法人ミシン協会『ミシン産業』通巻第1号、1956年7月号、4 ～ 5頁。

をいち早く会員に知らせるとともに、協会の事業内容の連絡や、新技術・海外の動向等の紹介を行い、業界の実情を各方面に紹介することであった。当初は 2,500 部発行し、協会自ら各産業にも発信していた。当時の日本ミシン協会の役員構成を見ると、家庭用ミシンの部会長は、ブラザーの安井正義、工業用ミシンの部会長は JUKI の山岡憲一が選ばれている。

　このように、業界組織の発展は、支配的企業だけではなく、部品製造などの中小企業にも大きな変化をもたらした。とくに、市場情報をキャッチする方法は、従来の企業単位の独立システムから、業界組織を媒体にした共有システムへと変わっていった。支配的企業の誕生と「市場情報の共有システム」の形成が、日本ミシン産業の国際競争力形成における、第二の重要な要因となったのである。

IV．国際競争力形成の要因（三）：支配的企業の経営者とその背後

　本章の I で述べたように、福助足袋の創業者・辻本福松が、独自の考案になるツマ先縫ミシンを発明してから、日本ではミシン国産化への動きが現れた。それを目指す技術者達は、まず外国産ミシンの修理あるいは部品の製造に手を染め、その性能を解明するための「生体解剖」に寝食を忘れて取り組んだ。ミシン修理・部品生産から起業し、現在まで生き残った企業が、蛇の目・ブラザー・JUKI・アイシン精機であり、国際的競争力を持ち続けただけでなく、ミシン産業においても支配的地位を占め、大きな役割を果たしてきた。たとえば、1953 年 9 月、ブラザーのミシン生産量はすでに 2 万 5,000 台に達し、総生産量の 20％を占めていた。さらに、その他上位 13 社（愛知工業・東京重機・蛇の目ミシン等を含む）の生産

27　ブラザーの社長・安井正義は、「諸外国のミシン事情」というテーマで、インドや欧米等 19 ヶ国を訪問し、市場調査と工場見学を行った時の感想を、協会雑誌で紹介している。彼は当時のアメリカ市場についてこのように述べている。「ニューヨーク、ロスアンゼルスの二都市で私自身が調査したり、出先商社の人達と話しあったりした結果などを総合してみると、私自身の感じでは、小売価格については話に聞くほどミシン価格の値崩れはないように思われた。ただし、（中略）販売方法を研究すれば決して弱気になる必要はなく、もっと強気になってもよいと考えた。（中略）出先商社の人に対し価格維持について要望したが、商社としては価格維持ができにくいので（店の事情にもよる）国内において話し合ってメーカーで安く売るのを抑制されたいと反って要請されてしまった。結局、アメリカにたいしては、価格維持という点に重点をおいて、当局、各メーカーとも考えなくてはならないだろう」。社団法人ミシン協会『ミシン産業』通巻第 25 号、1958 年 7 月号、8 〜 10 頁。

28　ブラザー㈱『ブラザーの歩み』ダイヤモンド社、1971 年、8 頁。

29　矢野経済研究所『繊維白書』1972 年版、1023 〜 1025 頁。

量合計は、総生産の 6 割を占めていた[30]。

　この節では、上述のミシン産業の支配的企業が、製品の国産化と国際競争力を形成する過程において、どのように自立の道をたどり、どういった特徴を共有していたかを、最高の意思決定者である経営者の歴史的背景に焦点を絞って考察したい。

　蛇の目ミシン工業の小瀬興作は、1888 年、地方の地主の末っ子として生まれた。少年時代に上京し、そこで甲州財閥の大立物となった実業家・穴水要七と知り合った。10 年間穴水の薫陶を受け、事にあたっての「不撓不屈の精神」が、彼の事業上の大きな支えになる。穴水は、小瀬にとっては大きな存在であった。小瀬は 28 歳の時、穴水の末妹と結婚する[31]。

　穴水要七は、明治 41 年（1908 年）末に富士製紙に入社し、大正 4 年（1915 年）に取締役販売部長に選任され、同 7 年には専務取締役に昇進した。それと前後して、東京板紙・北海道電燈・小武川電力などの要職に就き、財界人として、次第に頭角を現わしていった。

　大正 6 年（1917 年）、穴水は自社で使用する「製紙用ゴムローラー」の国産化を目的に、同郷の佐竹源蔵の経営するゴム会社を買収した。本郷動坂町に本社と工場のあった「中央護謨工業株式会社」がそれで、穴水は自ら社長に就任し、小瀬を常務取締役に抜擢、会社の経営を任せることにした[32]。

　その後、ミシン製造の技術者・亀松茂と資金提供の飛松謹一、営業と経営を一手に引き受けた小瀬與作の 3 人によって、東京滝野川に「パイン裁縫機械製作所」が創設される。「パイン」という名は亀松、飛松の「松（英語の pine）」から採った。その後、1935 年には、社名を「帝国ミシン株式会社」と改名する。そして、1949 年、自社ブランドに「蛇の目傘」などと同様に、「蛇の目」の名を冠した「蛇の目ミシン」に社名を変更して製造・販売を開始する。

　1969 年、他社に先駆けて台湾に進出、これまでに数百社の現地系部品企業を育成してきた。その後、台湾の現地企業を基盤に、タイへ進出する。20 世紀末から現在まで、同企業はミシンの X と Y 製造原理からプラス Z

30　中小企業庁大阪府立商工経済研究所『輸出向中小企業叢書』1957 年、12 ～ 13 頁。
31　㈱日本ミシン協会『日本ミシン産業史』1961 年、162 ～ 163 頁。
32　同上、167 頁。

という三次元に発展させ、産業用ロボット生産に参入した。家庭用ミシン生産においては、世界のトップ企業でありながら、羽毛布団の生産・販売にも参入、24時間風呂での日本市場の独占など、「絞り経営方針」を維持しながら、多角化しているのが特徴である。

ブラザーは、1932年、安井正義の兄弟が協力ながら家庭用ミシンの国産化に成功し、1934年には「ブラザー」を商標に、1936年には工業用ミシン・編機の製造を始めた。安井正義に最初に影響を与えたのは病弱な父・兼吉である。正義が21歳の時、父は三つの遺言を残して他界した。

　１）いかに苦しくとも店をやめるな。世間の役に立つ立派なものをつくれ。

　２）しかし、物をつくるだけでは職工で終わってしまう。必ず売ることを覚えよ。

　３）以上ふたつのことを足場に、兄弟協力して世にでよ。

この遺言を胸に、安井兄弟は力を合わせて国産ミシンの製造に成功し、一業を守る「品質第一主義」を貫いた。これを機に、安井正義自身の貯金と、叔母の好意による3,000円を元手に、1925年末、熱田伝馬町に「安井ミシン兄弟商会」をスタートさせる。その後、兄弟の協力で開発した「昭三式ミシン」を「ブラザー」商標で登録し、同年発売した。次いで、ミシンの心臓部品「シャトルフック」の開発に成功した[33]。しかしながら、ブラザーの底力は技術だけではない。「根は技術屋ながら販売に意を用いる」という安井正義の経営姿勢は、父子相伝の「血筋」であり、ブラザー数十年の歴史を通底する企業理念ともなっている。

1931年、金輸出再禁止と輸入関税の引き上げで、ミシンは一律3割5分の増税が実施され、輸入ミシンの小売価格が大幅に値上がりし、国産ミシンへの期待が大きくなった。そんななか、90％以上のシェアを独占していたシンガーミシンでストが勃発した。その頃、安井正義は山本東作と出会う。山本東作はシンガー社のセールスマンから出発し、シンガーミシン販売のノウハウを持つ日本国産ミシンの「父」と呼ばれる人物である。安井正義は「日本人でもシンガーに負けないミシンを作れる、ということをおみせしますよ」と言い、その後、蛇の目や三菱を差し置いてブラザーを全国に広げようと誓い、まもなく「日本ミシン製造株式会社」を設立す

33　ブラザー㈱『ブラザーの歩み』ダイヤモンド社、1971年、28～38頁。

272 第12章 日本ミシン企業の国際競争力の形成

る。安井正義は当時29歳、社長としては時期尚早と考え、知名度の高い大倉財閥系の大倉発身を看板社長に、株主は安井正義と佐藤幸一とした。

　1939年、国家総動員法にもとづく工場事業場管理令によって、ブラザーは被服廠の管理工場に指定されると同時に、軍の監督下に置かれることになった。第二次世界大戦終結まで、軍需を中心に工業用ミシンの生産を持続したのである。翌年、ブラザー担当の管理補佐官として、陸軍被服本廠から派遣されたのが、土岐矩通見習士官であった。彼は戦時下経営について懇切に助言し、ブラザーにとってはゆかりの深い人となった。1946年に「日本ミシン製造会」が発足する際、会長に推薦された安井正義は土岐矩通を専務理事に据え、土岐は会長を補佐して業界の発展に寄与した。その意味で、戦災から立ち直るのに最も影響力のあった人物とも言えよう。

　1950年代以降、ブラザー社は編み機に参入、まもなく編機の製造原理を生かし、タイプライターから通信機器など、ハイテク産業にまで手を広げ、2002年の通信機器の販売額は総売上額の7割以上を占めた。創立50周年を迎えた1984年には、ロサンゼルス・オリンピックのオフィシャル・サプライヤーとして、ブラザーの名は一気に有名になり、創業以来のピークを迎える。

　戦前、ミシンの国産化を目的に創立し、製品の多角化のため早々と海外展開を進めたブラザーは、1985年以降、いくつかの事業で深刻な危機に直面した。かつて「シンガー会社の対象はブラザーミシンである。このブラザーを敗地に追い込めば他の企業は自動的に姿を消すものと推測される」というほど、ブラザーの影響力は大きかったが、1985年のプラザ合意による円高は、売上の7割近くを輸出に頼っていたミシンとタイプライター生産に大きな打撃を与える。そのうえ、製品の多角化により企業の軸足を失い、従来のブランドイメージを分散させてしまう。また、ブラザーグループ国内販売会社の「工業」離れは、「生産」と「販売」をまったく別組織にしてしまう。そのため、両者の意思疎通が欠如し、自社製品を自社の力で国内外に販売することができなる。さらに、企業役員の成功体験が経営の変化を阻害したのである。こうしたなか、1989年に社長に就

34　同上、50〜52頁。
35　同上、73頁。
36　前掲『怒涛を超えて』348頁。

IV 国際競争力形成の要因（三）：支配的企業の経営者とその背後 273

任した安井義博は、「第三の創業」と位置づけた企業変革を行った[37]。それは既存事業からの大胆な撤回と、情報通信機器への移行である[38]。そして、従来の家族経営の枠から、近代的経営を目指し、蛇の目やJUKIとは大きく異なる戦略を展開していったのである。

　山岡憲一はJUKIの三代目社長であり、1946年から1976年まで、30年間JUKIを率いてきた。山岡は、内務省の湯沢三千男の秘書だったこともあり、内務省関係の官庁に勤務をすすめられていた。1916年15歳で渡米し、カリフォルニア州で学び、日本の教育は受けていなかった。学歴差のある官庁より、民間で事業家として活躍したいと希望していた。ちょうどその時、湯沢は彼に工業組合入りをすすめ、1939年、主事総務部長として組合に入った[39]。つまり、湯沢との縁がなければ、山岡憲一の戦後30年のJUKI経営もなかったと言えるほどの重要な出会いであった[40]。
　山岡にとって、次に出会った重要な人物は、工務部長の片岡勘三郎である。片岡は、東京帝国大学（現・東京大学）機械工学科卒の長沢寸美遠の部下であり、帝国ミシン（かつての蛇の目ミシン）の「小金井工場の新設に参画して、ミシン製造における最初の『大量生産方式』を導入、指導につとめた」人でもある。さらに、その人脈から山岡は寺山伝三郎とも巡りあう。寺山は、戦後の出直しの際、山岡とともに経営に参与した一人である[41]。後に彼は、取締役、常務、専務、副社長、相談役などを長年つとめる。1947年、家庭用ミシン第一号は寺山（当時は研究室主査）と松原享（元常務）を中心とする研究陣によって「単軸回転天秤機構という、一時期を制覇する画期的な発明が実を結び、JUKIの工業用ミシン進出への切り札を手に」した[42]。この発明は、天秤の上下運動による糸の繰り出し、糸送りを回転

---

37 「成功したからといって、とくに嬉しいとも思わない。むしろ、成功した反面には、必ず責任がつきまとってくるものだ。会社が大きくなることは喜びには違いないが、手放しには喜べない」。安井正義『無言の信念』ダイヤモンド社、1967年。119頁。石山賢吉（元ダイヤモンド社社長）は、「日本産業の進路は、この会社によって尽くされている」と述べている、同上、135頁。
38 この企業変革は、決して順風満帆なものではなかった。「長年の役員や社員ほど、過去の成功体験に捉われて変革に反対するのである。しかし、それでも私は変革をあきらめず、試行錯誤を繰り返し、必死の思いで成功のコツを積み上げていった」。安井義博『ブラザーの再生と進化』生産性出版、2003年、3～4頁。
39 JUKI株式会社『JUKIグローバル50』ダイヤモンド社、1989年、69頁。
40 同上、70頁。
41 同上、73、100頁。
42 同上、112頁。

274 第12章 日本ミシン企業の国際競争力の形成

運動に変えたことであり、これより多くのメリットが生まれた。リンク天
秤の上下に伴う停止をなくし、ミシンの回転数を飛躍的に上げたことがそ
の第一であり、特に糸送りが速く、糸締りが良いため、工業用ミシンには
非常に向いていた[43]。

　戦後の出直しは、まず占領軍との出会いからはじまった。当時、JUKI
の最優先課題は、いかに生き残るか、つまり企業の転換であった。そこ
に現れたのが、アメリカ第8軍96軍医大隊長 W.M.トニット少佐である。
転換にはGHQの許可が必要であり、各種手続きを熟知した者が必要であっ
たという。山岡は、青年時代アメリカで数年間過ごした経験もあり、通訳
を介さなくても少佐との交流ができたことが重要だった。米軍のJUKI接
収について、少佐は山岡の相談に乗ってくれた[44]。そのおかげで、わずか2ヶ
月と10日にして、民需転化と一部小銃製造専用機械を除き、すべての機
械設備と工場の使用が認められた。こうして、進路に一条の光が射し、ミ
シンを中心とするJUKIの「戦後」が始まった。1946年、山岡は常務か
ら社長に就任し、以後30年間JUKIをリードしたのである。

　アイシン精機は1945年、トヨタ自動車工業の創業者・豊田喜一郎の発
案で、家庭用ミシンを中心に工業用ミシン・編機の生産から出発した。
1946年には喜一郎本人の指導によって、トヨタミシンが開発された。家
庭用製品は「用」と「美」を兼ね備えていなければならないとの強い信念
を持っていた喜一郎は、第一号機「HA-1型」の出来映えを高く評価し、
自動車と同じ「トヨタ」の三文字を冠し、商標としてTOYOTAの使用
を許可した。

　その後、同社はミシン生産を主にしたが、一方で徐々に自動車部品生産
に転換しつつ、もう一方では衣住生活に原点を置き、消費者情報を獲得し
ながら、新しい生活環境への取引を開拓していく。アパレル分野での新基
軸として、TQC（全社的品質管理）やTPM（総合的品質管理）で培って
きた生産管理技術に独自の改善を加え、アパレル産業向けの生産システム・
TTS（Toyota Sewn-products management System）を開発した。このシ
ステムの評判は海外にも及び、海外からの引合いも寄せられるようにも
なった。それ以来、トヨタミシンは「品質至上」の理念のもと、「使いやすさ」
と「外観の美しさ」を基本コンセプトに、「地球環境」と「人」にやさし

43　同上、121頁。
44　JUKI株式会社『はばたけJUKI』ダイヤモンド社、1988年、41～45頁。

いミシンへの取り組みを進めながら、着実な歩みを続ける。

　表 12-7 は、豊田幹司郎（とよだかんしろう・1941 年 8 月 14 日生まれ・愛知県出身）の略歴である。幹司郎は武蔵工業大学工学部経営工学科を卒業し、アイシン精機株式会社の代表取締役社長となる。このことは、アイシン精機とトヨタ本社との深い人脈関係を示している。アイシン精機は1975 年には台湾でもミシンを生産したが、現在、ミシンは生産の 2 割を占めるのみで、自動車部品生産が 80％を占めている。また、ミシン生産は中国の浙江省に移転している。

表 12-7　豊田幹司郎の経歴

1965 年 4 月	新川工業株式会社入社（1965 年 8 月アイシン精機株式会社に社名変更）
1973 年 10 月	同社　技術企画室付主担当
1978 年 2 月	同社　城山工場次長
1979 年 6 月	同社　取締役就任
1983 年 6 月	同社　常務取締役就任
1985 年 6 月	同社　専務取締役就任
1988 年 6 月	同社　代表取締役副社長就任
1995 年 6 月	同社　代表取締役社長就任

出所）アイシン精機㈱『可能性への挑戦』（1995 年）と同社提供の資料による。
　　　2003 年 3 月、筆者による同社へのインタビューより。

　それぞれの企業の市場へのアプローチ方法は異なり、「三河経営」「名古屋経営」「賢実経営」などと言われるほど、経営者の経営戦略は独特である。その発展過程を見ると、いずれも最初は家庭用ミシンから創業し、その後工業用ミシン、さらに自動車部品や通信・ハイテク産業等へ事業を拡大し、それぞれの産業の基軸を成している。以上をまとめると下記の 2 点になる。これが、ミシン企業の国際競争力形成の第 3 番目の重要な要因であると言えよう。

　1）　経営者の強力な人脈関係の存在

　2）　ミシン国産化への共通執念の存在

　先進国と比較して日本ミシン産業は、それまで後発産業に位置づけられてきた。また、1970 代以降は、製品の国内生産量・企業数等からのみ見た場合、ミシンの輸出額も逓減し、産業が萎縮傾向を示していたため、一般的にミシン産業は、国際競争力の脆弱産業と見なされてきた。本章ではまず、企業の競争力を、世界市場における生産量と輸出量の指標だけではなく、その発展過程における諸特徴から見ようとした。日本のミシン産業

は、国内外の市場需要が大きく変化・縮小したとはいえ、その機能や精度の高度化と海外での生産増加によって、依然として世界の先端に位置づけられている。また、組立企業の商業性と部品企業の専門性という産業構造と業界組織の創出および変遷は、各企業のそれまでの市場とのかかわり方を大きく変え、支配的企業だけではなく、部品などの中小企業を含む市場情報のキャッチ方法を、企業単位の独立システムから共有システムへと変えた。支配的企業の経営者は、この過程でリーダー的役割を果たしてきた。[45] さらに、経営者の歴史的背景を検討してみると、支配的企業となった経営者の「国産化」精神の誕生は、人とのめぐり合わせと深く関連しており、それが企業の国際的競争力の基盤形成に、決定的に重要な要素となったと言えよう。

　ミシン産業の発展は、世界でも最も発展した機械工業を土台に、支配的企業の経営者や、業界組織の市場情報の共有を通じ、各社がそれぞれの戦略を練りながら競争力を高めてきた。冒頭でも触れたように、日本の国産ミシンの製造も最初は模倣から始まり、その対象は世界ミシンの最強企業・アメリカのシンガー社であった。[46] 今日、その立場は完全に逆転し、日本のミシンはむしろ模倣される対象となっている。世界各国が日本のミシン企業の技術を模倣し、それによる被害は深刻な状況にまで至っている。[47] 日本のミシン企業は、自らの生き残りのため、新たな国際競争力強化の課題に直面している。

45　元通商産業省繊維工業審議会技術問題委員河内保二へのインタニューによる。2006 年 2 月 11 日。
46　シンガー社は、世界で最初に商業的に成功したミシン企業であり、19 世紀末には、すでに大規模な多国籍企業として発展していた。ジェフリー・ジョーンズ・桑原哲也他訳『国際ビジネスの進化』有斐閣、1998 年、114 頁。
47　ここで、津上俊哉の研究を引用する。2000 年、「中国の朱鎔基首相は私営企業のメッカと称される浙江省を視察した。視察先の 1 つ、創業後 15 年足らずの某ミシンメーカーで、資産 7 億元（1 元は約 13 円）余、年産ミシン 60 万台余、輸出 6 千万ドル余という素晴らしい業績を聞かされ、同首相は手放しの称賛を贈った。農民出身の董事長（会長に相当）は 1986 年、23 歳のときわずか 300 人民元の元手でネジ製造会社を創業し、以来 15 年足らずで会社をここまで成長させた立志伝中の人物だ」「中国私営企業の成功物語だが、実は大きな問題がある。この会社の製品は日本の某工業ミシンメーカーの製品にうりふたつなのだ。少なくとも意匠権の侵害が疑われるし、製品内部に特許権や制御ソフトが使われていれば、特許や著作権侵害の有無も確認する必要がある。中国の当局もミシン業界での知的財産権侵害には気付いており、昨年 8 月に上海市で縫製機械の見本市（日本企業と並んでこの会社を含む模倣品メーカーも出品）が開催された際には、日本の調査団に同行して知財権侵害の取り締まりに当たる上海市知識産権局と工商行政管理局が調査に赴いている。　しかし、残念ながら朱首相には成功物語だけが報告され、会社の別の顔に関する情報は報告がなかったと見える」。http://www.tsugami-workshop.jp/article_jp_year2001id20010116.html

終章
総　括

　序章で触れた「雁行形態」論、NIEs論、「中心」と「周辺」論、工業化論を各章の実証分析における基本的な枠組とし、東アジアのアパレル産業の初期条件と資本蓄積構造の解明、輸出産業への転換プロセス、政府・市場・企業間関係に関する解明を試みてきた。本章では、それらを総括するとともに、今後の研究課題を提示したい。

I. 産業再編成の意義

1.「雁行形態」論の再位置づけ
　赤松要の「雁行形態」モデルは必ずしも東アジアのアパレル産業に当てはまるとは言えない。以下の3点で説明することができる。第一に、東アジアのアパレル産業の出発点は、輸入からではなく、むしろ輸出からであること。日本・韓国・台湾・香港の共通点は、1) 産業形成の最初期段階は、アパレル製品の輸出から始まり、2) その後、企業は事業内容を多角化するとともに、3) 海外への直接投資を行い、4) 最終的には輸入が輸出を上回っていく、という点である。ただし、中国の場合、上述の1)、2)、3) は共通しているが、4) は異なっており、現段階まで一貫して輸出が輸入を越えている。第二に、土着の資本を基盤に、製品の輸入ではなく、三資企業を介在させることで、技術移転などを通じて経営ノウハウを蓄積し、その後、他産業への参入も果たしたこと。この点は、日本を除いたその他の国・地域で共通している。主な方法は、外国資本を媒体とする結合であり、これは「雁行形態」モデルの輸入代替的発展モデルの基本的な発想とは異なる。第三に、資本の拡大運動は、複数の資本の結合によって行われていること。それを日本から韓国、台湾、香港、中国へ、雁が飛ぶように順に発展していったという意味で「雁行形態」と主張するものもあるが、必ずしも輸入代替型でないパターンを、ひとつのモデルに集約し、それを東アジアモデルと見ることには、再検討の余地があるだろう。

2. NIEs 論の意義と限界

国家の役割のみを強調する理論、構造転換連鎖論や、自己循環理論の再検討も試みた。とくに第3章から第7章までは、韓国・台湾・中国政府による繊維産業とアパレル産業における政策を比較し、輸出育成政策の偏向と、アパレル企業の相対的に見て独自の役割を果たしたこと、政府の対アパレル産業政策が試行錯誤段階にとどまり、補助的な役割しか果たしていなかったことを明らかにした。この点に関しては、中国だけではなく、日本やNIEsのアパレル産業に対する国家の政策も、必ずしも産業の発展に有効に働いたとは言えない。つまり、政策はあくまでも補助的条件にすぎなかったのである。途上国の経済開発における渡辺利夫の「強い政府」論は、特定の戦略的部門や工業発展の初期段階一般にはあてはまるとしても、その理論の普遍性には懐疑的な見解をとらざるを得ない。

東アジアにおける国家間の資本や技術の大きなギャップは、確実に存在した。それがなければ、日本の繊維企業は、戦前から東アジアの地域に対して莫大な直接投資を行ってこなかっただろう。戦後も同地域の繊維貿易は発展してきており、今日、市場は相互補完性を持つようになっている。さらに、1990年代には中国の市場開放によって、域内貿易と資本投資は急激に増加している。[1] 域内の相互依存関係はNIEsを媒体に深化を遂げており、貿易自由化と投資自由化の進展に伴い、単一経済圏構想も浮上してきている。中国における輸出競争力は、改革開放の初期段階においては、中国国内の要因より外部要因のインパクトのほうが大きかったが、やがて、外資企業の直接投資や技術導入により、技術受容能力という内的条件が発掘された。中国では元来の「フルセット型」生産では、[2] 国内需要さえも十分に満たせなかった。[3] アパレル産業は1990年代になると、世界最大の生産量を誇るまでになっている。日本のアパレル企業は、繊維企業よりは比較的小資本で（特殊な例は除く）中国への直接投資を行い、上位企業や一部の中堅企業は、合弁形態を通じて企業の自主的発展を見せている。おそらく、このような相互連関的な展開は、他産業では見られない特徴であ

1　経済企画庁調査局海外調査課編『海外経済データ』各年版による。
2　中国では、国営企業が繊維の糸からアパレル完成品まで分業せず、すべての経営を行う産業形態を「フルセット型」と言う。
3　国内需要を満たす問題については、本書第5章で詳細に分析した。ここでは二点を補足したい。ひとつは生産力の低さ、いまひとつは、当時の既製服の普及率である。

ろう[4]。

　東アジアにおける日本の投資や技術移転は、韓国や台湾、香港、中国などの現地側の一方的な要請のみで行われたのではない。確かに日本経済が「常に生産と消費のギャップを制度的に創り出してそのギャップを海外に転嫁」[5]した面も否定できないが、しかし、また現地側の需要と要請も無視できない。欧米のように「欧米資本主義の大量生産を大量消費で吸収することで基本的に『周辺』なき成長が可能になった」[6]という状況とは異なり[7]、東アジアの成長は、日本資本主義の東アジアへの直接投資と技術移転によって、NIEs という中間媒体を形成した点に大きな特色がある。NIEs のアパレル製品が劣悪であったならば、欧米のような消費者主権の強い地域では、政府が輸入政策を緩めて低価格で購入できるように誘導したとしても、恐らく NIEs（中国も含めて）製の商品はそれほど売れなかっただろう。NIEs のアパレル企業の努力によって、同製品は欧米輸入市場で 1970 年代から 1990 年代まで、平均で約 5 割のシェアを維持し続けた[8]。NIEs のアパレル産業の成長は、東アジアにおける高度成長を牽引したと言えるだろう。序章で述べた国際的条件は、冷戦による中国市場の閉鎖と、アメリカの対韓国・台湾への市場開放策という側面を伴った。しかし、それらはあくまでも外部条件であって、アジアを特色づける決定的な要因ではない。

4　この点については、本書第 6 章の II、IIIで詳しく説明している。
5　海外投資を選択する 3 つの条件は以下のようなものである。1) 企業が特定の市場において、他国の企業に対して所有の優位性をもつ必要性がある。所有の優位性は、少なくとも一定期間それを所有する企業にとって、排他的もしくは固有な無形資産の保持という形態をとる。2) 条件 1) が満たされた上で、所有の優位性を、ライセンシング契約などによって外国企業に売却したり賃貸したりするよりは、自社の活動範囲の拡大によって、その優位性を活用した方が有利でなければならない。3) 条件 1)・2) が満たされたうえで、少なくともある要素投入については、母国以外で優位性を内部化した方が有利でなければならない。そうでない場合には、外国市場は完全に輸出によって、自国市場は国内生産によって供給されるであろう。洞口治夫『日本企業の海外直接投資』東京大学出版会、1992 年、27 頁。
6　金泳鎬『東アジア資本主義の構造』京都大学経済学会、1994 年、126 頁～。
7　同上、126 頁～。
8　香港経済導報社『香港経済年鑑』各年版より算出。

3. 「中心」と「周辺」論への批判

第6章と第7章では、中国のアパレル産業の発展から、東アジアの全体像を描くことを試みた。そこで明らかになったのは、輸出部分はむしろ三資企業に大きく依存しており、下請け・工程の分業関係・製品差別化の分業が形成されているということである。素材のギャップは日本やNIEsによる直接投資等によって埋めようとし、技術は多様な形で移転が行われた[9]。その発展要因は一国内のものだけではなく、また、中国と日本の二国間の関係によるものだけでもなく、日本および中間媒体であるNIEsの直接投資と技術移転にも大きく関わっている。その特徴は、次の3点にまとめることができよう。

第一の特徴は、外部である日本アパレル企業の人的資本移動による技術移転である。その移転は、日本のアパレル産業の構造転換（ラウンドテーブル・チェーン式の形成）と時間的に一致している。第二は、中国国内の受け入れ側の技術受容能力の高さであり、それは中国アパレル産業を、周辺的地位から中心部をキャッチアップすることを可能にした最も重要な内的要因である。第三は、NIEsの役割である。日本のアパレル企業の対中国直接投資と技術移転は、NIEsの良質な素材提供における優位性、中国の土地・低賃金・市場などにおける優位性を基礎条件に、さらに、中国政府の細かい政策がまだできていない弱い政策のもとで行われた。それに加え、三資企業や民間企業の企業活動が重んじられ、規模の大小を問わず、資本・設備・技術を順次に移動させて資本蓄積が可能になった。そのプロセスは、日中両国による人材派遣・研修制度を通じて展開された。そして、内部留保による再投資や再合弁・合併によって、生産管理能力とマーケティング能力が急速にエスカレートし、企業集団化を果たしたのである。

中国のアパレル産業は伝統的な労働集約的生産が、クォータ制による規制を中間媒体であるNIEsに依存しながらくぐりぬけ、変動の激しい先進国の消費市場と結合することで、輸出に成功したことになる。このように、東アジアの産業発展は、アパレル産業を例にとると、日本・NIEs・中国の関係が単なる「中心－周辺」関係を越えて展開することによって新興発展地域が形成されたと言える。さらに、そこでは都市部を中心にして、中間層もまた形成されてきているのである。

9　香港・台湾・韓国の現場指導は、日本のやり方と非常に似ていることを上海や大連企業で聞いた。

I 産業再編成の意義 *281*

4. 工業化論

工業化論については、序章での問題提起は、各章で実証分析を行った。
伝統的な産業、およびある段階における社会の特質は、その後の新たな体
制の成立にとって軽視できないどころか、非常に重要な内部決定条件と
なっている。NIEs におけるアパレル産業の隆盛は、東アジア内部におけ
る初期条件、すなわち、戦前からの日本の繊維産業の発展と、中国革命直
後の紡織資本の香港・台湾・タイへの流出が決定的な初期条件となってい
た。そうした初期条件のもと、1960 年代の韓国・台湾・香港のアパレル
企業は、アメリカ等の貿易規制の枠内で、日本による直接投資を通じ、生
産技術ノウハウを蓄積し、それによって世界市場の 6 ～ 7 割の製品を輸出
するまでになった。[10] 中国のスパイラル的な追い上げも、日本を中心とし
た東洋資本主義の発展の一環としての成長であり、NIEs の成長を抜きに
は語れない。[12]

初期条件については、各章の発展諸段階の部分で検討を行った。日本・
韓国・台湾・中国のアパレル産業の初期条件は、紡織の発展であるが、そ
れは農村工業の発展と密接に関連していた。[13] このような内的条件の早期
形成は、[14] それぞれの産業発展に多少の差はあるが、政治や国際環境にも
左右されず、全体的にはその後の経済発展を大きく規定した。これは東南
アジアの資本主義化が、どちらかといえば外部に依存ながら進行したのと
は異なる点であろう。[15]

一国の資本蓄積体制を考える場合、それを低賃金の利用という「しわ寄
せ」の側面だけに注目するより、むしろそれぞれの国・地域の産業構造の
変化と、可変的な国際市場の需要による新たな経済メカニズムの誕生と形
成に注目すべきであろう。低廉な労働力の利用による高賃金国の「しわ寄
せ」というのは一側面にすぎない。日本や投資側から見れば、それは低廉
ではあるが、受け入れ側から見ると、同業種間で比較した場合、外資企業
や合弁企業のほうが比較的高賃金であり、またその他の恩恵も受けること

10　小川英次「アジア太平洋繊維産業フォーラム基調報告（1）」（1996 年）。

11　シンガポールなどの特殊な例外はある。

12　涂照彦『東洋資本主義』講談社現代新書、1990 年、16 ～ 20 頁。

13　中村哲『近代東アジア史像の再構成』桜井書店、2000 年、15 ～ 18 頁。

14　竹内常善「都市型中小工業の問屋制的再編成について（1）～（3）」『政経論叢』第 25 巻第 1 号（1975
　　年）、第 25 巻第 2 号（1975 年）、第 26 巻第 1 号（1976 年）。

15　藤田和子「東南アジアの工業化と多国籍企業」北原淳・西口清勝・藤田和子・米倉昭夫編著『東南ア
　　ジアの経済』世界思想社、2000 年、92 ～ 123 頁。

ができたのは事実である。それゆえ、投資側が一方的に発展途上国の低廉な労働力を搾取するという見解は皮相な観察にすぎず、内部的条件とその変容過程を検討する視点が欠如していると言わざるを得ない。

Ⅱ．産業再編成の特徴

　東アジアの特色は、戦前の日本資本主義化と密接に結ばれており、東アジアのNIEs（Newly Industrializing Economies：新興工業経済地域）化は、その他の地域のNIEs化とは区別できる特質を持つ。涂照彦は、台湾における戦前の「日本植民地経営は、日本帝国主義の自己矛盾―糖・米相剋問題や、自己都合主義―工業化の必要性などによる歪みを台湾社会経済に持ち込んだとはいえ、台湾旧来の発達した商品経済をさらに一段と高い水準にひきあげたのであり、それを引きついだ戦後経済は、その『順調な』、『発展』の基盤を得たとみてよい。また、台湾経済のかかる特質が戦後過程において、逆に植民地遺制の影響力をかえって増幅させる作用をももったのである」と言う。[16]この点については筆者も共感するが、ただし、戦後の台湾経済の発展において、もうひとつの基盤として中国大陸からの紡織資本があり、それが日本の紡織・化学繊維やアパレル資本と結合することによって、台湾全体の経済発展を確たるのものにしたのである。東アジア共通の前提条件は、比較的発達した紡織産業の形成であるが、その先駆者たる日本の繊維産業の発展過程を、以下にやや補論的に触れておきたい。

1．日本近代的産業の成立

　阿部武司の研究によると、日本の近代的紡織業の起源は、薩摩藩営の鹿児島紡織所であったという。[17]「明治初期藩営の堺紡績所と民営の鹿児島紡績所成立し、本格的展開は、輸入防遏と政府の施策によって明治10年に始まる。模範工場官営愛知紡績所の成立をはじめ、10企業（十基紡）に対する期限10年間・無利息での2,000錘紡績機10基の払い下げ、三企業に対する輸入機械代金の一時期立替払いなど政府の保護育成政策にもかかわらず、2,000錘紡績の業績は概して悪かった」。[18]大阪紡績会社は、そ

16　涂照彦『日本帝国主義下の台湾』東京大学出版社、1991年、498～499頁。
17　阿部武司「綿工業」阿部武司・西川俊作『産業化の時代・上』岩波書店、1990年、165頁。
18　同上。

のような背景のもとに誕生した（1882年）[19]。大阪紡績の成長は、当時の日本の繊維産業に連帯効果を与え、三重紡（十基紡三重紡績所を母体に1886年創立）、鐘淵紡（1887年）、摂津紡（1889年）、尼崎紡（同年）などが続々誕生、1887年の19社から1890年の39社へ急増し、紡績業は鉄道業や保険業等とともに、企業勃興期における代表的な振興産業となった。1897年に綿糸の輸出が輸入を上回ったのは、これらの民間企業における経営ノウハウの蓄積による生産力の増加だと筆者は見ている[20]。

　1899年から1904年の間、日清戦争後の不況により、日本の紡績会社数は減少した。弱小企業の大部分は、比較的規模の大きな紡績会社に合弁吸収される運命をたどったという[21]。そこで、東洋紡・鐘淵紡・大日本紡の三大紡が誕生し、強大な紡績企業間の競争が始まった。大阪紡は、無差別に販売する戦略から綿糸輸出に力を注ぐ戦略に転じ、綿糸は高い輸出率を維持した。鐘淵紡は、上海紡等を合併し、三井物産と特約関係を結び、製品改良や原料購入の改善重視による市場志向が見られた[22]。その後、産地綿織物業は大勢として近代産業に、正確に言えば、そのうちの中小企業部門へ転化していったという[23]。

　第1章ですでに触れたが、1917年、これらの企業の成長によって日本の綿布の輸出が綿糸を凌駕し、「糸から布」への転換を達成した。日本繊

19　その不振の原因を、阿部武司は5点にまとめている。1) 出資者が地方の一部の富豪に限定されたこと、2) 資金調達力の弱さと密接に関連するが、2,000錘という設備規模が過小であったこと、3) 動力として水車が使われたため、河川の渇水期に工場の操業維持が困難であったこと、4) 水力利用や、国産綿花を原料とする方針によって工場立地が限定されたため、労働力調達や製品販売の面でしばしば支障が生じたこと、5) 技術者が不足していたこと、である。大阪紡績は、それらを克服しようとした。経営財界の有力者・渋沢栄一の呼びかけ、運転資金調達力の向上、山辺丈夫の迎えと昼夜業の導入、資本回転率の向上および中国原綿使用が可能になったことが、同時期に大阪紡績が急成長できた重要な点であったという。前掲「綿工業」166頁。

20　大阪紡績のふたつの大きな変化とは、1) ミュール精紡機に替えてリング精紡機を設置したこと、2) 輸入綿に全面的に依存するようになったことである。清川雪彦の論点は、両紡機の性能を詳細に比較し、機械設備の生産性の面に限れば、リング精紡機のほうが明らかに優れていたが、日本におけるミュール精紡機からリング精紡機への転換は、国際的にも異例なほど徹底的で急速なものだった、ということである。前掲「綿工業」169頁。
　日本の綿業の成長と対照的に、英国綿業の衰退に関する研究においては、リング精紡機および自動織機への対応が遅れたという見解が通説のようである。中国の紡織産業が立ち遅れた原因においても同様の見解がある。日高千景『英国綿業衰退の構図』東京大学出版会、185頁、1995年。王海波著『新中国工業経済史―1949・10〜1957』経済管理出版社、1994年、57〜63頁。

21　前掲「綿工業」172〜180頁。

22　同上、183頁。

23　力織化は産地綿織物業の「新」在来産業化をもたらしたが、製品の広幅化は、鉄製力織機の導入を一般化した。産地織物業の近代化と中小企業部門への変身は、それが重要な条件でもあったのではないかと考える。前掲「綿工業」208頁。

維産業の発展は、このような市場競争のなかで達成されたが、そこには無数の企業の脱落があったのである。他方、1930年から1940年代にかけての繊維企業による植民地での経営には、評価すべきところもあったが、軍事と政治の歪みはその側面を覆ってしまい、特に冷戦期には、その「影」だけが捉えられていた。それゆえ、戦後、日本企業がNIEsへ直接投資を行う際も、いわゆる「搾取」や「しわ寄せ」などの用語が使われ、同様の見解は今日に至っても依然として強く残っている。

ヨーロッパの技術を導入し、同じく伝統的な綿繊維産業からスタートしたにもかかわらず、ブラジル・メキシコ・アルゼンチン・リベリアなどのNIEs諸国は、アジアNIEsのような成長と役割を果たせなかった。これは、その後のアメリカ資本主義との結合関係が、東アジア的な展開と異なったためであろう。すくなくとも、繊維産業において、アメリカ企業はラテンアメリカで地域分業的展開を遂げられなかった。これと比較すると、日本資本主義の海外展開は、アメリカ資本主義と対照的な特質を有しているのではなかろうか。日本の戦前からの伝統的繊維産業は、戦後の化合繊産業発展の基盤となり、それらはまた、東アジアのアパレル産業を輸出産業へ転換させるもっとも重要な基盤となっていた。

2．日本アパレル産業の先駆的地位

ここでは、東アジアにおけるアパレル輸出に焦点をあててみる。終図1は、日本のアパレル輸出を示すものであるが、1950年代がピークとなっている。アパレル製品の中にテキスタイルの輸出がもっとも多く、1953年から10年間、アパレル製品の世界輸出市場における年平均シェアは26%を占め、世界トップの座にあった。アパレルの主要な輸出市場はアメリカであり、「当時、米国が日本のアパレル製品の70%を購入していた」という。1953年の日米繊維摩擦は、日本のアパレル企業、とくに綿製品

---

24 富澤修身『アメリカ南部の工業化』（創風社、1991年）第1章を参照。

25 田中高は、ヴァーノンがプロダクト・サイクルを発表した初期の論文を引用しており、ここではそれを参考にした。その内容は「米国では一般に賃金が低く、事業経費が安く済む南部に移動した輸出産業は洗練された経営環境をそれほど必要とせず、標準化された製品を造る工場であった。繊維産業では南部に移動したのは未染色の生地や敷布、男物のシャツ工場であった。よりファッション性の高い製品や標準化されない衣類の製造業者は南部に移動するのを躊躇したのである」。ヴァーノンが言う先進国（主にアメリカ）の海外展開と、日本企業の東アジアへの直接投資に関する比較研究は、今後の課題にしたい。田中高『日本紡績業の中米進出』古今書院、1997年、10～12頁。

26 UN Yearbook of international Trade, 各年版より。

27 イムティアズ・ホセイン・モヒウディン「日本アパレル産業における輸出マーケティング」『経済論叢』

の自主規制を余儀なくさせた。それに対し、企業はさらに「競争的要素で製品を押し出して」輸出を増加させた結果、アメリカ側から輸入制限が課せられ、品質向上と選別的生産に移行していった。つまり、日本のアパレル企業は、この時からマーケティングに力を入れ、製品の品質アップのために生産管理を強化してきたとのである。この経験は、その後の東アジアへの直接投資に生かされたのではないだろうか。

終図1　日本の繊維産業におけるアパレル製品の輸出比率の推移

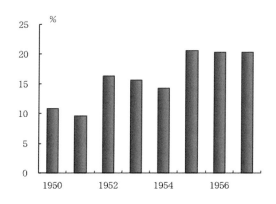

出所）通産省『日本の輸出産業』1959年、48～51ページより作成。

1960年に入ると、日本では上位アパレル企業が形成され始め、1970年代には、それらの上位企業がイニシアチブを掌握することによって高利潤を創出し、1980年代には他産業の参入によって産業全体の構造変化がもたらされる。つまり、企業間関係が、それまでの企業間の直接取引関係であるダイレクト・チェーン式（Direct chain）から、関連産業の海外直接投資や新規アパレル事業（子会社）などを通じて、企業間での共同開発・提携・共同出資などを行い、情報を共有するラウンドテーブル・チェーン

　京都大学経済学会、第158巻第3号、1996年9月、25頁。
28　同上、47頁。
29　本書第1章「戦前日本のアパレル産業の構造分析」参照。

式（Round table chain）へ転換している[30]。日本の大手企業による直接投資と輸出貿易を通じた企業集団化が進み、その過程でラウンドテーブル・チェーン式が採られるようになったことは、東アジア域内において、ある程度循環メカニズムが働くようになったと言えよう[31]。

III．東アジアのアパレル産業の発展

次に、東アジアにおけるアパレル産業発展の共通点をまとめてみよう。第一に、紡織産業を基礎条件としていること、第二に、アパレル製品の輸出比率が高く、かつ長く持続したことである（終図2）。1970年代の香港・韓国・台湾の輸出を見ると、これらの地域における総輸出に占めるアパレル製品の比率は、年平均3割弱を占めており、1980年代でも約2割を占めていた。中国は1970年代後半から輸出が始まるが、それを加えても、これらの地域の総輸出に占めるアパレル輸出の割合は、24年間（1971年から1994年）で年平均16％となっている。

---

30 本書第2章「日本アパレル上位企業の分析」参照。
31 ここで高村直助の研究を借用し、やや説明を付け加えたい。同研究によると、民族紡の形成において、原始的蓄積政策と産業資本形成の条件整備政策が欠如し、「経営外の悪条件と並んで、経営内にも官僚的非能率、情実人事、工場管理への無関心、原料製品売買に際しての経営努力の不足等」、官僚の経営への介入はさまざまな悪弊を生んだが、経営者となった商人もまた同様であったと指摘している。19世紀末のある日本人の叙述によると「近代支那一般ノ風紀非常ニ腐敗シ紡績会社ノ如キモ上理事支配人ヨリ下手代ニ至ルマテ唯タ私利ヲ是レ事トシ工場ノ不取引ハ言フニ及ハス賄賂盛ニ行ハレ不正ノ利ヲ貪ルニヨリ遂ニ利益ノ株主ニ及フモノナシ是レ則チ支那人管理ノ下ニアル各社会力困難ヲ極ムル最大ノ源因ナラン」とのことであった。つまり、今日の中国のアパレル産業は、一部は伝統的繊維産業から脱皮したとはいえ、紡織業の官僚的発想や非効率的経営の側面は、社会主義経営を経過したからか、歴史的病巣がなお根強く残存している。筆者がインタビューを行った際に聞いた、現場の役人、とくに郷鎮企業の役人の悩みは、歴史的経営の問題を暗示している。高村直助『近代日本棉業と中国』東京大学出版会、1982年、44頁。

III 東アジアのアパレル産業の発展 287

終図2 韓国・台湾・香港・中国の総輸出に占めるアパレル製品の比率

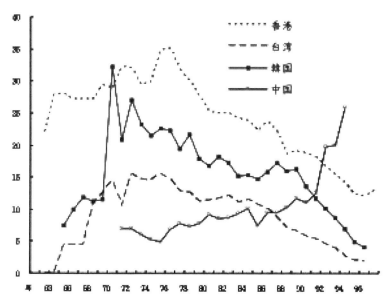

出所) 香港は、Census & Statistics Department, Hong Kong ,Hong Kong Trade Statistics 各年より作成。
韓国は、
1) NATIONAL STATISTICAL OFFICE REPUBLIC OF KOREA『韓国統計年鑑』各年次による。
2) 総輸出入のデータは、全国経済人聯合会『韓国経済年鑑』各年次による。
3) 1994年からの総輸出入のデータは、Published by the Bank of Korea, ECONOMIC STATISTICS YEARBOOK 1997 にもとづき作成。
台湾は、
1) Council for Economic Planning and Development Republic of China,Taiwan Statistical Data Book1997.
2) 台湾経済研究所『中華民国紡織工業年鑑』各年より作成。台湾のみ新台幣で計算し、その他はドルで計算した。
中国は、
1) 中国統計信息諮詢服務中心『中国対外経済統計大全』1992年より。
2) 1992年以降は、中国社会出版社『中国対外経済貿易年鑑』各年より。
3) 中国『中国紡織工業年鑑』各年版、および日本化学繊維協会『繊維・ハンドブック』各年版をそれぞれ参考にしている。

第三に、その蓄積によって他産業への参入が行われ、短期間内に企業グループ（企業集団）を形成していったこと。しかも、それは一部の企業の淘汰によるものであり、産業全体は「収斂」に向かっていく（終図3）。ここで筆者は「収斂」の概念を、衰退ではなく、企業数や生産量では縮小するが、企業の効率や生産の質がより向上し、あるいはその他の産業へ参入・転身していくことだと定義する。企業数と生産量が正比例して増加するのは、産業の成長段階である。その段階を経過して、両方とも減少していくと「収斂」段階に入り、新しい産業である電気・電子・金融・自動車・通信産業への参入によって、新たな曲線が生まれてくる。たとえば、香港の麗新、台湾の新光、韓国の三星などがもっとも良い事例である。「収斂」産業が増加すれば、新産業も増えていく傾向が見られる。アパレル産業は、外貨蓄積の花形産業であったと同時に、他産業へ参入し、変身していく拠点ともなりうる魅力的な産業であったと言えよう。

III 東アジアのアパレル産業の発展 289

終図3 東アジアにおける産業構造の「収斂」イメージ

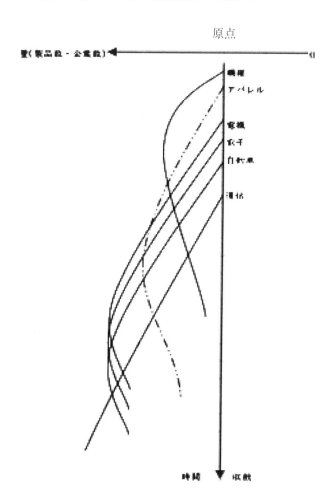

注) 著者が作成した。

IV. 産業再編成の課題

　東アジアのアパレル産業の歴史は、欧米ほど長くない。それゆえ、多く
の面でその未熟さが露呈されている。まず、アパレルのデザインにおける
主導性が薄弱である。日本ではアパレル産業が繊維産業を牽引し始めたと
言っても、わずか数十年のことにすぎないし、政府の人材育成も、繊維産
業より立ち遅れている。そのため、企業ブランドは多いが、デザイン・ブ
ランドは相対的に少ない。中国は、比較的短期間内でアパレル産業の優位
を示している。しかし、デザイン人材の育成面では、日本と同様に政策が
立ち遅れているため、世界市場での競争力は、いまだに低コストと品質優
位にあって、デザインのアイデアによるものはまだである。そして、産業
全体はいまだに、技術開発力・企画力という核心な部分を外部に依存する
メカニズムが働いている。日本の上位アパレル企業は、自国内での生産と
消費の連動を始めたとはいえ、海外との連動は情報利用の限界や消費レ[32]
ベルのギャップ、政策・体制等の壁のためにうまく行かず、販路の開拓に
苦しんでいる。東アジアの資本蓄積体制は、一部に原始蓄積的な側面を[33]
持ち、後進国から脱皮していたとは言えない。

　終図4を見ると、中国の家計における衣類支出が最も多く、次いでイタ
リア、ドイツ、韓国、アメリカ、日本、台湾の順になっている。韓国以下
の国のアパレル支出が少ないのは、大量の輸入品が関連していると思われ
る。しかし、ほとんどの先進国の支出は減少傾向にあり、これは東アジア
のアパレル産業にとっては厳しい環境で、深刻な課題を示唆している。日
本はいわば「脱欧」から「入亜」へ転換したが、何より重要なのは、有限
な資源を有効に利用するため、日本・NIEs・中国という東アジア全体が、
産業連関に基づいて、共通認識と理解を求める体制作りを行うことであろ
う。

　東アジアの工業化を考察するにあたっての筆者の問題意識は、なぜ日本
のアパレル企業が主にNIEsと中国に直接投資を行い、それ以外のもっと
コスト優位のある国や地域に直接投資を行わなかったか、という点であっ

32　前掲「日本アパレル上位企業の分析」。
33　販路に苦しんでいたのは日本の上位アパレル企業だけではなかった。中国の大手企業集団も同じ問題
　を抱えたのである。杉杉集団にインタビューした際、総裁室主任（Director of President Office）の王
　麗儂に、輸出市場シェアを聞いた時「中国市場も世界市場の一部であるから、国内販売においても同
　様に考えている」と返事していた。中国市場の参入はこれから大きな課題になるだろう。

た。投資傾向の分析を通じて理解できたことは、この直接投資の地域的集中には多様な要素がかかわっているがゆえに、簡単に、あるいはひとつのモデルや要素では解明できない、ということである。また、東アジアにおける近代的取引関係は、完全な市場メカニズムになる前は無効になる場合が少なくなかったし、政府の機能がむしろ弊害となることもたびたびであった。中国の国有企業や韓国財閥の政治癒着、台湾の官営企業などが最も良い例だが、企業にとって「タダほど高くつくものは」なかった。[34]

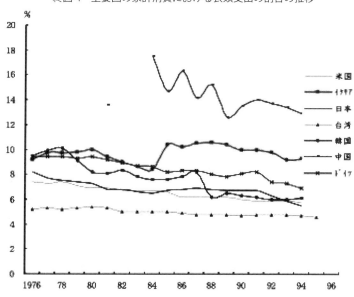

終図4 主要国の家計消費における衣類支出の割合の推移

出所) 1) 韓国統計庁『韓国主要経済指標』各年版より作成。
2) 台湾は行政院主計處『国民経済動向統計季報』1995年, p.30頁より。
3) イタリア, ドイツ, 英国, 日本は繊維産業構造改善事業協会『アパレル・ハンドブック』各年版より作成。

---

34 ミルトン・フリードマン著、西山千明監修『政府からの自由』中央公論社、1984 年、「日本語版への序文」i 頁。

海外市場の需要動向をいち早く知り、それをつくって輸出しようとする企業家（産業資本家や商人）、それを支える運輸や通信機関、そして、それを可能とする製造技術やデザイン力、それを実際につくる労働者や熟練工等がその社会にどれほど形成されているか、蓄積されているかが、東アジアとそれ以外の非欧米地域との違いである。さらに言えば、そうしたメカニズムの運動を可能にする金融機関の存在も大きい。また、最初からすべてを海外市場に頼るわけにはいかないことも考えると、ある程度国内で消費することができるような、国内市場の形成、国民大衆の生活水準の一定レベルへの到達も考えるべきである。

　紡織業が国内になくとも輸入で代替できる、というのはやや極論である。紡織業が存在したから、アパレル産業が成立しやすかったのかとか、布や糸の輸入だけではどうしてだめなのか、どの国でも布と糸を輸入すれば国内に紡織産業があるのと同じ条件になるのではないか、などという疑問も当然ありうる。現在、布や糸は国際市場でいくらでも買える（輸入できる）が、だからといって、多くの国がアパレル産業を輸出製品として成長させられるわけではない。問題は、紡織産業があったかなかったかという次元を越え、それがアパレル産業の成立を支える歴史的・経済的条件になり得たかどうかが、決定的な問題なのである。

　布や糸の製造について、アパレル製造業の立場から言えば、市場や自分たちの意向に敏感に反応してくれ、糸や布に細かい注文をつけやすいという面で、やはり国内に紡織業があったほうがずっと良い。実際に、東アジアはそうであった。しかし、東アジアで輸出を可能とするようなアパレル産業が成立した初期条件とは、ただ紡織業が国内に存在したからであるというような狭い問題として捉えるのではなく、総合産業としてのアパレル産業が成立するのに十分な歴史的・経済的、技術的（高度な技術を持つミシン産業の存在）諸条件が、この地域にそれぞれの時期に存在していたからだと捉えるべきだ。

　本書に残された課題は、まず、台湾研究の実態調査に難航したため、台湾の事例研究が十分できていないことが研究全体の限界となっていることである。第二に、過剰生産の要因解明が不十分である。これは、日本をはじめとする東アジア共通の課題となっているが、市場の管理や流通における規制緩和など、依然としてさまざまな問題が残されており、緻密な検討

が必要である。第三に、アパレル産業底辺部の研究が貧弱であったことである。日本・中国・韓国のインタビューは、主に上位企業を中心としており、中小企業へのインタビューや具体的な分析が少ない。第四に、アパレル産業の国家間貿易や生産、技術移転を中心に検討していたため、金融・雇用等における研究が完全に欠落している。以上の4点を今後の課題としながら、さらに、東アジアのアパレル産業を欧米のそれと比較研究することを、最大の課題としたい。

付　記

　本書の調査にあたり、日本側では、中村哲、下谷政弘、堀和生、塩地洋、大西広、富沢修身、上田曜子、辻美代、涂照彦（故人）、竹内常善、北原淳（故人）、平川均、塩見治人、藤本隆宏などの恩師からの指導はもちろん、日本の繊維・アパレル企業の訪問調査やインタビューの際には、各社関係者から多大な協力をいただいた。また、有限会社シナジープランニングの坂口昌章社長、東レ経営研究所の佐々木常夫元社長、三本木伸一元社長（現東レ監査長）、大谷裕元社長、横井幸夫元社長には、中国企業へのインタビューや中国経済研究会などで大変お世話になった。

　中国側では、清華大学元副学長の胡顕章と于永達、復旦大学の馮瑋、東華大学の楊以雄と王建萍、上海社会科学院の左学金、朱金海夫婦と陳海鴻、王振、上海市商業経済研究中心の斎暁斎、元上海対外科学技術交流中心の陳景仰、南京農業大学の周応恒夫婦、南京大学の張玉林夫婦、国立華僑大学の林俊国、東アジア財経大学経済研究所の劉昌黎、清華大学の劉暁峰夫婦、胡左浩、北京大学の宋磊夫婦、北京外国語大学の丁紅衛、中国社会科学院丁毅、延辺大学の蔡美花、明治大学の宋立水夫婦、王淵龍、馮瑋、戴二彪、李春利、閻衛栄などから、数十年にわたり、暖かいご協力と指導をいただいた。さらに、中国の百を超える繊維・アパレル企業の暖かい協力に記して、心より感謝の意を表したい。

　本書の出版にあたり、鹿児島国際大学の助成を受けている。感謝の気持ちでいっぱいである。また、13年間職場で暖かく支えてくださった井上和枝同僚、それから日本僑報出版社の段景子社長の厚い援助に心から感謝する。さらに、大学院生の一番苦しい時、奨学金を下さった中島平和財団や今まで仕事に夢中の私を応援してくださった父（故人）と母、社会に尽力するように志の種を撒いてくれた祖父母と小学校の担任葛霞先生、および精神的にも経済的にも支えてくれた平松宏子、井田重男（故人）と井田満寿子、小泉紗枝、幼なじみ鄭虹、そして何時も寂しい思いをさせた最愛の娘康上慧愛蘭に本書を捧げる。

■著者紹介
康上 賢淑（こうじょう しおん）

　延辺大学文学学士、京都大学経済学修士、名古屋大学経済学博士を取得し、現在は鹿児島国際大学経済学研究科の教授。京都大学東アジア経済研究センター客員研究員、東レ経営研究所客員研究員、鹿児島県日中友好協会顧問、日本華僑華人婦人連合会理事などを兼任している。2016年6月よりグローバル地域研究会を創設し、代表となる。

東アジアの繊維・アパレル産業研究
2016年12月23日　初版第1刷発行
著　者　　康上 賢淑（こうじょう しおん）
発　行　　段　景子
発行所　　株式会社 日本僑報社
　　　　　〒171-0021 東京都豊島区西池袋 3-17-15
　　　　　TEL03-5956-2808　FAX03-5956-2809
　　　　　info@duan.jp
　　　　　http://jp.duan.jp
　　　　　中国研究書店 http://duan.jp

© Kojo Shion 2016　Printed in Japan　ISBN 978-4-86185-217-6　C0036

華人学術賞受賞作品

- **●中国の人口変動——人口経済学の視点から**
  第1回華人学術賞受賞　千葉大学経済学博士学位論文　北京・首都経済貿易大学助教授 李仲生著　本体6800円+税

- **●現代日本語における否定文の研究**——中国語との対照比較を視野に入れて
  第2回華人学術賞受賞　大東文化大学文学博士学位論文　王学群著　本体8000円+税

- **●日本華僑華人社会の変遷**（第二版）
  第2回華人学術賞受賞　廈門大学博士学位論文　朱慧玲著　本体8800円+税

- **●近代中国における物理学者集団の形成**
  第3回華人学術賞受賞　東京工業大学博士学位論文　清華大学助教授楊艦著　本体14800円+税

- **●日本流通企業の戦略的革新**——創造的企業進化のメカニズム
  第3回華人学術賞受賞　中央大学総合政策博士学位論文　陳海権著　本体9500円+税

- **●近代の闇を拓いた日中文学**——有島武郎と魯迅を視座として
  第4回華人学術賞受賞　大東文化大学文学博士学位論文　康鴻音著　本体8800円+税

- **●大川周明と近代中国**——日中関係のあり方をめぐる認識と行動
  第5回華人学術賞受賞　名古屋大学法学博士学位論文　呉懐中著　本体6800円+税

- **●早期毛沢東の教育思想と実践**——その形成過程を中心に
  第6回華人学術賞受賞　お茶の水大学博士学位論文　鄭萍著　本体7800円+税

- **●現代中国の人口移動とジェンダー**——農村出稼ぎ女性に関する実証研究
  第7回華人学術賞受賞　城西国際大学博士学位論文　陸小媛著　本体5800円+税

- **●中国の財政調整制度の新展開**——「調和の取れた社会」に向けて
  第8回華人学術賞受賞　慶應義塾大学博士学位論文　徐一睿著　本体7800円+税

- **●現代中国農村の高齢者と福祉**——山東省日照市の農村調査を中心として
  第9回華人学術賞受賞　神戸大学博士学位論文　劉燦著　本体8800円+税

- **●近代立憲主義の原理から見た現行中国憲法**
  第10回華人学術賞受賞　早稲田大学博士学位論文　晏英著　本体8800円+税

- **●中国における医療保障制度の改革と再構築**
  第11回華人学術賞受賞　中央大学総合政策学博士学位論文　羅小娟著　本体6800円+税

- **●中国農村における包括的医療保障体系の構築**
  第12回華人学術賞受賞　大阪経済大学博士学位論文　王崢著　本体6800円+税

- **●日本における新聞連載 子ども漫画の戦前史**
  第14回華人学術賞受賞　同志社大学博士学位論文　徐園著　本体7000円+税

- **●中国都市部における中年期男女の夫婦関係に関する質的研究**
  第15回華人学術賞受賞　お茶の水女子大学博士学位論文　于建明著　本体6800円+税

- **●中国東南地域の民俗誌的研究**
  第16回華人学術賞受賞　神奈川大学博士学位論文　何彬著　本体9800円+税

- **●現代中国における農民出稼ぎと社会構造変動に関する研究**
  第17回華人学術賞受賞　神戸大学博士学位論文　江秋鳳著　本体6800円+税

中国の「国情研究」の第一人者であり政策ブレーンとして知られる有力経済学者が読む「中国の将来計画」

第13次五カ年計画

中国の百年目標を実現する

胡鞍鋼・著、小森谷玲子・訳
判型　四六判二二〇頁
本体一八〇〇円+税
ISBN 978-4-86185-222-0

華人学術賞応募作品随時受付！！

〒171-0021 東京都豊島区西池袋3-17-15
TEL03-5956-2808　FAX03-5956-2809　info@duan.jp　http://duan.jp